人格心理研究丛书

Series on
Personality Psychology

主编 郭永玉

U0866648

人格障碍

张文娟 著

上海教育出版社
SHANGHAI EDUCATIONAL
PUBLISHING HOUSE

总　序

《人格心理学：人性及其差异的研究》（中国社会科学出版社2005年版）一书出版后，我就开始酝酿一个计划，就是以此书的体系为框架，编写一套人格研究丛书。就是说此书尽管很厚，但就人格心理学这一丰富而宽泛的领域而言，仍然是概略性的。如果将每一章扩展成一本书，就可以讲得更明白而翔实一些。但这个计划从酝酿到现在实现，已经十几年过去了。之所以如此"难产"，原因当然很多，其中最主要的是中青年作者队伍的形成。因为人格心理学虽然在西方是心理学的一个基础性领域，已经有了深厚的积累，但在中国，由于历史的原因，人格心理学一直是一个薄弱的分支。

在那个心理学即使被允许存在的年代，"人格"一词在相当长的时间里也是避免使用的。在普通心理学课程中，有关人格的内容讲的是气质和性格，更奇怪的是，把气质又归结为巴甫洛夫的神经活动类型，把性格归结为对人、对己、对集体、对社会的态度。这些内容与西方的普通心理学或心理学导论课程中的人格章节的内容几乎没有相同之处，是另外一套说辞。总之就是回避"人格"一词。直到现在，我也很难解释这件事，只能笼统地理解为"人格"大概属于"资产阶级的东西，姓资不姓社"。这种情况是"冷战"时代意识形态指导学术的一个很小的例证。20世纪80年代初期，由北京大学周先庚先生组织全国同行协作翻译的克雷奇（David Krech）等人编著的《心理学纲要》（文化教育出版社1981年版），涉及人格和心理健康的部分是没有被译出的，也就是说该书只是个节译本。这种情况直到80年代后期才有所改变，周先庚先生主持翻译的希尔加德（E. R. Hilgard）等人编著的《心理学导论》（北京大学出版社

1987年版),就没有整章缺漏的情况了。

人格心理学在中国被视为一个独立的分支,具体而言就是在心理学专业课程体系中被作为一门课程,要比其他基础性分支晚得多。就教科书而言,高玉祥的《个性心理学》(北京师范大学出版社1989年版)和叶奕乾、孔克勤的《个性心理学》(华东师范大学出版社1993年版),是将动机和价值观,以及气质、性格和能力(智力)等都归在"个性"概念之下,将西方心理学中有关人格的知识纳入其中,将人格说成个性或者性格,总之是在"苏联心理学"的概念框架下吸收西方的人格心理学知识,但仍然尽量避免使用"人格"一词。

难能可贵的是,同样在那种背景之下,陈仲庚、张雨新的《人格心理学》(辽宁人民出版社1987年版)和叶奕乾的《人格心理学》(青海人民出版社1990年版)则是采用西方心理学的体系,以各大派别的人格理论为主线。黄希庭的《人格心理学》(台湾东华书局1998年版,浙江教育出版社2002年版)将这种体系加以整合完善。至此,人格心理学教材在体系和内容上才与国际接轨。而此时,"冷战"早已结束,作为特殊话语体系的所谓"苏联心理学"也早就寿终正寝了。当然,单从学术本身而言,人格心理学是具有社会性和文化性的学科,不同国家、地区乃至学术机构和具体学者都可能有不同的理论或体系,但这与"冷战"背景下形成的美苏两大学术壁垒或阵营是两回事。

进入21世纪,人格心理学的教学和研究也发展到更高的水平。在黄希庭等教授的倡导下,2005年10月中国心理学会第九届第一次常务理事会决定成立人格心理学专业委员会。从此,人格心理学的发展进入新的阶段。在教育部颁布的《高等学校本科专业类教学质量国家标准》的心理学部分,人格心理学被规定为心理学类专业的核心知识领域。我有幸作为这些事件的参与者,见证了这一学科发展的若干个里程碑时刻。

尽管如此,整体而言,人格心理学的教学和研究人员一直很少,招收人格研究方向研究生的导师屈指可数。因此,某种意义上,我是在等待愿意并能够承担这套丛书写作任务的中青年学者队伍的形成。直到近五年，时机逐渐成熟了。一批以人格为研究方向的年轻学者成长起来，他们大体在2010年前后五年内获得博士学位并成为教学科研骨干。2015年，我觉得丛书编写的计划可以付诸实施了，于是在上海教育出版社谢冬华先生的积极推动下，丛书写作任务开始落实。

丛书的选题依据基本上是以我在本文开始所言的那本书为蓝本，每一章扩展成一本书。为此，这里简要回顾一下那本书的框架。我当年在自序中说：

> 本书试图较系统地总结人格心理学的主要理论和研究成果，特别是体现这一领域从理论流派的纷争到深入的问题研究这一重大转向。我将主要以1990年代以来的文献为依据，以人格心理学的理论和实证研究成果为基础，整合人格心理学领域的最新研究成果，进而打通各理论派别间的界限，沟通各个研究主题间的联系，将已有的理论和实证研究成果整合到一种新的架构中，使人格心理学的知识体系接近历史与逻辑相统一的标准。

那本书包括六部分：第一部分探讨人格的概念及人格心理学的对象、任务、方法和历史，回顾传统的人格理论。在本丛书中，《人格理论》和《人格研究方法》就属于这一部分。

第二部分探讨人格的形成与发展，分别探讨生物学条件（生理、遗传、进化）和社会文化条件，以及发展历程（年龄阶段）和机制（天性与教养的相互作用）。在本丛书中，包括《人格的生理学维度》《人格的遗传学解释》《进化人格心理学》《人格与社会》《人格与文化》和《人格的毕生发展》。

第三部分是人格的整体功能研究，包括认知、情绪、动机和自我，即信息的获取与处理、情绪的反应与适应、行为的动力与目标，以及自我的统合与完善。在本丛书中，包括《人格与认知》《人格与情绪》《动机与目标》《自我调节》和《自我》。

第四部分是人格的具体功能研究，分别探讨潜意识、攻击、利他、人格与健康。在本丛书中，包括《人格与健康》《人格障碍》《人格中的恶》《利他主义》《人格与道德》和《人格与创造》。这部分与那本书的章目不完全对应，其间虽有内容上的重叠交叉，但每本书都围绕一个专题展开，各自有其独立成篇的合理性。

第五部分是人格的群体差异研究，包括性别差异和文化差异这两个最大的群体差异。在本丛书中，包括《性别与人格》和《中国人的人格》。

第六部分是总结性的，探讨人格测评的理论和方法，并在最后一章探讨人格理论中的人性观、人格理论分歧的维度、人格研究的方法论问题，以及人格心理学的未来走向。在本丛书中，有《人格评鉴》。

这里列的书目是迄今为止已经明确任务的，随着工作的进展，可能会有个别变动，有的可能因为各种原因不能如期完成，有的专题这里没有提及，但内容很好又有合适的作者，可能会新加入进来。但这些变动不会改变这个大的框架。定稿后的书名可能有变化，但内容基本就是这些。

人格心理学是一个丰富、有趣又富于挑战性的领域。我们期待这套丛书能够较完整地展现这一学科的面貌，也期待有更多的年轻人进入这一研究行列。当然，也期待着读者坦率地指出丛书编撰中存在的问题甚至错误。

郭永玉

2019年2月

于金陵随心斋

自　序

我对人格障碍的研究始于2011年到美国伊利诺伊州立大学访学，我的合作导师是边缘型人格障碍和反社会型人格障碍的研究者，以及认知行为治疗取向的咨询师。这段经历为我打开了心理学研究和自我审视的另一扇窗。美国精神病学会对人格障碍的界定十分严格，但人格障碍在国内并未引起研究者的广泛关注。这种对照激发了我在这一领域进行深入研究的热情。感谢郭永玉教授以及上海教育出版社给我这样的机会，让我能够系统地总结国外近几十年关于人格障碍的研究成果，与心理学同行和读者们分享我的所思所得。

对于人格问题，我们的家庭、学校和社会都缺乏一种防患于未然的意识，这背后的深层原因在于，人格健康的心理学知识尚未普及。根据美国精神病学会人格障碍诊断标准以及人格障碍临床访谈项目，总是透支信用卡，常常超速驾驶，生了孩子却不养育孩子，和身边的人的关系极度糟糕，诸如此类的异常表现都能够成为评估人格是否健康的重要线索。但在我们的生活中，只要一个人没有表现出自杀、犯罪或疯癫等急性症状，我们就总是忌惮以人格障碍去评估这个人。事后追溯那些实施骇人听闻的犯罪行为或突然自杀的人的生活故事，我们常常会发现，他们在日常行为表现中就有许多迹象符合人格障碍的症状，只是我们或许选择包容、理解，或许认为他们只是脾气不好，而极少从人格发展科学的角度去深究背后的原因，并鼓励他们尽早寻求专业帮助。

人格障碍的病因学分析一直强调温暖、和谐的亲子关系的重要性，令人担忧的是，我们国家有六千多万留守儿童，这意味着这些孩子在生命早期的成长过程中得不到父母及时、正确的回应。人格障碍的病因学分析还一直强调，打骂等苛刻的养育方式不利于孩子的前额叶发育，而前额叶是健全人格的重要生物学基础。我们可以看到，一些未成年孩子以自杀的极端方式对抗父母、老师苛刻的教育方式，即便如此，也未能彻底阻断父母惯用打骂的方式训诫儿童。

写这本书的初衷便是普及人格障碍诊断和形成原因的基本知识，帮助大家更敏锐地识别人格障碍的早期信号，同时避免一些会加剧人格障碍症状的言行。本书由三个部分组成。第一部分包括人格障碍的分类诊断和维度诊断，以及辅助诊断的各种工具。美国精神病学会的诊断手册是在遵从循证科学的基础上不断发展完善的，尽管有许多不足之处，但仍旧值得我们深入了解。本书尝试一一呈现美国精神病学会和世界卫生组织关于人格障碍诊断的发展历史和每一个版本的修订更新依据，供大家了解之后再批判吸收。越来越多的证据支持维度诊断的发展趋势，这也是本书的重要理论框架。通过维度视角的分析，我们能够建立人格发展轨迹与人格障碍形成过程的对应关系，从而帮助我们了解个体人格健康所能达到的最高境界是什么，以及人格特质不同层面的异常表现可能会带来哪些人格功能问题。

第二部分介绍了人格障碍的生物学基础及毕生发展轨迹。心理学上有一位著名的病人盖吉，他的头骨保存在哈佛大学医学院的沃伦解剖学博物馆，他在工地上工作的时候，一根一米长的铁杆刺穿了他的颅骨，虽然他活了下来，但是他的人格发生了不可思议的变化，他丧失了理性思考的能力。这个医学案例也让我们铭记，人格是有生物学基础的。人格障碍的生物学研究虽然日渐丰富，但由于人格障碍诊断的可靠性和神经科学技术的准确性还不够，因此现在很难精确定位人格障碍的不同表现所对应的生物学基础。本书尝试整理这方面的研究证据，供读者学习、参考。正是因为人格发展受到遗传基因和大脑发育的影响，所以当我们尝试改变和塑造一个人的人格时，必须非常谨慎。

人格障碍的毕生发展观主张从生命全程的视角看待人格障碍，突破以往只关注成年早期和中期人格障碍的局限性。虽然研究者不建议在儿童青少年时期进行人格障碍诊断，但我们尤其需要关注儿童青少年时期人格特质的异常发展。每个孩子都生而不同，表现出来的个性风格也千差万别，我们不能随意判定孩子人格特质的好坏，但是可以从人格功能的角度评估孩子是否需要专业人士的帮助。只要我们对儿童的人格健康保持关注和觉察，就会发现养育一个人格健康的孩子远比将来照顾一个人格不健康的成人要轻松得多。与此同时，老年人的人格健康问题很容易被忽视，因为老年人社会角色的变化，以及大众认为老年人人格可塑性极低的刻板印象，都可能让人格不健康的老年人陷入孤独的处境，从而严重影响他们的身体健康和生活质量。这部分内容旨在呼吁大家重视人格的发展，并对人格在不同发展阶段的变异保持警觉，从而帮助更多的人致力于通过完善人格获得高质量的人生体验。

第三部分主要分析人格障碍的形成原因和治疗取向，具体包括依恋与人格障碍、认知—情感系统与人格障碍，以及人格障碍治疗的整合视角三方面内容。之所以选取这三方面内容，主要是基于我自己的专业判断。就个体未来的成就而言，父母自己能够达到的高度可能比父母对孩子的陪伴有着更强的预测力。但是，从个体人格健康发展的角度来讲，亲子关系质量的预测力要高于其他所有因素。若父母能从孩子出生开始到成年前的各个发展阶段都和孩子保持安全的依恋关系，便可以最大限度地规避孩子患上人格障碍的风险。当父母为了其他目的而牺牲和孩子的依恋关系时，以后可能就会面临照顾人格不健康的成人的境况，这些人格不健康的成人可能会表现出持续的高风险行为、自杀、犯罪等问题。认知—情感取向的观点能够帮助我们更好地理解人格障碍患者的内心世界，并学习从根本上帮助人格障碍患者。总体而言，人格障碍的治疗是复杂的，没有哪一种治疗取向或治疗策略可以处理所有的人格问题。人格障碍治疗的整合取向试图为不同风格的人格问题匹配最佳的治疗策略，以尽可能地帮助人格障碍患者恢复自我和人际功能，破除人格障碍治疗预后不良的消极认知。

书稿完成之际，世界因新冠疫情而发生了巨大变化。我们如何在动荡的、不确定的未来保持自我的独立性和同一性？如何保持和世界以及他人的情感联结？这既是对我们每个人人格的考验，也是我们完善自我人格的契机。弗洛姆在《健全的社会》中提到,满足人的需求的健康途径是,认真过好日子,完全脱离母体,以及充分觉醒。从好高骛远转变为相信自己尽管有限但真实的力量;能够接受这样的矛盾,即我们每个人都是这个世界上最重要的因子——同时并不比一只苍蝇或一块玻璃更加重要。能够热爱生命,也能够无所畏惧地面对死亡。能够接受生命对我们提出的最重要的问题的不确定性,也能够对我们的思想和情感充满信心,把它们看作真正属于我们自己的东西。能够面对孤独,同时有一个爱人,与世上的每个人结为兄弟姐妹,与一切有生命的东西和谐相处。遵从良知的呼唤,但当呼唤的声音不够大时,不沉浸在自我的仇恨当中。希望我们每个人都能够在新的现实条件下"用爱、理性和自信去生活,尊重自己以及他人的生活"。

这本书得以顺利完成要感谢武汉大学心理学系的同事,以及上海教育出版社的编辑,他们对我的写作思路提出了宝贵意见;感谢学生许晓栎、叶惠玲、全湘、丁一鸣、张冰洁、吴孟烜、陈雪、刘雨歌、申澳京等人帮我查阅文献、完善细节;感谢我的家人的理解和支持,我们之间的无数次对话对我的人格完善和专业发展带来了深远的影响,让我更加笃定要穷尽一生钻研这一领域。

这本书由我独立完成,尽管投入大量时间反复校对,力求精准,但受限于我的个人经验和专业积累,可能还存在一些问题甚至错误,还请读者批评指正。

张文娟

2020年9月于武汉大学

目录

Contents

1 人格障碍分类诊断的发展史

小时候遇见言行举止怪异的成年人总是感到很困惑。有一位邻居虽然总是被妻子追着打骂，但和小孩子在一起的时候，他常有“指点江山，激扬文字”的气势。他会神采飞扬地向我们讲述他和国家领导人的通信内容，国家领导人如何称赞他的才华，甚至向他发出邀请，到首都共议国家大事。然而，我们一天天长大，他还是被妻子骂得毫无尊严，而且从未离开过家乡。还有一位同学的妈妈，突然“发癫”“通灵”了，每个月都会发作几回，家里人就会为她准备好“神坛”，让她念经，和异度空间的“神灵”对话，直到她平静下来，恢复日常的生活。大人们把这样的人格突变归因为灵异事件，孩子们也懵懂地接受大人的解释。

直到我成为心理学研究生，临床心理学老师建议我们人手一本《精神障碍诊断与统计手册》(*Diagnostic and Statistical Manual of Mental Disorders*，简称 DSM)，熟读到能背诵的程度才有资格参与临床案例研讨会，我才开始理解人们眼中的那些“疯癫之人”是怎么回事。他们的不同表现都能对应一个恰如其分的心理障碍术语，就好比身体不同部位出了问题，都有一个对应的医学术语。只是很可惜，很多人的心理问题都只是他人口中的笑柄，从未像身体疾病一样得到重视，也没有机会得到恰当的治疗。

随着精神病学和心理学在国内的发展，很多精神疾病的名称都为大众所熟知，人们也喜欢使用分类诊断手册去理解一些超乎寻常的行为表现。成年人在成人世界中感到挫败，却产生了杀害无辜儿童以泄私愤的歹念，并有计划地选择儿童聚集的学校实施犯罪行为，人们可能会用精神病态、反社会型人格障碍来界定这类行为；大学生恋爱失败或学业不顺，觉得活着没有意义，选择结束自己的生命，人们可能会用抑郁症或边缘型人格障碍来解释他们的选择；还有一些成年人总是通过牺牲自己的利益，毫无底线地讨好别人的方式来维持友情或爱情，人们喜欢说这就是讨好型人格。然而，这些精神疾病的诊断标签对于我们真正了解这些有心理问题的群体以及预防这些心理问题，到底起着多大的作用？医学上的分类诊断模式是否真正适用于理解人的心理世界和人性的复杂多变？

人格障碍的发展历史以《精神障碍诊断与统计手册》第一版的诞生为分水岭，分为前DSM时期百家争鸣的无序状况和DSM产生后以实证研究为基础的规范期。在前DSM时期，人们对心理问题的认识还没有一套系统的、成熟的参考指南，几乎每一位精神病学家或临床工作者都有一套自己的有关心理疾病和人格问题的看法、命名和治疗方法。一些在精神疾病领域产生深远影响的精神病学家和心理学家便诞生于这种百家争鸣的无序时期。但是，这种各执一词的混乱局面既不利于专业从业人员的交流与发展，也不利于患者获得有效治疗，患者很可能成为临床工作者的试错对象。为此，世界卫生组织（World Health Organization，简称WHO）和美国精神病学会（American Psychiatric Association，简称APA）纷纷成立工作小组以推动精神疾病分类和统一命名的工作，并遵从循环论证的原则，反复修订和完善这些诊断分类体系，成为精神科医生、咨询师和研究者交流心理疾病的共同语言（Widiger，2012）。

本章内容会重点围绕人格障碍分类诊断的发展轨迹，依次介绍前DSM时期的人格障碍分类、DSM诊断系统影响下的人格障碍分类，以及人格障碍分类发展和变化的理论思考和相关实证证据。尽管精神障碍分类诊断的科学价值和实用价值都缺乏充足的证据支持，但是DSM和ICD作为学术领域和临床实践中理解和交流人格障碍的共同语言，整合了每个时期的理论观点和实证依据，既是我们理解人格障碍的基础，也是人格障碍心理治疗师和精神科医生专业技能成长的核心部分，还是研究者推动人格障碍诊断方式变革的立足点。

1.1 人格障碍分类的历史渊源

早在古希腊时期，学者们就开始意识到人们对心理障碍的认识很不理性，精神错乱并不是神对人类所犯错误的惩罚。希波克拉底(Hippocrates)将心理障碍的认识从神话的视角推向临床观察和逻辑推论(Millon, 2012)，根据体内四种元素(土、火、水、气)的不平衡来界定人格类型，也就是著名的四种气质学说。任何一种元素过多或过少都会造成相应的人格问题，胆汁质的人易怒，多血质的人过度乐观，黏液质的人冷漠，抑郁质的人悲伤。随着脑科学和生物学的发展，体液说被抛弃了，但是气质概念以及人格分类的做法影响至今。20世纪初期的荷兰心理学家海曼斯(G. Heymans)和维尔斯马(H. Wiersma)从实证研究中发现，可以从活动水平、情绪性以及对外部或内部刺激的易感性三个维度界定人格(Millon, 2012)。这一观点对于当代气质研究和人格异常的界定方式依旧适用。比如，米伦(Theodore Millon)从进化视角界定人格异常，认为人格异常者在主动—被动、开心—痛苦、内向—外向三个维度上存在过度失衡。

美国心理学家麦独孤(William McDougall)也提出三个基本气质维度以界定人的“脾气”，它们分别是强度(力量感和紧迫性)、持久性(向内探索和向外探索)以及情绪性(能够调节行为冲动和情绪易感性)。强度高低被视为主动和被动的区分标准，持久性是区分向内探索和向外探索的依据，情绪性则衡量个体是否容易受到积极情绪或消极情绪的影响。这三种基本气质维度可以组合成八种人格类型：(1) 坚定型(高强度/高持久性和低情绪性)；(2) 浮躁型(低强度/高持久性/高情绪性)；(3) 不稳定型(高强度/低持久性/高情绪性)；(4) 依赖型(高强度/低持久性/低情绪性)；(5) 焦虑型(低强度/高持久性/高情绪性)；(6) 乐观型(高强度/高持久性/高情绪性)；(7) 温和型(低强度/高持久性/低情绪性)；(8) 迟钝型(低强度/低持久性/低情绪性)(Millon, 2012)。尽管麦独孤的理论观点并不是基于充分的实证依据和个案分析，这三个基本气质维度也是主观设定的，但可以看出，他将人格健全和人格异常看作人格连续体的不同表现，这是气质维度界定人格障碍的优势，也是未来精神障碍分类与诊断可能的发展方向。

进入 20 世纪，精神病学领域涌现出一批著名的心理学家，通过对精神疾病患者长期细致的观察，辨识出常见的精神疾病的共同特性，并探索背后的病因，形成系统的精神病理学理论。克雷佩林（Emil Kraepelin）便是其中一位活跃于 19 世纪末 20 世纪初的“当代精神病学之父”。他研究了大量病态人格，并鉴别出四类容易卷入犯罪行为的人：第一类是病态撒谎者，他们外表很有吸引力，但缺乏内在的道德感和责任心，常常通过说谎的手段达到个人目的；第二类是冲动犯罪者，仅仅是因为控制不了自己的冲动，而不是为了获得实际的利益，就实施纵火、强奸等犯罪行为；第三类是专业的犯罪者，他们会精心策划犯罪行为，表面上看他们并没有任何不恰当之处，但他们内心非常自私；第四类是病态的流浪者，他们的人生毫无根基，也没有自信心和承担责任的能力（Kraepelin, 1919）。这四类群体的人格分类类似于 DSM 诊断系统中的 B 簇人格障碍，具有戏剧性、情绪化和不稳定的特点。尽管克雷佩林没有想过要为所有精神疾病建立一套命名体系，但他的著作确实对 ICD 和 DSM 产生了深远影响，奠定了 DSM－III 之后各版本坚持的医学诊断模式（Millon, 2012）。

在同一时期的欧洲，施奈德（Kurt Schneider）完成了一部人格障碍分类专著——《精神病理性人格》（*Psychopathic Personalities*），该书从 1923 年第一次出版到 1950 年间，一共修订了八次，首次将人格病态看作与其他心理障碍相互独立但有可能共同发生的一类心理疾病，而不仅仅是其他心理障碍的诱发因素（Millon, 2012）。施奈德在其专著中也辨识了三种典型的病态人格类型：（1）情感旺盛型人格。典型表现是精力旺盛、非常乐观，同时异常肤浅，没有批判精神。（2）抑郁型人格。与情感旺盛型人格相反，抑郁型人格患者总是怀疑人生，对事情的看法过于悲观，缺乏享乐精神。（3）不安全型人格。拥有这类人格的人通常会过分沉浸在日常经验的自我思索中，但又缺乏表达或宣泄这些扰乱思绪的情感的能力。他们在情感上非常敏感、自卑，认为生活是由一系列不幸的事件串联起来的；为了克服敏感的情感系统带来的负担，提高对个人生活的掌控感，他们会在行为上表现得有条不紊、高度自律（Schneider，1950）。以上病态人格划分和特质描述为 DSM 的发展作出了重要贡献，DSM 一度将抑郁型人格纳入人格障碍类型，但由于缺乏充分的研究数据支持，最终还是被剔除了。情感旺盛型和不安全型人格的特质在 DSM 十种人格障碍中也都有所体现，后者在此基础之上作出了更为精细的区分。

20 世纪 20 年代，精神分析流派有关人格障碍的理论观点逐渐成为主流，代表人物有弗洛伊德（Freud，1925）和赖希（Reich，1933），他们共同奠定了精神分析学派的人格类型说，认为人格是本能冲动受挫后形成的，与特定心理性欲发展阶段的需求相关。弗洛伊德提出人格发展阶段论和人格结构说共同解释人格异常的产生原因和具体表现。赖希则区分了神经症性症状和神经症性人格，这种区分也体现在 DSM 诊断系统中，分别对应轴 I 的心理障碍和轴 II 的人格障碍。如果是神经症性症状，那么通常可能存在某些应激事件，这些事件激发了患者的潜意识冲突，而患者的防御方式又运用不当，由此产生心理障碍。这种神经症性症状治疗预后相对乐观，疗程比较短，治疗互动也相对顺畅。如果是神经症性人格，那么通常是由人格形成过程中的认同、习得和强化偏差导致，患者往往觉察不到自己的问题，治疗难度更大，治疗预后也不容乐观（McWilliams，2011）。神经症性症状和神经症性人格的分类在很长一段时间内都是我们理解人格异常严重程度的主要依据。但随着临床实践和相关研究的不断深入，这种分类方式也暴露出一些局限性，例如，根据功能受损程度的不同，人格障碍也存在轻度、中度和重度之分，并不是所有人格障碍的治疗难度都高于神经症性症状，有些神经症性症状对个人生活的负面影响甚至要大于神经症性人格（McWilliams，2011），如惊恐障碍。DSM－I 和 DSM－II 对精神疾病的界定主要受到精神分析理论流派的影响。

1.2 人格障碍分类的发展轨迹

20 世纪 50 年代之前，对精神疾病的认识，每一个医生或从业人员都有自己的看法，美国如此，世界其他国家也是如此。普通大众也习惯用自己的语言来描述他们观察到的异常行为。于是，人们纷纷创造出千奇百怪、隐晦难懂的术语和概念，对同一种行为有完全不同的描述，同一个术语又被用来描述完全不同的行为。从业人员之间的专业交流变得异常困难。在这种情况下，发展一套结构严谨的精神疾病分类系统几乎成了每一个有抱负的精神科医生的梦想(Widiger, 2012)。

1.2.1 世界卫生组织对人格障碍的分类界定

世界卫生组织最早肩负起这个重任，在《国际疾病分类》(*International Classification of Diseases*)第 6 版(ICD－6)中首次纳入心理障碍的诊断分类，写入 ICD－5 的“神经系统和感官疾病”部分，共包含四类：心理缺陷、痴呆、躁狂—抑郁症和其他心理障碍(Widiger, 2012)。遗憾的是，作为国际疾病分类的权威指南，这一次新增心理障碍的修订工作并未引起国际精神疾病领域的广泛关注，十一年之后才被芬兰、新西兰、秘鲁、泰国和英国这几个国家正式使用(Kendell, 1975)。有研究者(Stengel, 1959)认为，ICD－6 和 ICD－7(ICD－7 未就精神疾病诊断作任何修订，同 ICD－6)没有在精神疾病诊断领域产生影响力的原因在于它的命名体系依据的医学模式与临床实践领域的多元化视角存在偏差，并缺乏心理疾病诊断的可操作性行为指标。在此之后，世界卫生组织朝着两个方向努力：一是完善命名体系背后的理论依据和病理学假设，二是提供更为具体的行为层面的描述(Widiger, 2018)。ICD－8 尝试建立全球范围内都适用的精神疾病诊断分类，为此反复召集专家团队开会讨论，历时很久才最终确定精神疾病的诊断分类表，而美国精神病学会发起的

DSM 修订工作进度赶超了 ICD，由此也影响了 ICD 的实用性和权威感（Kendell, 1975）。ICD-9 和 ICD-10 的修订工作都是和美国精神病学会的成员合作完成，求同存异，但在精神疾病诊断的影响力上始终未能超越 DSM。

就人格障碍而言，世界卫生组织对人格障碍的操作性定义为：人格障碍是一种根深蒂固的、持续不变的行为模式，患者会对一系列个人和社会情境作出不灵活的反应，而且这种反应通常极端或显著偏离了既定文化下的正常反应，由此导致个体不同程度上的主观痛苦，以及社会功能和行为表现方面的缺陷（WHO, 1992）。从 ICD-8 开始，国际疾病的分类纳入人格障碍的分类，这种分类方式一直持续到 ICD-10，并未发生重大变化，只是在细节方面作了一些调整（见图 1-1），比如，反社会型人格障碍诊断包含的症状覆盖面越来越广，不仅包含给他人和社会带来巨大伤害的犯罪行为，而且包含不与人交往、完全不顾及社会规范的孤僻特质；爆炸型人格障碍（explosive personality disorder）的命名方式逐渐被舍弃，改为情绪不稳定型人格障碍，与 DSM 的边缘型人格障碍逐步统一；虚弱型人格障碍的命名被依赖型人格障碍取代，并增加了焦虑（回避型人格障碍）。ICD-10 还增加了持续性的人格变化，且这种变化不是由大脑受损或神经系统疾病导致的。

遗憾的是，ICD 的影响力远不如 DSM，背后的原因较为复杂。首先，大多数美国心理学家接受的都是美国精神病学会的精神疾病诊断分类手册的培训，美国精神病学会在历次 DSM 修订工作中尽量追求与世界卫生组织精神疾病分类的一致性，这就使得大家在实际工作中只需要使用自己更为熟悉的诊断手册。其次，围绕 DSM 精神疾病分类和诊断标准而进行的实证研究越来越丰富，但很少有临床实验研究采用 ICD 的诊断方式。最后，精神疾病只是国际疾病分类的一部分内容，其团队修订和论证工作的强度远远不如美国精神病学会所做的工作，ICD 的每一次重大革新都滞后于 DSM，由此也奠定了美国精神病学会在精神疾病诊断领域的权威地位。然而，作为本质相通的两大精神疾病诊断分类体系，它们存在共同的局限性，比如，过于具体化带来的不同类疾病共病率过高、同类疾病异质性高、临床实用性低等问题（Hyman，2010），ICD－11 正在努力从根本上解决这些问题。

ICD-8（1965）	ICD-9（1975）	ICD-10（1993）
偏执型人格障碍 →	偏执型人格障碍 →	偏执型人格障碍
分裂样人格障碍 →	分裂样人格障碍 →	分裂样人格障碍
反社会型人格障碍 →	具有社会病态人格特征或不合群特征的人格障碍 →	孤僻型人格障碍（包含反社会性、没有道德性、精神病态、社会病态等人格障碍）
爆炸型人格障碍 →	爆炸型人格障碍 →	情绪不稳定型人格障碍:（1）冲动型;（2）边缘型
歇斯底里型人格障碍 →	歇斯底里型人格障碍 →	表演型人格障碍
强迫型人格障碍 →	强迫型人格障碍 →	强迫型人格障碍
虚弱型人格障碍 →	虚弱型人格障碍 →	依赖型人格障碍
其他人格障碍 →	其他人格障碍 →	其他特定或未定型人格障碍
		焦虑（回避）型人格障碍
		持续性的人格变化:（1）灾难性经历后的持续性的人格变化;（2）精神疾病导致的持续性的人格变化;（3）其他非大脑受损或疾病引起的人格变化

图 1－1　ICD 关于人格障碍分类的变化（WHO，1994）

1.2.2　美国精神病学会对人格障碍的分类界定

当世界卫生组织发布 ICD－6 的时候，美国精神病学家受命于公共卫生服务部门，成立工作小组积极发展适合自己国家的精神疾病命名系统，并将发布和传播的责任授予美国精神病学会，命名为“精神障碍诊断与统计手册”，这就是 1952 年诞生的 DSM－I 诊断系统（APA，1952）。该系统发展至今，已经经历数次修订和完善，逐渐成为一套基于充分研究数据支持的、可循环论证的、规范的精神疾病诊断系统，图 1－2 详细描绘了 DSM 人格障碍分类的历史演进（Skodol，1997）。

DSM－I　DSM－I 包含许多临床实践工作者更感兴趣的心理障碍

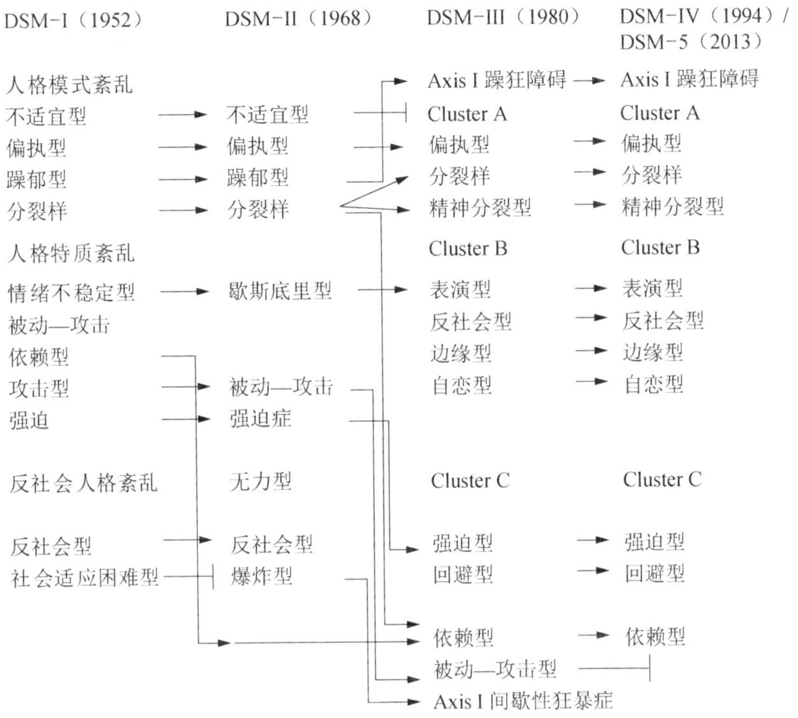

图 1-2　DSM 人格障碍分类的历史演进(Oldham，2014；Skodol，1997)

类型，比 ICD-6 更受欢迎，为美国精神病学提供了第一个权威的心理障碍命名系统(APA，1952)。DSM-I 诊断系统将心理障碍分为精神病、神经症和人格障碍三部分。人格障碍部分细分为人格模式紊乱、人格特质紊乱和反社会人格紊乱三大类。具体而言，人格模式紊乱是最深层次的紊乱，可以通过长期的心理治疗改善，但是基本不可能实现根本性的改变，主要包括不适宜型、分裂样、躁郁型和偏执型；人格特质紊乱是由情绪发展问题导致个体在轻微或严重的压力情境下难以维持情绪平衡和自我独立性，主要包括情绪不稳定型、强迫和被动—攻击；反社会人格紊乱主要是指在社会性发展和服从方面存在病态的行为模式，主要包括反社会型、社会适应困难型(APA，1952)。

DSM-II　DSM-II 是美国精神病学会和世界各地精神病学家共同努力，发展出的一套在国际上广泛适用的、可靠的心理障碍诊断系统。

1965年,美国精神病学会召开会议修订DSM-I,任命年轻的精神病理学家斯皮策(Robert Spitzer)博士为专业顾问。到1967年,初步确定了一个修订版本,并请业内120位精神病理学家和对临床诊断感兴趣的学者审阅和提建议,由此确定了最终版本,于1968年正式发布(Widiger, 2012)。

与DSM-I对照,DSM-II在人格障碍部分作了如下修订:将物质依赖和性行为异常从人格障碍部分移除;删除了被动—攻击人格特质紊乱中的被动—依赖型;增加了爆炸型、歇斯底里型和无力型人格障碍(APA, 1968)。总体而言,DSM-II并没有重大进步,对许多心理障碍的界定方式仍然存在问题,而且术语之间存在重叠,作为临床领域的诊断指南还是存在很大争议,实证研究数据的支持不够充分,信度和效度都无法保障。斯皮策和弗莱斯(Spitzer & Fleiss, 1974)综述了九项评分者诊断一致性的研究,结果表明,人格障碍的评分者信度只有0.11~0.56,平均信度为0.29。自此之后,越来越多的研究者开始认识到,必须发展更为具体和外显的诊断标准才能够提高评分者之间的一致性和重复研究的可能性(Feighner et al., 1972)。

DSM-III和DSM-III-R APA于1974年成立工作小组修订DSM-II。根据临床实践领域和研究领域对DSM-I和DSM-II的反馈,DSM-III工作组在这一次修订工作中开展了大刀阔斧式革新,目标就是要发展一套可替代ICD-9的精神疾病诊断手册,而不仅仅是更适应美国本土需求的ICD-9。美国精神病学家一直参与ICD修订工作,但是随着ICD-9的发布,美国精神病学家认为它并没有充分听取实证研究领域关于诊断方法的最新建议(Kendell, 1975),比如,为每一种心理障碍建立具体的诊断标准,采用多轴诊断的方法;每一类心理障碍包含的亚型要尽可能全面,充分满足临床和研究的需求(Spitzer & Williams, 1985)。

为此,美国精神病学会继续任命斯皮策为工作组主席,力图发展一套全新的诊断手册,尽可能采纳心理障碍实证研究领域建议的更为科学的诊断方法,增加尚处于试验阶段但具有临床实用性的心理障碍类别,最大化DSM诊断系统在临床和研究中的价值。同时，为了保持DSM诊断系统在国际范围内的认可度，心理障碍命名法仍尽可能与ICD-9保持一致(Spitzer & Williams, 1985)。

DSM-III于1980年正式发布，几项重大提议都得以落实(APA, 1980)。在人格障碍方面，也实现了前所未有的突破：删除了无力型、躁郁型、不适应型和爆炸型四种DSM-II包含的人格障碍；增加了回避型、依赖型、边缘型和自恋型四种新的人格障碍，且每一种人格障碍都有相对具体和明确的诊断标准(Spitzer et al., 1980)。最为突出的创新之举在于，DSM-III首次采用多轴诊断方法，将人格障碍和发展障碍放在一个独立的部分，称之为轴II。这样做有两方面的考虑：第一，人格障碍和发展障碍的症状不同于其他心理障碍；第二，提高临床工作者和研究人员对人格障碍的重视程度，不会因为更为表象的、外显的症状而忽略人格障碍的诊断(Spitzer et al., 1980)。将人格障碍独立为轴II的做法确实提高了人格障碍的诊断率，并使人格障碍相关研究急剧增长(Blashfield & Intoccia, 2000)。DSM-II使用期间的最后五年与DSM-III使用期间的前五年相比，人格障碍诊断率从DSM-II的19%提高到DSM-III的49%(Loranger et al., 1991)。

DSM-III在精神疾病领域产生了巨大影响。一经发布，就得到广泛认可，成为精神卫生咨询师和研究者的共同话题。精神病理学专业的主要教材和其他讨论心理障碍的教材都会大量参考DSM-III的内容，或者大量使用DSM-III的专业术语和概念。短时间内，关于DSM-III的科研论文多达两千多篇(APA, 1987)。

DSM-III的巨大成功和社会影响力极大地鼓舞了精神病学家和临床工作者，他们期望DSM-III-R能够进一步开拓创新。但是，在间隔时间不长，且实证研究数量并没有显著增长的情况下，想要在影响力巨大的DSM-III基础之上作出重大突破，几乎是异想天开。在人格障碍部分，修订小组成员提出两种新的人格障碍：虐待型人格障碍和自我挫败型人格障碍。但是，由于这两种人格障碍的本质是什么存在争议，同时缺乏有说服力的实证证据，因此汇总到APA理事会进行最终决策时，仍旧被否定了(Widiger, 2012)。

DSM-IV和DSM-IV-R DSM-IV在内容上并没有作出实质性修订,它的贡献主要体现在两个方面:第一,修订DSM-III-TR,使之与ICD-10的命名方法保持一致(Frances, 1989)。虽然DSM-III工作组的目标之一也是要尽量与ICD-9保持一致,但为了突破DSM-II的局限性,DSM-III真正实现了创造性转变,从而牺牲了与ICD保持一致的目标,导致国际交流变得非常困难。DSM-IV工作组的首要目标就是改变这个局面。在人格障碍领域,DSM-IV基本实现了这个目标,在人格障碍分类和命名上与ICD-10基本一致。几处不同的地方也都有合理的解释。比如,虽然ICD-10和DSM-IV对边缘型人格障碍的命名方式不同,但本质上是相同的。自恋型人格障碍仅存在于DSM-IV诊断系统中,因为ICD-10工作组的成员认为,自恋型人格障碍在其他国家并不常见,它可能是与美国文化相关的一类人格问题。ICD-10包含灾难后人格改变问题,DSM-IV工作组试图将其增补到DSM-IV中,但未得到批准。这一类人格障碍在自然灾难和战争多发的国家和地区比较常见,但就美国的地理位置和社会现状而言,并不需要单列这类人格障碍(Widiger, 2012)。

第二,DSM-IV最突出的贡献是采用了系统的、科学的方法来修订和完善已有的诊断标准(Frances, 1989)。DSM-III和DSM-III-TR关于每一类人格障碍的诊断标准都比较冗长、复杂,不利于临床工作者在实践中运用。世界卫生组织解决这个问题的方法是,考虑到研究者和临床工作者的不同需求,为研究者提供了诊断标准更为具体、详尽、全面的版本,为临床工作者提供了仅包含一些叙事性的描述作为诊断标准的版本(Sartorius, 1988)。这种方法又会增加研究者和临床工作者之间的交流障碍。

为此,DSM-IV决定采用简化诊断标准的科学三步法:一是系统、全面地综述所有相关文献;二是重新分析多元数据库;三是进行田野试验(Frances, Pincus, Widiger, Davis, & First, 1990)。系统、全面的文献综述是为了最大化实证研究的客观性和系统性,或者说尽可能辨识出诊断系统中可能存在的错误和偏差。在实际操作过程中，修订工作组专家需要对每一篇文献综述提出批评性意见，认识并处理实证研究和提案中不一致的问题，始终对自己的盲区和局限性保持清醒的态度（Frances & Widiger, 2012）。田野试验的目标也大致如此，在保证工作组专家的提议具有可行性的前提之下，还需要做到客观和科学。经过一轮又一轮严格的、基于实证研究证据的检验，确定每一类人格障碍的诊断标准，同时允许临床工作者根据需要选择性地运用这一诊断系统，即在没有时间进行全面诊断的情况下，可按照诊断标准包含的信息量以及贡献大小的排序，优先选用信息量大、重要性靠前的标准（Chorpita & Nakamura, 2008）。这一套基于充分的实证研究和严密的逻辑推理的修订方法，是 DSM - IV 在精神疾病诊断领域的最大贡献（Millon, 2012）。

由于 DSM - III 发布之后实证研究不断丰富，因此 DSM - IV 在修订和完善过程中有了更为充分的证据删减内容和补充完善诊断标准。DSM - IV 并未对 DSM - III - R 作出重大修改，但仍旧有大量的修订和完善工作（Frances & Widiger, 2012）。据统计，在人格障碍部分，DSM - III - TR 共有 93 条诊断标准，经 DSM - IV 的修订，只有 10 条未被修改，21 条有小幅度修改，10 条被删除，新增 9 条，52 条有大幅度修改（Widiger et al., 1995）。在第二次世界大战那个特殊时期提出的被动—攻击型人格障碍在 DSM - IV 中从轴 II 转移到附录（Wetzler & Morey, 1999），抑郁型人格障碍也新增到附录中（Ryder & Bagby, 1999）。DSM - III - TR 附录部分的自我挫败型人格障碍和虐待型人格障碍被删除。DSM - IV - TR 没有实质性修改，只是简单完善了文本表述方式（First & Pincus, 2002）。

1.3　DSM 人格障碍分类诊断的争议

DSM 对人格障碍或心理障碍的分类诊断标准在一定程度上解决了诊

断信度问题，尤其提高了不同诊断者或评估者的一致性信度，代价却是诊断效度低，包括内容效度、结构效度和外部效度都令人不满意（Livesley, 2010）。诊断时不同类型人格障碍存在很高的共病率，而且同类型人格障碍的同质性与不同类型人格障碍的异质性都较低，很多患者的问题被归类为“尚未确定的人格障碍”（personality disorder not otherwise specified，简称PDNOS），即患者有人格障碍，但不符合任何一种人格障碍的诊断标准，或患者表现出来的人格障碍模式并不属于轴 II 的十种人格障碍分类。

有研究者指出，DSM 诊断系统主要是为了满足社会政治层面对于一个统一的精神疾病分类系统的需求而诞生的，它作为一套官方认可的精神疾病命名系统，对整个社会有关精神疾病的污名效应起到推波助澜的负面作用（Rosenhan, 1973），DSM 为了提高诊断者的一致性而付出的代价是否太高（Hyman, 2010）。此外，虽然人格障碍的诊断信度较之前的 DSM-I 和 DSM-II 有所提高，但是每种具体的人格障碍类型的评分者信度仍旧偏低（0.26～0.75）（Williams & Spitzer, 1982）。研究者（Mellsop, Varghese, Joshua, & Hicks, 1982）认为，这可能是由于咨询师的个人偏好影响了诊断的客观性，而不仅仅是诊断标准不合适的问题。

尽管实证研究和临床经验都支持人格障碍分类诊断方法存在很大问题，人们还是坚持将之奉为圭臬，这一方面是受到本质论哲学思想的影响，认为每一种人格障碍或心理障碍都有一个潜在的病因，使其能够区分于其他人格障碍或心理障碍。另一方面是受到认知启发式思维的影响，我们的认知系统倾向于给人和外部事物归类，这能够帮助我们节约认知资源，这也是 DSM 诊断系统始终被认为是一套很有用的诊断方法的原因，但实际上，这种价值仅仅体现为简单、高效，并以牺牲准确性和可靠性为代价（Livesley, 2010）。DSM-5 人格障碍工作小组尝试改变这种现状，针对提高心理障碍或人格障碍诊断的信效度提出了许多有价值的建议。

1.3.1 分类模型与维度模型

有研究者认为，DSM 所有诊断版本存在的问题归根结底是由于人格特征和病理问题本质上是一个连续体,分类模型对人格障碍的划分方式过于武断(Krueger, Eaton, Derringer, Markon, Watson, & Skodol, 2011)。在 DSM 诊断系统中,所有的人格障碍诊断分类都有一个强制的诊断阈限(符合诊断标准的最少项目数)。但是,并没有实证研究表明病理人格和正常人格之间的界限在哪儿,诊断阈限值只是 DSM 工作小组专家的主观经验值(Skodol, 2012)。每一种人格障碍的具体诊断标准不是基于人格障碍的理论思考,并围绕被广泛认可的人格障碍理论形成界定人格障碍的具体条目,而是通过文献检索和临床经验自下而上形成诊断条目。为了解决 DSM－IV 人格障碍诊断的上述问题,许多研究者提议用维度模型重新界定人格障碍(Trull & Durrett, 2005)。

维度模型不同于分类模型,不是用几条简洁的诊断标准承载患者大量重要的临床信息,而是包含数量不等的诸多维度,每个人的人格特征都可以通过整合多个维度的信息来理解。每一种人格障碍都可以通过维度特征组合刻画出它的原型,也可以运用维度模型重建每一种人格障碍的诊断标准,甚至可以运用维度模型整合轴 II 的十种人格障碍,形成一个一般性的人格结构(Widiger & Simonsen, 2005)。例如,研究者(Oldham & Skodol, 2000)将人格障碍的诊断标准改为 6 点评分,从不存在病理性人格特质到完全符合病理性人格特质,由此可以评定患者是否存在某种类型的人格障碍,突出的人格特质是什么,以及阈限下的病理状况。此外,非适应性和适应性人格调查表(Schedule for Nonadaptive and Adaptive Personality,简称 SNAP)(Clark, Mcewen, Collard, & Hickok, 1993)、人格病理五因素量表(Personality Psychopathology Five,简称 PSY－5)(Harkness & McNulty, 1994)、谢德勒-韦斯滕评估程序(Shedler-Westen Assessment Procedure,简称 SWAP)(Westen & Shedler, 2007)等一般人格或病理性人格的维度模型也常被研究者提议用来替代 DSM 分类模型。

谢德勒等人(Shedler et al., 2010)强烈反对人格障碍分类诊断模型向维度诊断模型的转变,他们认为,对临床实践有指导意义的方法应该聚焦于个体的分类,而不是量表评分。诊断最关键的是对患者由一系列认知、情感、人际功能、应对方式和防御机制形成的总体人格症状作出判断,而不是去分析三十多个零散的特质维度。临床工作者在分类诊断方面积累了宝贵的经验和智慧,只需要继续完善诊断标准,比如,增加自我和人际功能受损程度的评定能够真正提高诊断的信度和效度;维度模型只适合学术研究领域,它基于因素分析的结果,容易受到描述性特质数量和样本特征的影响,维度结构并不稳定,且没有相关的实证研究提供充分的证据支持健康人格和病理性人格之间存在明确的分界线。上述理由并不足以否定维度模型,因为分类模型在指导临床实践工作上也不是很有效(Bernstein, Iscan, & Maser, 2007),如果临床工作者有充分的时间评估来访者的病理性人格特质,那么维度模型的诊断可靠性和治疗指导价值比分类模型更高(Krueger, Eaton, Clark et al., 2011)。

来自人格障碍两大最有影响力的研究组织的调查结果也显示,74%的人格障碍专家认为,DSM-IV-TR分类取向的做法应该被取代;87%的研究者认为,人格障碍本质上是分维度的;70%的研究者认为,同时采用分类取向和维度取向是代替DSM-IV-TR的最理想方法(Bernstein et al., 2007)。但是,现有的人格特质模型在评估人格障碍方面都存在不足之处,以人格五因素模型为例,它是迄今为止最有影响力的人格结构理论,来自行为遗传学、神经科学、毕生发展纵向追踪,以及跨文化比较等多方面的证据都支持人格五因素模型的有效性和稳定性(Krueger, 2013)。即便如此,将人格五因素模型作为人格障碍的维度模型评估人格障碍也存在局限性,比如,与人格障碍有关的一些病理性人格特质(如精神分裂型人格特质)在五因素模型中并不存在(Widiger, 2007)。因此,DSM-5人格与人格障碍工作组需要整合已有的维度模型,提出与DSM诊断系统中的人格障碍更为吻合的一套维度模型,确保这些人格特质能够覆盖所有人格障碍涉及的病理性特质。

1.3.2 原型匹配的诊断方式

从分类模型向维度模型转变有很多种方法,有些方法聚焦于变量,比如,运用人格特质取代诊断标准;有些方法聚焦于个体,通过叙事性描述法刻画每一种心理障碍的原型，对照个体与原型的匹配程度，如果是比较匹配和非常匹配则可以作出分类诊断，如果是中等匹配则只能解释为“特征”或者阈限下病理症状（见表1-1）。原型匹配法要求治疗师将每一种心理障碍的原型看作一个整体，而不是通过计算符合的症状个数评定匹配程度（Zimmerman, 2011）。很多人格障碍临床工作者支持这种转变，但只有少数研究提供了实证数据支持原型匹配法的可靠性和有效性（Westen, DeFife, Bradley, & Hilsenroth, 2010；Westen, Shedler, & Bradley, 2006）。也有研究者强烈反对这种诊断方法，认为这是倒退回DSM-II的糟糕决策（Krueger, 2013）。

表1-1　分裂型—分裂样人格障碍的原型描述（Westen et al., 2012）

总述：这种人格类型的个体在人际关系、情感体验和思维过程方面都表现出无处不在的奇怪感和贫乏感。

符合这个原型的个体具有以下特点：缺乏亲近的关系，对同伴或交流需求低，常常看上去都是超然或漠不关心的样子。缺乏社交技能，在社交互动中看上去很笨拙或不合群。外表或行为方式可能很奇怪或罕见（比如，他们的仪表、姿态、眼神或语调可能很奇怪或游离），所说的话与情绪或非言语行为可能不一致。难以理解其他人的行为，说不清楚生活中的重要他人到底是一个怎样的人。符合这个原型的人只有有限的情绪体验，倾向于以具体的方式思考，对隐喻、类比或事物之间的细微差别的理解很有限。会让别人感到无聊。除了表面上的情感分离之外，他们也常常忍受着情绪上的痛苦，觉得生活中的活动没意思或不好玩，觉得生活毫无意义，活得像一个局外人或放逐者。符合这个原型的人还会有大量奇怪的想法和感觉。他们的言语和想法可能是偶发的、漫无边际的，或与主题不相关。他们的推理过程或感知体验看上去也是奇怪的、异质性的，他们可能会怀疑别人，认为其他人的话语和行为怀有恶意。

5	非常匹配（患者就是这种障碍的典型例子；原型）	诊断
4	比较匹配（患者有这种障碍）	
3	中等匹配（患者有这种障碍的显著特征）	特征
2	轻度匹配（患者有这种障碍的轻微特征）	
1	不匹配（描述不符合）	

支持的证据。韦斯滕等人（Westen, Shedler, & Bradley, 2006）对比了原型匹配法和DSM-IV对人格障碍诊断的有效性，结果发现，原型匹配法能够降低共病率，同时不削弱其诊断效度。治疗师对原型匹配法在使用简单、交流方便、捕捉重要信息的能力和临床实用性方面都给予了更高的评价。专业治疗师和非专业评价人员运用原型匹配法对同一批患者进行人格障碍诊断，也得到了非常高的评分者信度（r=0.72），同时人格障碍之间的交叉相关水平很低（r=0.01）。由此也可以看出，即便

是没有临床诊断经验的新手也能够运用原型匹配法对复杂的人格障碍作出恰当的诊断，并表现出与专业临床工作者较高的一致性，说明原型匹配法具有信度好、效率高和功能强的优势（Westen et al.，2010）。除了信度、效度和临床实用性方面的优势，原型匹配法还能解决分类诊断无法克服的一些问题。比如，自恋型人格障碍和反社会型人格障碍都有共情缺陷的人格特征，在 DSM 诊断标准中，我们无法通过这个诊断标准来区分这两种人格障碍，这也是人格障碍共病率高的原因之一。但在原型匹配法中，我们可以知道相同的病理性人格在不同类型的人格障碍患者身上的不同表现，自恋型人格障碍的共情缺陷是看不见其他人的需要，反社会型人格障碍的共情缺陷是了解其他人的需要后加以利用（Westen，Bradley，& DeFife，2012）。

反对的证据。DSM 诊断系统增加一种新的方法，必须有大量实证研究支持其信度、效度和临床实用性，这三个标准缺一不可。然而，DSM－5 提出原型匹配法参照的实证研究非常有限，后续的田野实验也不足。针对以上几项支持这种方法的研究，齐默尔曼（Zimmerman，2011）也提出了许多反对意见：第一，能够降低共病率并不代表诊断更为准确，也有可能是诊断不充分，低估了存在其他心理障碍或人格障碍的可能性。根据长期积累的诊断经验，程序化的诊断方法往往比半结构化访谈法更容易低估共病率（Zimmerman & Mattia，1999）。基于诊断共病率来比较不同诊断方法的优劣并不是一个好方法，反而可能误导临床工作者，使其未充分、全面评估就作出诊断。第二，回归 DSM－II 的原型匹配法，可能会使临床工作者再次陷入诊断信度非常低的糟糕局面。DSM－II 也曾运用原型匹配法，不同之处就在于 DSM－5 运用叙述性段落来描述不同类型的人格障碍，信息量更大。然而，这种更为复杂、篇幅更长的描述方式可能会加大评分者之间的信息加工差异，评分者作出匹配程度判断的差异也可能会增大，从而降低评分者之间的诊断信度。不能提高诊断信度和效度的临床实用性，并不能够作为诊断方式更好的依据。

1.3.3 人格障碍与其他心理障碍的关系

为了突出人格障碍的独特性和重要性，DSM－III工作小组专家一致通过将人格障碍（轴 II）与其他心理障碍（轴 I）区分开来的提议（Trull & Durrett，2005；Widiger，Simonsen，Krueger，Livesley，& Verheul，2005），这就提醒临床工作者不要因其症状与其他心理障碍存在重叠就忽视了人格障碍的可能性（Spitzer，William，& Skodol，1980）。从 DSM－III 发展到 DSM－IV－TR 的近 30 年间，人格障碍的诊断率提高了，人格障碍的实证研究也相当丰富，是否还需要将人格障碍与其他心理障碍作为两个独立的部分写入精神疾病诊断手册？是否有充分的证据支持人格障碍与其他心理障碍属于本质不同的病理问题？如果将轴 I 和轴 II 的心理障碍重组为一类，是否能够帮助我们更好地理解心理障碍的本质结构，提高临床实用性，并让更多患者受益？

同质性的证据。在 DSM－5 研究计划委员会首次会议上，与会学者提出要将人格障碍部分从诊断分类手册中移除，但是有些人格障碍可以合并到轴 I 的心理障碍分类中（Skodol，2012；Widiger，2012）。DSM－5 修订工作者一直对是否保留轴 I 和轴 II 而争论不休。针对这项提议，DSM－5 工作小组开展了一系列实证研究（Andrew et al.，2009；Andrews，Pine，Hobbs，Anderson，& Sunderland，2009；Carpenter et al.，2009；Goldberg，Krueger，Andrews，& Hobbs，2009；Krueger & South，2009；Sachdev，Andrews，Hobbs，Sunderland，& Anderson，2009）。根据已有研究结论和病理症状、病因、疗效等因素的综合分析，将轴 I 和轴 II 的所有心理障碍合并同类，一共有五类：神经认知障碍、神经发展障碍、精神病、情绪障碍和外化问题（Andrew et al.，2009）。十种人格障碍中只有分裂型人格障碍（与精神分裂症、双相障碍同属于精神病类）和反社会型人格障碍（与物质依赖障碍、品行障碍同属于外化问题类）可与轴 I 的心理障碍进行重组，其他人格障碍在这个聚类过程中并不能明确归属于哪一类（Andrew et al.，2009）。

为了检验这种整合轴 I 和轴 II 心理障碍的方法是否有效，DSM－5

工作小组提出了十一个外部效标，其中有六个效标属于高风险的致病原因（比如家庭遗传性、神经基础），五个效标属于临床表征（比如异常的认知或情绪加工方式、共病率），试图从危险性因素和临床表现两个角度系统检验轴 I 和轴 II 各项心理障碍之间的相关程度（Andrew et al.，2009）。结果表明，分裂型人格障碍与双相障碍、精神分裂症都受到相似的基因因素的影响，但环境致病因素的共同性的证据较少（Carpenter et al.，2009）。在神经基础、生物指标、认知加工异常和临床表征方面都有证据支持它们之间存在相似性，彼此之间也具有较高的共病率，且对治疗的反应存在相似之处（Carpenter et al.，2009）。反社会型人格障碍与品行障碍、物质依赖障碍也具有共同的高危基因、神经基础、生物指标、认知加工特征，以及去抑制性气质，彼此之间的共病率很高，症状会随着年龄增长而逐渐改善，但是对治疗的反应缺乏共同性（Krueger & South，2009）。

一系列研究基本支持轴 I 和轴 II 可以根据神经科学、基因、流行病学、临床特征和治疗效果等因素的相似作用而整合为更简洁的心理障碍元结构（Andrew et al.，2009；Carpenter et al.，2009；Krueger & South，2009）。但是，由于只分析了十种人格障碍中的两种，另外八种不能划分到其中任何一类，因此这项提议还有待其他研究的验证。一种支持整合轴 I 和轴 II 的观点是，将内化/情绪障碍和外化/去抑制障碍作为 DSM-5 元结构的两个主要类别，可以将十种人格障碍整合到内化/情绪障碍和外化/去抑制障碍两大类中（Krueger，2005）。

异质性的证据。近年来，也有一些实证研究为轴 I 和轴 II 的区分提供了支持性证据。有研究者（Røysamb et al.，2011）试图检验轴 I 和轴 II 之间是否存在共同的表型结构，为 DSM-5 是否保留轴 I 和轴 II 的区分提供实证依据。结果发现，二十五种心理障碍四个因素的模型拟合指数最好，它们分别是：内化谱系，包括焦虑障碍、重度抑郁症、厌食症、痛觉障碍和创伤后应激障碍；外化谱系，主要包括轴 I 的物质滥用障碍和品行障碍，轴 II 的反社会型人格障碍；快感缺失型内化谱系，包括人格障碍 C 型（依赖型和回避型人格障碍）和 A 型（精神分裂症人格障碍），以及抑郁型人格障碍和心境恶劣；认知—关系紊乱谱系，主要包括人格障碍 B 型，人格障碍 A 型中的偏执型和精神分裂样型人格障碍，以及 C 型中的强迫型人格障碍(Røysamb et al., 2011)。由此可见，该研究仅仅支持反社会型人格障碍可以整合到轴 I 的临床障碍分类中，其他人格障碍与轴 I 的临床障碍则属于不同的因子。

肯德勒等人(Kendler et al., 2011)从基因和环境两大诱发因素相关性的视角出发，研究了 2 000 多对同卵双生子和异卵双生子在轴 I 和轴 II 所有心理障碍上的基因相关性和环境诱因相关性。对这些心理障碍的基因相关性进行探索性因素分析，结果发现，四个因素的结构最为理想(见图 1-3)。其中，因素 1 包含轴 I 大部分心理障碍，不包含任何人格障碍；因素 2 包含分裂样人格障碍、分裂型人格障碍、回避型人格障碍和依赖型人格障碍，以及心境恶劣和社交恐怖症。尽管这个因素包含

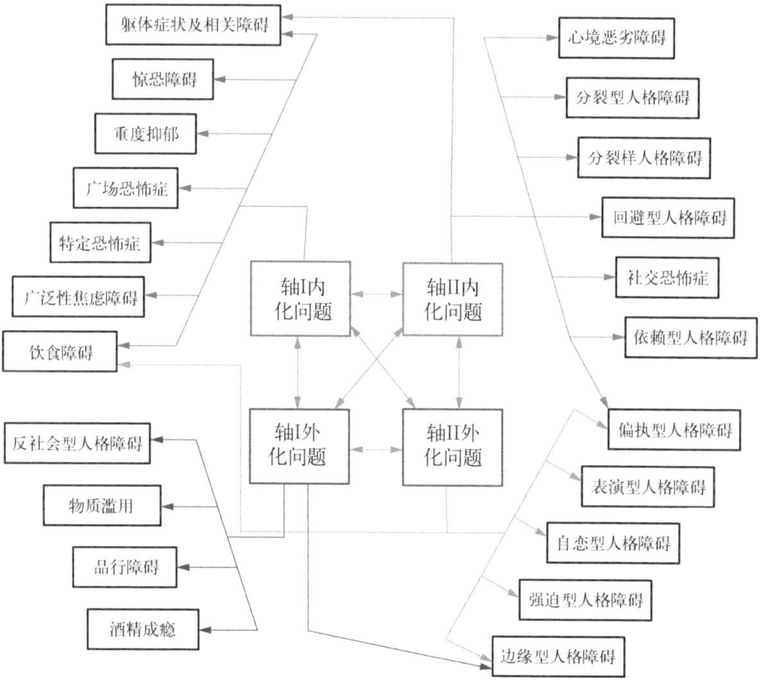

图 1-3　轴 I 和轴 II 所有心理障碍基因相关性的因素分析结果(Kendler et al., 2011)

轴 I 的心理障碍，研究者仍将其命名为轴 II 内化问题。因素 3 包含反社会型人格障碍、品行障碍、酒精成瘾和物质滥用。尽管这个因素包含轴 II 的人格障碍，研究者仍将其命名为轴 I 外化问题。因素 4 包含剩余的五种人格障碍——表演型、自恋型、强迫型、边缘型和偏执型，被认为是轴 II 外化问题。其中，边缘型人格障碍在因素 3 和因素 4 上都有较高的载荷；偏执型和依赖型人格障碍在因素 2 和因素 4 上都有较高的载荷（Kendler et al.，2011）。所有心理障碍环境相关性的探索性因素分析表明，三个因素的结构最为理想（Kendler et al.，2011）。因素 1 包含十种人格障碍中的九种，被命名为轴 II 人格障碍；剩余一种是反社会型人格障碍，与品行障碍、物质滥用、广场恐怖症及惊恐障碍属于同一个因素，被命名为轴 I 外化问题和焦虑障碍（Kendler et al.，2011）。

肯德勒等人的研究结论不仅为 DSM－III 将心理障碍分为轴 I 和轴 II 两部分提供了实证支持，而且为以往将人格障碍分为三大类的观点提供了基因基础的支持。在上述研究中，十种人格障碍基因相关性分为三个因素。表演型、自恋型和边缘型人格障碍在轴 II 外化问题因素上载荷最高，反社会型和边缘型人格障碍在轴 I 外化问题因素上载荷最高，回避型、分裂样、依赖型和精神分裂型人格障碍在轴 II 内化问题因素上载荷相对较高（Kendler et al.，2011）。

1.4 人格障碍诊断方式的“范式革命”

1.4.1 DSM－5 第三部分：混合诊断模型

DSM－5 工作小组对许多提议作了长期系统的论证，有些提议得到实证研究的支持和工作组专家的肯定，比如分类和维度混合模型；有些提议则因缺乏研究数据的支持而被否定，比如原型匹配法。最终形成的人格障碍混合诊断模型包括四个部分（APA，2013）：（1）人格功能整体受损程度的维度评定；（2）病理性人格特质的维度评定；（3）六种类型的人格障碍，它们由每一种人格障碍的功能受损程度，以及特定人格障碍的病理性人格特质共同界定；(4) 通过人格障碍—具体特质来解释所有人格障碍的表现。然而，这些更新的内容并没有直接被 DSM－5 采用，而是单独放在第三部分，这就意味着更新的内容还有待更多实证研究和临床实践的检验。DSM－5 诊断手册的主体部分仍然保留 DSM－IV－TR 人格障碍的分类诊断，这个决定背后有许多不可抗拒的主观原因 (Krueger, 2013)。

但不可否认的是，DSM－5 工作小组最终确定的混合诊断模型是一次质的突破，若没有充分的研究证据支持其信度、效度和临床实用性，收益和代价便都无法估量。对临床工作者而言，从熟悉的分类诊断法转向不熟悉的混合诊断法，临床实用性是否会下降也未可知(Clarkin et al., 2011；Shedler et al., 2010)。因此，在主体部分保留 DSM－IV－TR 的分类诊断标准，并在附录部分增加新的诊断模型，既可以保持与以往临床实践的一致性，又能够继续深入探索突破旧方法局限性的新方法。美国精神病学会将混合诊断模型放在第三部分也向相关研究者传递了一个信号，即鼓励研究者对这种新的诊断模型开展研究，提供更多证据支持或修改该模型(Krueger, 2013)。

DSM－5 混合诊断模型的突出特征体现为，对人格功能受损程度和病理性人格特质进行评估。人格功能受损包括两个维度(自我功能和人际功能)、四个因素(同一性、自我管理、同理心和亲密感)，根据每个因素的发展水平可分为五种水平的功能缺陷，从健康、适应良好(level 0)到有点不适应(level 1)、比较不适应(level 2)、严重不适应(level 3)和极度不适应(level 4)(APA, 2013)。病理性人格特质采用由二十五个子维度组成的五因素模型，五因素分别为：消极情绪性、分离感、对立违抗、去抑制和精神病态(APA, 2013；Krueger & Markon, 2014)。DSM－5 在此基础上提出六种人格障碍的混合模型，每一种人格障碍都由人格功能受损程度和有代表性的病理性人格特质共同界定(示例见表 1－2)。在混合模型中，我们既可以了解人格障碍的不同类型，又可以看到同一种人格障碍类型的患者在人格功能受损程度和病理性人格特质上的差异。

表 1－2　DSM－5(Section III)推荐的反社会型人格障碍诊断标准(APA, 2013)

A. 人格功能存在中等以上程度的损害，表现为以下四个领域中至少有两个领域存在困难：
1. 同一性：自我中心；自尊来源于个人成就、权力或快乐。
2. 自我管理：根据个人喜好设定目标；缺乏亲社会的内在标准，不能服从法律或文化规范。
3. 同理心：不关心其他人的感受、需求或痛苦；伤害了其他人也不会感到内疚。
4. 亲密感：不能建立双向的亲密关系，建立关系的首要目标是为了利用其他人，包括欺骗和强迫；利用权力或威胁的方法控制其他人。
B. 以下七种病理性人格特质至少有六种：
1. 操控性(对立违抗的一个因素)：频繁使用伎俩影响或控制其他人；运用诱惑、展示个人魅力、花言巧语或逢迎讨好的方式达到个人目的。
2. 冷漠(对立违抗的一个因素)：不关心其他人的感受或困难；自己的行为对其他人产生负面影响或伤害时，也不会感到内疚或懊悔；攻击性；病态残忍。
3. 欺骗(对立违抗的一个因素)：不诚实和欺诈；自欺欺人；伪造事实。
4. 敌意(对立违抗的一个因素)：持续或反复的愤怒情绪；轻微的怠慢和攻击就能够激发愤怒或烦躁；恶意、下流或报复性行为。
5. 冒险(去抑制的一个因素)：参与危险的、可能会伤害自己的活动，不计后果；为了克服无聊感而参加危险的、不经思考的活动；对个人局限性缺乏考虑，否定真实的个人危险。
6. 冲动(去抑制的一个因素)：根据一时冲动做事；不制定计划，不考虑后果；难以确定目标和实施计划。
7. 不负责任(去抑制的一个因素)：不关心经济和其他义务或责任；不尊重协议和承诺。
注：18 岁以上。
如果有精神病态特征，则需要详细说明。

自我和人际功能作为核心诊断指标。运用 DSM－IV 或 DSM－IV－TR 进行人格障碍诊断时，需要考虑人际和职业领域的功能表现、临床痛苦程度，以及轴 V 的整体功能评定，这是 DSM 诊断系统所有心理障碍都需要评估的指标，未能体现人格障碍功能受损的独特性。有研究者(Livesley & Jang, 2000)认为，人格障碍患者与其他心理障碍患者的显著差异在于，他们的自我—他人领域存在三方面的困难：(1) 适应性自我系统，即允许个体创造和维持完整的自我与他人表征；(2) 建立亲密感的能力；(3) 有效适应社会的能力。有研究(Dimaggio, Semerari, Carcione, Procacci, & Nicolo, 2006)支持人格障碍患者的自我功能存

在严重问题，比如，不适宜的自我表征、自我叙事及自我反思能力差、自我调节策略不足等，由此也会引发他们在人际层面的功能损害。总体而言，人格障碍相关的理论观点和实证研究正在逐步阐明人格障碍患者如何看待自我和他人两个层面存在独特的功能损害（Bender，Morey，& Skodol，2011）。

从人格障碍的理论观点来看，克恩贝格（Kernberg，1976）是最早将人格障碍类别和严重程度整合起来理解人格障碍的精神分析心理学家之一。在他的理论观点中，人格组织的核心是同一性，由个体与他人互动过程中的体验方式组成（Kernberg，2012，2016）。健康的同一性包含对自我的现实感知、协调一致的自我观，以及对他人真实的、稳定的认知。人格组织一旦出现问题，同一性就会变得散乱、不稳定和不协调。依恋理论的内部工作模式也特别强调个体对自我和他人的表征（Bowlby，1988）。安全的依恋关系有助于建立积极的自我表征和他人表征，不安全的依恋关系则容易形成适应不良的自我表征和他人表征。人格障碍与不安全的依恋关系有很强的关联（West，Keller，Links，& Patrick，1993）。与主要照料者的早期互动经验会塑造个体对人际世界的复杂假设，从而影响个体对自我和他人心理特征的理解。积极的自我概念和他人表征是人格健康发展的重要表现。边缘型人格障碍患者最核心的功能损伤就体现为，童年期混乱的依恋关系导致其缺乏稳定的自我概念和人际关系（Fonagy，Target，& Gergely，2000）。

布洛克（Block，2010）从社会认知理论视角提出理想人格的两个关键指标：稳定性和可变性。他认为，稳定性和可变性对于人格健康发展的作用类似于同化和顺应在儿童认知发展阶段论中的作用。同化和顺应是儿童对物体和行为建立内部表征的核心原则，通过这两个过程的交互作用，儿童能够在适应外部世界的过程中达到认知平衡。人格的稳定性与可变性本质上也是如此。每个人都会在早期与重要他人互动的过程中建立起对自我、他人和人际关系的心理图式，这些心理图式会在我们今后的人际互动情境中被自动激活，个体要么将新的经验纳入已有图式，要么修改已有图式适应新的经验。如果这个过程不顺利，就可能导致我们对自我和他人产生认知偏差(Anderson & Cole, 1990)。

人格障碍的实证研究也支持不同人格障碍都存在自我和人际功能缺陷。例如,自恋型人格障碍,特别是浮夸型自恋,主要特征就是高估自我的重要性,总是对他人充满愤怒,追求人际控制感和特权感,轻视他人的感受和价值,不能与他人共情(Russ, Shedler, Bradley, & Westen, 2008);边缘型人格障碍患者自我和人际功能受损状况最为严重,他们拥有极其不稳定的自我概念,情绪调节功能严重受损,对他人的认识非黑即白,导致他们总是处于人际亲密的两个极端,要么过度依赖,要么与社会分离(Cheavens, Strunk, & Chriki, 2012)。霍普伍德等人(Hopwood et al., 2011)将 DSM-IV 的十种人格障碍进行是或否的二分法计分,形成人格障碍的严重性维度,检验功能受损严重程度能否作为评估所有人格障碍的基本维度。结果表明,该维度的一致性系数高达 0.90,支持功能受损程度与所有人格障碍症状高度相关。

研究者(Morey, Berghuis, Bender, Verheul, Krueger, & Skodol, 2011)运用项目反应理论考察自我和人际功能在精神疾病患者样本中的信度和效度,进一步证实了 DSM-IV 所有人格障碍都存在不同程度的自我和人际功能受损,自我和人际功能受损程度与个体被诊断患某种或多种人格障碍的可能性和人格障碍症状综述呈显著正相关,支持人格障碍功能受损程度作为所有人格障碍的核心维度,被纳入 DSM-5 诊断系统,以更准确地区分人格障碍和其他心理障碍。DSM-5 工作小组的研究人员也基本认同这一提议,只是在具体操作层面还有一些争议,比如,是否需要对每一个功能水平作出更为宽泛的、复杂的界定,是否需要单独评估每一个因素,以及作为新发展的评定量表,其信效度能否经得住更多实证研究的检验(Clarkin & Huprich, 2011;Skodol, 2012)。

人格障碍类型的数量。DSM-5 工作小组提出删除一半诊断分类(表演型、自恋型、依赖型、偏执型和精神分裂型),仅保留五种人格障碍分类:反社会型、回避型、边缘型、强迫型和分裂型。后经反复论证,决定保留自恋型人格障碍(Skodol, 2012;Widiger, 2012)。这样做的理由是,研究小组整理每一种人格障碍的文献后发现,前五种人格障碍几乎没有实证研究关注,后五种人格障碍则有大量实证研究支持其效度和临床实用性。为了解决人格障碍共病率过高的问题,需要精简人格障碍的分类,因此 DSM－5 仅保留五种人格障碍,被删除的人格障碍类型不再出现在 DSM－5 诊断分类中,但在维度模型中加以保留,由个体独特的人格特质组合及主要的功能受损情况来界定,给出人格障碍具体特质(PD Trait Specified,简称 PDTS)的诊断(Skodol, 2012)。ICD－11 工作组成员表示,他们也倾向于删除五种人格障碍,但具体是哪五种略有不同,他们想要保留分裂型人格障碍,删除边缘型人格障碍。

DSM－5 替代模型仅保留了 DSM－IV－TR 诊断系统中的六种人格障碍,其他所有不符合这六种人格障碍诊断标准的人格问题都被划分为人格障碍具体特质,这与 DSM－IV－TR 中的人格障碍未定型也有所区别。人格障碍未定型通常包含两种情况(APA, 1994):第一,个体的人格模式符合人格障碍的一般诊断标准,具有多种不同人格障碍的特质,但又不满足任何一种人格障碍的诊断标准;第二,人格模式符合人格障碍的一般诊断标准,但不包含在十种人格障碍中,比如,抑郁型人格障碍。DSM－5 舍弃了这种做法,允许治疗师采用适应不良的人格特质和人格功能受损程度共同描述不包含在六种人格障碍中的其他人格障碍(Skodol, Bender, & Oldman, 2014),比如,抑郁型人格障碍就可以通过抑郁、焦虑、快感缺失和敌意等病理性人格特质来描述。这种方法的临床实用性更强,不仅能够用更为丰富的病理性特质描述人格障碍患者,而且能够更为准确地界定不常见的人格障碍类型、人格障碍共病率等问题。

但是,牺牲一半左右的分类是否代价过高(Widiger, 2011)?这么多人格障碍分类突然被删除,而现实生活中仍会有表演型、依赖型人格问题,DSM 和 ICD 诊断分类若不能充分涵盖现实生活中真正存在的病理性人格,就会导致病理性人格的覆盖面变得更为狭窄(Krueger, 2013; Widiger, 2011),其严重程度与共病率过高不相上下。DSM－5 工作小组认为,某些人格障碍的实证研究较少,其效度和临床价值可能不如其他人格障碍,可直接删除。反对者们认为,这个理由非常荒诞,基于这个理由而作出的决定十分武断。人格障碍实证研究是否丰富会受到外部因素的影响，如国家科研经费支持的偏向。DSM－5工作小组主要基于人格障碍的合作纵向研究结论作决策，而人格障碍的合作纵向研究主要聚焦于回避型、分裂型、强迫型和边缘型人格障碍，这种信息源的偏差也是导致DSM－5决策偏差的原因之一（Bornstein，2011）。

谢德勒等人（Shedler et al.，2010）认为，现有的十种人格障碍都有其临床实用性和治疗指导意义，实证研究较少并不等同于某些人格障碍是没有用的。人格障碍研究者还有待努力，而不应该将实证研究的数量作为评估某种人格障碍临床实用性，决定某种人格障碍能否继续存在于DSM诊断系统的依据。若论临床实用性，依赖型和自恋型人格障碍的临床实用性远高于强迫型人格障碍，越来越多的实证研究表明，强迫型人格障碍的病理严重程度最低（Livesley，2010）。尽管DSM－5人格障碍工作小组作出了决策，但并不影响未来研究继续探讨被删除的人格障碍，在混合诊断模型的指导下，删除或保留某一类人格障碍的影响也较为有限。

诊断阈限的设定标准。诊断阈限是DSM诊断系统使用以来始终存在的问题，许多研究者认为DSM诊断阈限的设定过于主观、武断，缺乏实证研究的支持。DSM－5工作小组也系统研讨过这个问题，并提出了相应的解决方案（见表1－3）。莫里等人（Morey & Skodol，2013）就诊断阈限问题开展田野试验来界定人格障碍诊断标准B的阈限值。以边缘型人格障碍为例，存在四个到五个病理性人格特质能够提高诊断的重测信度。因此，研究者对比了根据任意四个病理性人格特质和任意五个病理性人格特质考察边缘型人格障碍诊断的信度和效度，结果发现，前者诊断一致性水平更高，区分效度和预测效度更好。这就意味着，存在四个病理性人格特质，其中一个属于去抑制或对立违抗维度，就可以有效且可靠地作出边缘型人格障碍诊断。其他人格障碍诊断的阈限值也是通过这种方法确定（Morey et al.，2013）。基于实证研究证据而确定的诊断阈限值能够在一定程度上降低主观性，提高诊断的信度和效度，由此得出的诊断阈限标准可以在未来实证研究和临床工作中反复检验，循环论证。

表 1-3 DSM-5 六种人格障碍诊断标准 B 的诊断阈限(Morey & Skodol, 2013)

人格障碍	特质领域/因素	推荐诊断阈限
反社会型	对立违抗(4);去抑制(3)	六个或六个以上
回避型	分离(3);消极情绪(1)	三个或三个以上,其中一个必须是焦虑
边缘型	消极情绪(4);去抑制(2);对立违抗(1)	四个或四个以上,其中一个必须是冲动、冒险或敌意
自恋型	对立违抗(2)	都需要
强迫型	责任心(1);消极情绪(1);分离(2)	三个或三个以上,一个必须是刻板的完美主义
精神分裂型	精神质(3);分离(3)	四个或四个以上

表述方式的变化。除了对诊断标准 A 和诊断标准 B 作出重大调整外,其他诊断标准都只在 DSM-IV-TR 基础上有些许调整,诊断标准 C-G 将句首改为"人格功能受损状况和人格特质表现",以突出 DSM-5 诊断人格障碍的核心要素(见表 1-4)。例如,DSM-IV-TR 的诊断标准 C 是,"具有导致临床痛苦或社会、职业等重要领域功能受损的持久模式",DSM-5 改为,"人格功能受损和人格特质表达具有相对的顽固性和跨情境的普遍性"。其他修改之处主要是措辞变得更为严谨。例如,DSM-IV-TR 的诊断标准 D 是,"这种模式是稳定且持久的,最早发病时间可追溯到青春期或青年早期",DSM-5 在"稳定"之前增加了

表 1-4 人格障碍的一般诊断标准(Skodol, Bender, & Oldham, 2014)

人格障碍必须具备的特征:
A. 人格功能(自我/人际)存在中等以上程度的损害。
B. 一个或一个以上的病理性人格特质。
C. 人格功能受损程度和人格特质表达相对顽固,具有跨个体和社会情境的普遍性。
D. 人格功能受损程度和人格特质表达具有跨时间的相对稳定性,发病时间至少可追溯到青春期或青年早期。
E. 人格功能受损程度和人格特质表达不能通过其他心理障碍得到更好的解释。
F. 人格功能受损程度和人格特质表达不仅仅是由于药物成瘾的生理效应或其他医学状况(比如严重脑损伤)。
G. 人格功能受损程度和人格特质表达不能通过个体发展阶段或社会文化环境下的正常发展得到更好的理解。

“相对”一词。诊断标准 G 与 DSM-IV-TR 也有细微差异，新增了“发展阶段特征也不能解释这种状况”。

1.4.2 ICD-11：人格障碍的重新分类

ICD 和 DSM 对人格障碍和其他心理障碍的诊断面临相似的困境。和 DSM-5 人格障碍工作小组的使命一样，ICD-10 修订工作组也寄希望于 ICD-11 能够超越以往所有分类诊断系统，提高人格障碍和其他心理障碍诊断的信度和效度。世界卫生组织承担着改善全球公共卫生的艰巨任务，而精神疾病患者在人群中所占比重越来越大，尤其是在发展中国家，大量患有精神疾病的患者得不到有效的帮助，根据精神疾病严重程度的不同，治疗缺失的比例为 32%～78%（Kohn, Saxena, Levav, & Saraceno, 2004）。为了改善这种现状，世界卫生组织希望发展多种语言的、多学科合作的精神疾病诊断手册，为不同使用对象提供与使用目标更匹配的版本，比如，临床工作者使用临床描述和诊断指南（WHO, 1992），研究者使用研究诊断标准（WHO, 1993），主要照料者使用精神疾病诊断和管理指南（WHO, 1996），让更多中低收入的精神疾病患者能够得到治疗帮助，真正发挥 ICD 的临床实用价值。

具体到人格障碍的诊断，ICD-11 提出了多项改革举措。首先，ICD-11 拟放弃按照行为表现风格对人格障碍进行分类的做法，提出按照人格受损从无到有的不同程度进行分类，分别为：没有人格障碍（水平 1，不存在人格困扰）；人格困难（水平 2，在一些特定场合存在一定程度的人格问题，但在其他场合没有问题）；人格障碍（水平 3，存在跨情境的、界定清晰的人格问题）；复杂的人格障碍（水平 4，人格问题通常涵盖多个人格领域，且存在跨情境的一致性）；严重的人格障碍（水平 5，自我和人际层面都存在危险的、复杂的人格障碍）（Tyrer et al., 2011）。这种改变肯定了人格障碍并不是全或无的存在，相反，轻微的人格功能紊乱在现实生活中可能更常见，并未达到人格障碍的严重程度。由此可以减少人格障碍标签的滥用，针对人格功能受损程度提供适宜的治疗或帮助建议。

其次，世界卫生组织认可人格五因素模型界定病理性人格问题的科学性。对二十二项研究病理性人格特质的实证研究进行系统综述，结果发现，三个到五个高阶人格特质几乎能够囊括所有人格病理症状，例如，外化因素可包含边缘型人格、自恋型人格、表演型人格和反社会型人格，内化因素可以包含回避型人格和依赖型人格，此外还有分裂因素和强迫因素（Tyrer et al.，2011）。在对比分析多种特质模型的基础之上，ICD－11 提出界定人格障碍的五因素模型，五因素分别为：不合群/分裂（因素 1）、反社会（因素 2）、强迫（因素 3）、焦虑/依赖（因素 4）、情绪不稳定（因素 5）（Tyrer et al.，2011）。这五个因素和 DSM－5 人格问卷（Personality Inventory for DSM－5，简称 PID－5）存在细微差异，PID－5 在人格五因素基础上发展出病理性人格五因素，ICD－11 更倾向于通过评定人格特质为个体制定适宜的治疗方案，提高临床实用性是 ICD－11 更重视的使命（Reed，2010）。因此，在舍弃了边缘型人格障碍、自恋型人格障碍之类的命名后，每一个特质领域的命名都是一系列病理性特质的集合，由此更容易匹配预后良好的治疗方法，比如，当个体被诊断为拥有情绪不稳定型人格，结构化心理治疗方法的疗效更好。以焦虑/依赖为主的人格问题，更适合采用认知行为疗法（Emmelkamp et al.，2006）。

虽然人格障碍严重的患者往往会在多个人格特质领域存在问题，但是 ICD－11 提议的按照人格受损严重程度进行分类的方法既能够避免共病诊断的问题，又能够真实呈现个体在多个领域表现出的人格问题。因为可以清晰界定人格受损严重程度，所以个体一般处于人格障碍的某个特定水平。在此基础之上，只有复杂的人格障碍才会存在多个人格特质领域的困扰，仅在一个特质领域存在人格问题的个体可以直接运用病理性特质对其加以界定。当研究者或临床工作者受限于信息和经验，不能准确判断来访者人格受损程度时，才会将来访者的人格障碍归类为未定型人格障碍，与之前的诊断方式相比，按照 ICD－11 的诊断思路而作出未定型人格障碍诊断的比例会显著下降。

1.5 简评与展望

本章回顾了人格障碍的历史背景，以及 ICD 和 DSM 诊断系统关于人格障碍分类的演变，透过一个多世纪的发展轨迹，我们可以看到学者和大众对人格障碍的认识如何一步一步发展到今天如此多维的理解视角。在 ICD 和 DSM 诊断系统正式形成之前，人格障碍与其他心理障碍并没有清晰的界定，躁郁、精神分裂等心理问题都被看作人格问题。从 DSM－I 开始，所有心理问题都被划分为三类严重程度不同的人格问题：人格模式紊乱、人格特质紊乱和反社会人格紊乱。到 DSM－III，精神疾病领域的专家为了突出人格障碍的重要性与独特性，提出要将人格障碍与其他心理障碍区分开来，独立作为轴 II 的内容。这一提议极大促进了研究者对于人格障碍的研究兴趣，以及临床工作者对人格障碍问题的重视。但是，这种做法存在的问题也逐渐暴露出来，人格障碍之间以及人格障碍与轴 I 心理障碍之间的共病率过高、同类型人格障碍患者之间的异质性过高、人格障碍诊断信度过低、诊断阈限过于主观和武断、人格病理问题覆盖面过窄等问题都不容忽视。DSM－IV 和 DSM－IV－TR 试图解决这些问题，但进步不大。

DSM－5 和 ICD－11 试图通过诊断范式的革新彻底突破上述局限性，提出要以维度模型取代分类模型，DSM－5 将自我和人际功能受损程度作为人格障碍诊断的核心维度，ICD－11 提出要根据人格功能受损程度进行人格障碍分类。由此可以看到人格障碍分类诊断模型向维度诊断模型转变的趋势。ICD－11 和 DSM－5 人格和人格障碍工作小组为革新人格障碍诊断方式而开展的大量论证工作也有着多层面的积极影响：第一，提高了研究者、临床工作者以及大众对于人格障碍界定方式、诊断标准、与正常人格的相互作用关系，以及可能存在的缺陷等相关问题的认识（Gunderson，2013）。第二，重新界定了人格障碍，将人格障碍看作自我和人际功能受损的谱系问题，并由不同的人格特质领域来界定人格障碍的风格差异，这与人格障碍的概念界定、理论模型和实证研究都高度一致（Krueger, 2013），为 DSM 和 ICD 精神疾病诊断系统从分类模型走向维度模型开拓了道路（Krueger, 2013）。第三，进一步肯定了人格五因素模型在界定人格问题上的适用性，人格五因素模型不仅有可能成为界定人格障碍的元组织，而且有可能成为整个心理障碍分类系统的元组织（Krueger & Markon, 2006; Krueger et al., 2014）。

人格障碍的混合诊断模型也不是完美的。以 DSM - 5 第三部分为例，将自我和人际功能受损程度和病理性人格特质作为诊断人格障碍的两大核心标准，如何在临床实践和实证研究中综合运用这两大核心标准也存在方法上的挑战，因为它们存在一定程度的交互作用，侧重点也有所不同，自我和人际功能受损程度关注过程，病理性人格特质关注内容（Krueger, 2013）。

DSM 和 ICD 诊断系统存在的另一个核心问题是，虽然 DSM - 5 第三部分明确提出，评估诊断人格功能受损程度和人格特质表达时，需要考虑个体发展阶段或社会文化环境，世界卫生组织将提高 ICD 诊断手册的文化适宜性作为最核心的使命之一，但并没有较好的办法来处理诊断过程中的文化普适性和文化特异性问题（Mulder, 2018）。当前的诊断系统有关人格障碍的界定方式和具体诊断条目都是在西方文化下得到的，有些人格特质在西方文化下不被认可或适应不良，但在东方文化下可能是社会赞许的，符合文化规范，比如依赖和顺从的人格特质。还有一些人格问题在西方文化下比较突出，但在东方文化下可能比较少见，比如自我伤害行为、边缘性自杀行为。由此也说明，人格障碍分类和诊断方式并不具有跨文化的一致性。在临床诊断上，是否作出人格障碍的诊断，需要结合人格与文化之间是否存在良好的匹配，而不能简单遵循西方文化下对人格特质的功能判断。更为复杂的是，不论是东方文化还是西方文化，都会存在亚群文化的差异。当咨询师判断来访者的人格和文化适宜性时，必须熟悉来访者所处文化的规范，而不是依据咨询师自身对文化适宜性的理解。这往往很难实现（Mulder，2018）。目前，有关人格障碍诊断、流行病学数据、治疗有效性的跨文化研究非常罕见，未来研究需要将文化和特定情境因素纳入研究和实践，丰富人格障碍的本土化研究，区分人格障碍诊断方式的文化普适性与特异性。

2 人格特质与人格障碍的维度诊断

哲学家普罗提诺说过，我们被要求把人类视为宇宙最智慧的存在，但事实上，人类处于神和禽兽之间，时而倾向于一类，时而倾向于另一类；有些人日益神圣，有些人变成野兽，大部分人保持中庸。对个体而言，人格健康或异常是动态发展的，采用人格障碍分类诊断来界定人格健康或异常是一种过度简单化的操作，容易带来自我实现预言；对群体而言，人格绝对健康或异常的人只占少数，大多数人都介于两者之间。

第一次正式参与人格障碍的临床结构化访谈与诊断时，笔者对其中几条诊断条目印象格外深刻。比如，一个人能否按时还信用卡、开车的时候能否严格遵守交通规则、日常消费是否在自己和家庭可承受范围之内等行为都属于判断一个人人格是否健康的指标。有人喜欢飙车，觉得很刺激，只要没有遇到交通事故或被没收驾照，就意识不到其中的安全隐患。有人透支信用卡，逾期不还，或是借贷数额远远超出自己的还贷能力，最后导致个人不良征信记录。这些人的整体生活状态的确充满矛盾冲突，既给自己带来麻烦，也给周围人带来困扰，人际关系和工作状态也很不稳定。但是，中国文化习惯从人品好坏、是否成功的角度去识人，较少涉及深层次的人格健康。

一个成年人，如果他的行为特质符合四条或四条以上强迫型人格障碍的诊断标准，比如，精确规划每日常规事务，追求绩效和个人成就最大化，几乎没有娱乐生活和单纯的人际交流；不愿意将任务委托给其他人做或和其他人一起完成，除非他人能够精确地按照他的方式行事，如果他人的做法达不到他的要求，他就会推翻重做；在人际关系上也极尽控制，缺乏弹性，不仅对自己要求很高，而且要求身边的人按照他认可的道德、伦理和价值观念行事。虽然他通过这种高度控制的方式获得了自我满足和职业成就，但给他人带来了许多困扰，让身边的人感到痛苦。然而，按照人格障碍分类诊断手册的指导意见，只要他自己不觉得痛苦，就不能给他作出人格障碍诊断，治疗也是如此，来访者自身的意愿很关键。

那么，人格障碍分类诊断标准的价值体现在哪里？一方面，我们需要肯定DSM以及世界卫生组织的ICD对推动人们理解心理障碍或人格障碍的贡献，如果我们有心理问题却从未意识到，这就类似于身体有顽疾，但医生并没有检查出来，这样后果很严重；另一方面，如果我们并未达到人格障碍的诊断标准，是否就可以任由惯有的思维方式和行为模式主导自己为人处世？人格问题并非全或无的二元对立状态，而是从无到有的渐变状态，把人格区分为正常人格和异常人格并不能覆盖所有人格差异，也不能真实反映人格问题的严重程度。

越来越多的研究者倾向于采用人格特质的维度模型而非分类模型来理解正常人格与异常人格之间的界限，将正常人格和异常人格看作一个连续体的不同位置，用于描述正常人格的维度模型同样可以用于描述异常人格（Widiger & Mullins-Sweatt，2009）。人格障碍的神经生理学证据也支持从特质维度的视角界定人格障碍，并没有证据表明，不同类型的人格障碍具有独特的神经生理学基础，但是不同的特质维度具有相对清晰的一组神经相关物。

跨文化研究证明，人格五因素模型是适合全人类的人格结构。人格障碍研究者一直尝试证明人格五因素模型界定人格障碍的合理性与可行性，由此便可以通过丰富的正常人格特质的实证研究理解异常人格产生的根源、发展过程以及预后。然而，由于人格五因素对病理性人格特质的覆盖不足，以及测量工具的版权归属等问题，美国精神病学会发展了更有针对性的DSM－5人格障碍特质模型。这两大人格障碍的特质模型既存在相似之处，也有互补的空间，为人格障碍诊断从分类诊断向维度诊断过渡提供了坚实的理论基础和实证基础。

除此之外，从维度视角看待人格障碍，不容易忽视处于正常人格和异常人格这一人格连续体上的亚临床人格特质群。近年来，由马基雅维利主义、精神病态和自恋三种人格特质组成的人格特质群——黑暗三人格——成为当前人格研究领域的热点问题之一。这一组人格特质群是介于正常人格和异常人格之间的灰色地带，具有一定的适应功能，但是拥有此类人格特质的个体和人格障碍患者一样，在自我和人际功能上存在一定程度的缺陷，是人格障碍的先兆和预警，若能及时识别和干预，对提升整体的人格功能大有裨益。

本章首先介绍介于正常人格和异常人格之间的亚临床人格特质群——黑暗三人格，从生命史策略的理论视角分析其兼具适应性和破坏性的复杂机制，为鉴别和预防临床意义上的人格障碍作铺垫。然后综述运用人格五因素模型界定人格障碍的操作思路，以及 DSM－5 病理性人格五因素模型，比较分析人格障碍维度诊断和分类诊断的优势和不足。

2.1 亚临床人格特质群：黑暗三人格

作为独立的人格特质，马基雅维利主义用以描述那些为了达到目的，挑战常规道德准则，不惜使用欺诈等手段来操纵他人的个体（Christie, Geis, & Berger, 1970），具有保持权力、管理策略严厉和操纵性三维结构（Kessler, Bandelli, & Spector, 2010）。精神病态一般是指情绪和人际方面持续的行为偏差，包括三个显著的性状：去抑制（disinhibition），反映冲动控制问题；胆大妄为（boldness），主要是指超越常规的社会支配性、情绪复原力和冒险性；恶毒（meanness），主要是指攻击性地掠夺资源而不顾他人感受，即毫无约束的个体性（Patrick, Fowles, & Krueger, 2009）。自恋源于希腊神话故事，讲一个少年非常自负自傲，爱上了自己的倒影。科胡特（Kohut, 1971）提出，自恋是人类的本质，每个人本质上都是自恋的，只有过度自恋并超出社会对自恋的许可范围才是不健康的，由此将自恋引入社会和人格心理学研究领域。

经过对自恋的具体表现与测量的反复论证，社会和人格心理学研究者一致认为，自恋人格特质包括两大因素（Rathvon & Holmstrom, 1996；Wink & Donahue, 1997）：脆弱/敏感性（vulnerability/sensitivity）和夸大其词/风头主义（grandiosity/exhibitionism）。前者表现为内隐自恋，难以维持自己的兴趣和爱好，缺乏内在动机，觉得什么事情都没有意义；后者表现为外显自恋，对外在行为限制感到不安和不耐烦。

近年来，研究者发现马基雅维利主义、精神病态和自恋三种人格特质之间存在重叠。例如，马基雅维利主义和精神病态的个体都具有很高的社会支配性，为了自己的利益而对他人的感受置若罔闻，冷酷无情、麻木不仁、无视传统道德是他们共同的标签；马基雅维利主义与自恋的个体在缺乏共情方面高度一致，认为自己具有与生俱来的特权感，喜欢操控他人（Gustafson & Ritzer, 1995）；自恋个体的自我中心、傲慢、不诚实和缺乏洞见也存在于精神病态个体身上（Hare, 1998）。这些相似性促使研究者（McHoskey, Worzel, & Szyarto, 1998）提出，马基雅维利主义其实就是轻度的精神病态，由于马基雅维利主义和精神病态分别属于临床/犯罪领域和社会/人格领域，因此研究者意识不到自己研究的是相似的现象，自恋同样如此。因此，从本质上来说，这三个变量存在很大相似性，被研究者命名为“黑暗三人格”（Dark Triad）（Paulhus & Williams, 2002）。

尽管越来越多的研究证实黑暗三人格作为一组新的人格特质群的确存在，但它在人格理论中所处的位置始终是一个谜。有研究（Paulhus & Williams, 2002）将这三种人格特质放在大五人格模型中检验它们与人格基本维度之间的相似性和差异性，结果发现，马基雅维利主义、精神病态和自恋与大五人格只存在一个共同点，即低随和性。黑暗三人格与人格六因素模型的第六个维度诚实—谦逊存在很强的负相关，且与诚实—谦逊的子维度描述的内容存在较大反差。一级精神病态与诚实—谦逊的所有子维度都有很强的负相关；马基雅维利主义和自恋也表现出类似的结果，只是相关相对弱一些，精神病态和马基雅维利主义与公平感有最强的负相关，自恋与谦虚有最强的负相关（Lee & Ashton, 2005）。

此外，黑暗三人格与独立于大五人格因素的额外十种人格特质(Supernumerary Personality Traits，简称SPT)之间的相似性很高，自恋、精神病态和马基雅维利主义与诱导性、操控性和冒险性、自我中心主义存在显著正相关，与诚实、正直存在显著负相关(Veselka, Schermer, & Vernon, 2011)。为了进一步验证黑暗三人格与额外十种人格特质之间存在的相似性和重叠程度，研究者就两个人格特质群包含的因素进行因素分析，结果发现，自恋与诱导性、勤俭节约(负)、幽默感和自我中心属于一个公共因子；马基雅维利主义、精神病态与操控性、正直(负)、女性气质(负)属于另一个公共因子(Veselka et al., 2011)。

由此表明，黑暗三人格与大五人格之间的共同性很低，但与五因素模型之外的人格特质存在较大程度的重叠。这是因为，大五人格描述的是人格特质中的光亮面，黑暗三人格则是从个体反社会性和阴暗面的角度描述人格的表型特质，是对大五人格特质论的丰富与拓展，值得研究者将其作为一组新的人格特质群，全面探讨其社会适应功能和心理机制。进化理论中的生命史策略能够解析黑暗三人格的行为动因，从而使人们真正理解这组人格特质在个体层面的适应性和集体层面的破坏性之间的矛盾统一。

2.1.1　生命史策略

生命史理论是从一般进化理论中演变而来的中层理论，描述个体如何根据环境条件分配生物能量和物质资源以维持生命和繁衍后代，并由此产生了两种截然不同的生命史策略：一种是r策略(r-selected)，看重繁衍；另一种是K策略(K-selected)，看重长寿(Pianka, 1970)。根据生命史理论，选择r策略的物种由于生存环境高度不稳定和不可预测，因此更加看重基因的繁衍和数量优势，典型代表之一是兔子，它们性成熟快、生育能力强，但死亡率高、寿命短，同时群体凝聚力差，对下一代投资少。相反，选择K策略的物种由于生活在稳定和可预测的环境中，因此更加看重基因的生存和后代的质量。以大象为例，它们性成熟过程缓慢，生育能力较弱，幼象死亡率低且寿命长，同时对下一代投资多，群体凝聚力强，获取资源的竞争优势明显，因此长期策略更具有适应性(Figueredo, Vásquez, Brumbach et al., 2006)。

早期进化论通过生命史理论来解释物种之间的差异，随着进化心理学的发展，生命史策略也被用来解释人类的个体差异。采用不同生命史策略的个体，其核心心理特征和行为表现都存在差异：低 K 策略的个体会不惜牺牲长远利益来获得短期收益，伴侣多、父母投资少，在现代社会的行为也相应地表现为冲动、短视、生活混乱、母亲投资少、几乎没有父亲投资、社会支持少、无视社会规则和极其爱冒险；高 K 策略的个体擅长作长远打算，会有选择地挑选生活伴侣，父母投资多，在现代社会的行为也相应地表现为凡事深思熟虑、伴侣少、父母投资多、社会支持多、遵守社会规则(合作和亲社会)、谨慎地对待潜在风险。因此，生命史策略认为，在 K 策略上得分高的个体后代数量较少，但在每一个后代的养育过程中会投入更多的时间和精力，对长期关系更有责任感，凡事都会从长计议而不会被眼前利益蛊惑，擅长为后代的发展作更长远的打算，比如为提高后代的社会地位而积累更多资源、开辟更多渠道(Figueredo et al., 2006)。

黑暗三人格得分高的个体往往缺乏对未来的计划性，他们喜欢冒险，追求刺激，缺乏远见，并且自我控制力低下，这与生命史理论中的 r 策略有相同之处，也就是说，在黑暗三人格量表上得分高的个体更倾向于采用 r 策略，而且精神病态与 r 策略之间的相关性最强。此外，黑暗三人格中男性与 K 策略之间的负相关显著高于女性。这与父母投资理论的观点较为一致，即在抚养过程中投入更多精力和资源的那一方会采用相对缓慢的生命史策略，由于女性需要为后代的成长和发展付出更多，因此会表现出更低水平的快速生命史策略，即便在黑暗三人格个体中也是如此(Jonason, Koenig, & Tost, 2010)。

尽管在工业社会和技术高度发达的社会，主导思想是赞许 K 策略，而将 r 策略视为许多社会问题和行为偏差的原因，但是进化心理学研究者认为，这是由于社会规范由那些推崇 K 策略的个体制定，他们把提高社会地位和个人影响力看得高于繁殖率，但实际上，并不存在一种策略在任何条件下都优于另一种策略的说法，因为个体选择哪种策略会受先天条件、自身社会经济地位、时代氛围，以及宏观生态背景等因素的综合影响（Heath & Hadley，1998）。从这个角度来看，不考察黑暗三人格个体的基因、神经生理特点，以及成长环境而判定其拥有不健康的人格，认为基于 r 策略的黑暗三人格个体的适应性比基于 K 策略的个体的适应性差，都是不合理、不科学的。黑暗三人格得分高的个体可能因为对其生长的环境体验到更多不稳定性和不可预测性，所以倾向于采用即刻满足的生命史策略，为此不惜牺牲长期回报来换取短期利益，但这可能是最适合他们自身生存处境的策略。

2.1.2 社会功能的适应性与破坏性

从社会功能来看，人们对具有黑暗三人格个体的区分远比非黑即白的二元区分要复杂。一方面，他们容易被视为英雄人物受到追捧，或因为引人注目的领袖风采而广受欢迎；另一方面，他们由于无视道德规则和他人的利益而饱受争议。以著名电影《教父》三部曲的主角迈克尔·科莱昂为例，他操控那些为他工作的人，以及他最亲近的家人；对他身边最亲近的人冷酷无情；认为自己是唯一能够领导家族的人，科莱昂家族优于其他任何黑帮家族。尽管有这些黑暗特质，他还是被看作这部电影的英雄人物，因为他是家族以及集团利益的坚强捍卫者，能够不惜一切代价保护家人。这组人格特质在个体层面具有的魅力和适应价值与它在集体层面产生的破坏性之间的矛盾也得到了很多实证研究的支持。

人际关系：短期适应性与长期破坏性。不同于“好孩子惹人爱，坏孩子招人嫌”的直觉判断，对青少年同伴群体中最受欢迎个体的特征分析表明，受欢迎的青少年并不局限于品行良好的个体，相反，他们比普通青少年表现出更多的敌意动机，他们的行为模式通常是亲社会性和攻击性或破坏性行为的复杂组合。有研究者（De Bruyn & Cillessen，2006）综合采用焦点小组访谈、开放式问卷法和同伴评定法，探索青少年对受欢迎的同伴的界定。结果发现，受欢迎的个体有两种截然不同的类型：一种是受欢迎型（populistic；名气大，但不一定让每个人都喜欢），另一种是亲社会型(prosocial-popular;既受欢迎,又被大家喜欢和接纳)。前者学习成绩一般,爱与老师对抗,反社会行为得分很高,会欺负和威胁同班同学,但也常常被看作领导者,具有影响力。后者在学习上很投入,在人际交往过程中表现得很有亲和力(De Bruyn & Cillessen, 2006)。尽管这两种类型的人的行为表现为两个极端,但他们都有很多朋友,在同伴群体中有很高的地位,被同伴看作有吸引力的、受欢迎的人。这个结果也符合霍利(Hawley, 2003)对获取资源策略的研究,霍利根据个体的社会支配水平区分出五种不同类型的资源获取策略:亲社会型、胁迫型、双策略型、典型操控型和无控制型。双策略型个体能够根据情境需要灵活使用胁迫和亲社会两种策略,前者是将自己的意志强加于人,后者是通过个人魅力吸引别人,从而使自己在资源控制和社会支配方面最有可能成功。这一结论在西方文化背景下青少年同伴地位的研究中得到反复验证,也有研究者将这两种受欢迎的类型命名为社会计量的受欢迎(sociometrically popular)和感知到的受欢迎(perceived popular),这两种类型的青少年都会表现出亲社会与合作行为,在同伴中很有影响力,但感知到受欢迎的青少年还会表现出不同程度的关系攻击和言语攻击(Cillessen, Antonius, & Rose, 2005)。

国内青少年黑暗三人格与人际孤独以及情感孤独的相关研究发现,只有精神病态得分高的青少年才会体验到强烈的孤独感。马基雅维利主义的个体擅长印象管理,有很强烈的领导欲望,能够采用不同的策略应对不同的人际关系,自恋的个体喜欢夸大自己的优点吸引他人的关注,这些特征使得他们并不缺乏追随者,能够保持相对较高的同伴地位,从而表现出低水平的孤独感。精神病态的个体自我控制能力很差,在人际交往过程中不能保持理性的判断和反应,由此可能会导致更多的情感孤独和人际孤独(Zhang, Zou, Wang, & Finy, 2015)。约纳松和韦伯斯特对黑暗三人格社会影响策略的系列研究也能够解释这一结果。马基雅维利主义和自恋得分高的个体能够在对立违抗型和互惠互利型社会交往策略之间灵活切换,马基雅维利主义与个人魅力、互惠互利、引诱和强硬手段存在显著正相关,自恋与社会比较、责任唤起、说理和胁迫存在显著正相关，马基雅维利主义和自恋得分高的个体好像拥有一个储备操控他人手段的专用工具箱，在社会互动过程中就像“变色龙”一样灵活切换社会影响策略。但精神病态个体的社会影响策略具有高度的内部一致性，以强硬手段、威逼利诱、贬损他人为主，属于个人情绪和利益驱动，其行为的可预测性很强，容易被他人识别操控或欺骗的内在动机，难以真正赢得他人的好感(Jonason & Webster, 2012)。

然而，从人际交往纵向发展的角度来看，马基雅维利主义、自恋和精神病态在发起交往和冲突解决阶段的表现与普通个体并不存在显著差异，黑暗三人格高分组个体只在消极交往策略上得分显著高于低分组，在积极交往策略以及向第三方求助方面并没有显著差异；在维持交往阶段，黑暗三人格具有的破坏性则暴露无遗，黑暗三人格高分组个体采用的积极交往策略显著少于低分组，采用的消极交往策略则显著多于低分组(Zhang et al.,2015)。由此表明，黑暗三人格的个体在短期交往行为中具有一定的吸引力，但由于他们过度专注于自己的利益，不能够做到延迟满足，也不擅长长期的关系投资，因此在长期交往过程中容易出现问题。

黑暗三人格的上述特征在亲密关系的相关研究中也得到了印证。进化心理学家关注黑暗三人格个体的求偶行为，认为掠夺的、兴趣分散式的求偶方式更有助于建立短期亲密关系，提高基因传承的概率。尽管他们处处留情与巧取豪夺的方式不被社会许可，但从进化的角度来讲，这并不影响这些策略在当前情境下的适应价值。研究者发现，黑暗三人格的男性不管在哪个年龄阶段都有许多性伴侣，而且对性伴侣的喜好非常广泛，往往不加拣择(Jonason, Li, Webster, & Schmitt, 2009)。

研究者(Jonason, Luevano, & Adams, 2012)进一步深入探讨了黑暗三人格的个体喜欢哪种类型的短期关系，结果表明，他们都不喜欢稳定的恋爱关系，自恋的个体喜欢所有类型的短期关系，控制了马基雅维利主义和精神病态的作用之后，自恋与稳定的恋爱关系、一夜情、朋友之间的性关系的相关最为显著，自恋的个体需要在社会群体内保持恋爱关系以维持良好的自我感觉。马基雅维利主义与短期恋爱之间的相关可能受到自恋和精神病态的影响，在控制了自恋和精神病态的共同作用后，马基雅维利主义并不能够预测任何一种形式的短期恋爱关系。以往研究发现，马基雅维利主义与激情之爱以外的所有恋爱风格都有显著正相关，令人意外的是，马基雅维利主义与无条件的爱也存在显著正相关，说明马基雅维利主义的个体在恋爱方式上倾向于采用社会赞许的方式(Jonason & Kavanagh, 2010)，不同形式的短期恋爱行为有损于个体的社会形象，因而不被马基雅维利主义者青睐。排除马基雅维利主义和自恋的共同作用，精神病态与性服务关系相关显著，这反映了精神病态个体擅长剥削他人的本性。

黑暗三人格特点还决定了人们与游戏型和实用型恋爱风格之间的关系。通过对这两种恋爱风格的分析，我们能够对黑暗三人格的本质属性有一个理论和经验的认识。实用型恋爱之所以受到黑暗三人格个体的青睐，是因为它是一种理性的恋爱，用头脑算计而不是用心感受。黑暗三人格的个体追求恋爱关系不是出于爱慕，而是他们认为对方对自己有利用价值。游戏型恋爱可能只与精神病态个体有关，他们追求感官刺激和新鲜感。然而，黑暗三人格追求短期恋爱关系，却出乎意料地与激情之爱没有显著关联。这可能是因为，黑暗三人格的个体建立恋爱关系是为了满足自己的需要，他人的特征并不重要，最重要的是他人是否具备帮助自己满足内在需要的特征。他们短期求偶风格表达的一种态度可能是“我到底能得到什么”，而不是对方具有吸引力(Jonason et al., 2010)。

然而，从长期来看，黑暗三人格个体的求偶策略也会使其付出代价。黑暗三人格个体在巧取豪夺他人伴侣方面付出的努力越多，他们为了维持这种伴侣关系投入的精力和情感也会相应越多，因为这种类型的伴侣离开的风险更高。此外，在维持短期伴侣关系方面付出的努力越多，他们合法的长期伴侣抛弃他们的可能性也越高，这就是黑暗三人格个体在亲密关系中要付出的代价。可以从三个角度来解释这一现象：首先，黑暗三人格个体在其他关系中付出的努力会导致他们保护合法伴侣的角色缺失，这会给合法伴侣的不忠行为创造机会；其次，合法伴侣对他们在其他关系中投入程度的警觉性越高，对长期关系的承诺就会相应减少，甚至最终选择结束这段关系；最后，黑暗三人格个体选择性交配发生率越高，他们选择的亲密对象本身的不忠程度就越高，发生不忠行为的概率也越高。因此，黑暗三人格能够显著正向预测伴侣离开的概率（Jonason，Li，& Buss，2010）。

职业成就：组织地位高与消极工作行为。从社会交换的角度来看，黑暗三人格促使个体以一种违反大多数工作背景下的社会调解基本准则的方式行事，由此导致个体工作表现较差和消极工作行为增多。元分析结果表明，马基雅维利主义和精神病态与低质量的工作表现相关，马基雅维利主义、自恋和精神病态与消极工作行为的增加显著相关。但是，黑暗三人格与工作表现的关联强度会随情境的变化而有所不同（O'Boyle，Forsyth，Banks，& McDaniel，2012）。马基雅维利主义在任何情境下都与工作表现存在显著负相关，不管权力大小，组织的集体主义程度高低，马基雅维利主义个体的生产效率都很低，在工作场合的消极行为更多。自恋的情况更加复杂一些。自恋者拥有的权力越大，他们的工作表现就越差。"权力导致腐败，绝对的权力导致绝对的腐败"这句话尤其适合权力在自恋者身上所起的作用。在集体主义文化氛围很强的组织工作时，自恋者的工作表现也会很差，对个人主义取向的自恋者而言，共担责任和为集体目标而努力是非常不可取的。自恋者拥有的权力越大，他们的消极工作行为会越少，尤其是在集体主义文化背景下。这可能是因为，在集体主义文化氛围下，领导者的行为更容易被下属包容。但对精神病态而言，权力会削弱精神病态与消极工作行为之间的关系。这可能是因为，掌握权力的精神病态个体可能表现的消极工作行为超出了消极工作行为核查范围。比如，精神病态的警官不大可能表现出一般性的消极工作行为，如偷窃、非工作原因上网，但会表现出一些特殊的反社会行为，如煽动犯罪嫌疑人使用武力。

黑暗三人格在世界各大公司的高管身上并不罕见。有研究者提出，精神病态个体和优秀高管之间存在很多重叠的特质，比如，魅力和领导气质会被视为领导潜能，深藏不露会被看作自控力强和个性坚强，好大喜功会被评价为自信,对伤害他人的行为缺乏怜悯或同情会被认为敢于作出艰难的决策且具有对事不对人的行事风格。对 203 名高管的元分析发现,精神病态在人际上的表现与内部领导气质(创造性、战略思维和交流技能)存在显著正相关。在高层管理者当中,精神病态的检出率高达 3.90%~5.90%,这一比率显著高于普通群体中精神病态的检出率(Babiak, Neumann, & Hare, 2010;Neumann & Hare, 2008)。正如黑尔(Hare, 1999)所言,最极端的精神病态者会不惜一切代价破坏社会规则,卷入恶性犯罪事件,还有许多精神病态者利用他们的魅力和应变才华在社会各行各业占据一定位置,攫取自己所需的资源,而将一系列的伤害留给其他人承受。

黑暗三人格的个体如何成为管理层?首先,自恋和精神病态的个体都有自我提升的特点,这种特点有助于他们在初次见面时获得成功,特别适合工作面试(Back et al., 2010)。其次,黑暗三人格个体使用的策略在获取资源的过程中起着关键性的作用(Jonason, Slomski, & Partyka, 2011)。尽管黑暗三人格个体擅长使用的策略有所差异,比如马基雅维利主义的个体擅长展示魅力和外显操控,自恋的个体惯用外在形象,精神病态的个体常用威胁,但他们都表现为能够同时使用强硬的策略和柔和的策略,且使用强硬策略的频率更高。黑暗三人格的个体会通过使用强迫性的、攻击性的社会影响策略提升他们在职场上的影响力。这一现象在男性身上表现得尤为突出,那些惯用强硬策略的黑暗三人格个体更容易成为公司的领导。另外,他们也能够使用诸如建立工作联盟的柔和策略,通过逢迎讨好、利益交换和幽默与工作伙伴营造一种友好的工作氛围,在必要的时候利用这种友好的工作氛围来促进工作任务的完成,被利用者会认为这是出于情感支持而觉察不出其中的利用关系。

2.1.3 黑暗三人格与人格障碍

黑暗三人格这一新的人格特质群的提出对人格心理学理论而言是一种突破,它能够超越大五人格的框架,描述介于健康人格和临床人格障碍之间的亚临床领域的人格消极面,丰富了人格特质论包含的内容,更为全面地刻画了人格的动态矛盾性和复杂性。此外，黑暗三人格作为临床人格障碍的前奏和预警，对它们的研究有利于对人格障碍的预防和早期干预治疗。前面分析了黑暗三人格在人际领域和职业发展过程中同时具有适应性和破坏性的现象，从生命史理论的角度分析了矛盾性背后的心理机制，这一方面可以描绘出黑暗三人格的立体图像，另一方面也说明我们应该以一种消除二元对立的角度全面客观地认识黑暗三人格的适应性和破坏性，摒弃道德批判的思维惯性，将关注点聚焦于如何预测和控制黑暗三人格可能给个体和社会带来的损害。

但是，如何界定黑暗三人格的“黑暗”程度，已有研究未能澄清此问题。从测量方式来看，已有研究主要综合采用马基雅维利主义、自恋和精神病态的测量工具，比如马基雅维利主义量表、自恋量表和精神病态核查单。为了简化测量项目，研究者还开发了黑暗三人格简版量表。每一种特质的评估方式都是分数越高，代表个体在各个特质上的表现越明显，但是缺乏相对可靠的常模数据。在这些测量结果中，多大程度是正常范围内的“黑暗”，到达哪个水平之后，则属于对个体和社会具有危害性的“黑暗”。此外，临床与亚临床的界限也不清晰，缺乏鉴别黑暗三人格与需要接受专业治疗的自恋型人格障碍和精神病态的标准。

从文化适宜性的角度来看，黑暗三人格是在西方文化背景下提出来的，西方研究者在自恋、马基雅维利主义和精神病态方面积累了丰富的理论和实证研究成果，近年来才将这三种人格特质共同具有的操控性、冷漠无情整合为一组反社会型人格特质群。但正如研究者在生命史理论中所综述的，个体生存的文化背景和社会风气都会影响他们对于 r 策略和 K 策略的偏好和社会赞许性。与黑暗三人格紧密相关的 r 策略产生于高度不确定的和资源供给有限的外部环境之下，这组人格特质在中国文化背景下的社会赞许性和适应性是否会有所不同？行为遗传学研究结果也表明，马基雅维利主义、自恋和精神病态都会受到遗传和非共享环境的影响，此外，马基雅维利主义还会受到共享环境的显著影响，这说明家庭背景、学校教育和社区文化等环境因素起着非常重要的作用。在探讨黑暗三人格的社会功能时，不考察个体生存的生态系统和环境因素，抽象地将这组人格特质作为人格障碍的预警，是否过于主观和武断？这组人格特质的适应性功能能否阻止个体发展为人格障碍患者？

2.2 人格障碍的特质模型

2.2.1 人格障碍的五因素模型

20 世纪 80 年代以来，西方大五人格结构模型的出现被称为“人格心理学领域的一场静悄悄的革命”。有研究者认为，五因素模型是适合全人类的人格模型。它通过系统收集英语词典中的人格特质形容词，采用因素分析技术对形容词进行分类、简化，最终确定外向性、随和性、尽责性、开放性和神经质五大人格维度。许多跨文化研究都为人格五因素模型的文化普适性提供了实证支持。麦克雷及其同事在全球 51 种文化背景下重复了人格的五因素模型，支持神经质、外向性、开放性、随和性和尽责性这五个因素代表了一种普遍适用于全人类的人格结构(McCrae, Terracciano, Khoury et al., 2005)。人格发展的大量实证研究都基于人格五因素模型而开展。但是，人格的特质维度始终不是 DSM 人格障碍诊断标准的参考依据。

尽管如此，许多研究者都在积极证明人格五因素模型界定人格障碍的优势，探索人格五因素模型界定人格障碍的可行性方案。比如，将个体在人格五因素上的极端表现视为人格病理性问题(Mullins-Sweatt, Jamerson, Samuel, Olson, & Widiger, 2006)，运用人格五因素模型中的高阶或低阶特质形容词替换 DSM 人格障碍的诊断标准(Lynam & Widiger, 2001)。维迪格等人(Widiger & Mullins-Sweatt, 2009)提出的人格障碍五因素模型最为全面地总结了人格五因素与人格障碍之间的复杂关系，系统阐述了运用人格五因素模型诊断人格障碍的四步策略。

第一步，运用以人格五因素模型为理论基础的测评工具全面评估人格结构。既可以采用自我报告的人格五因素量表，也可以通过半结构化访谈的方法客观评估受访者在人格五因素上的一般表现。大量实证研究都支持正常人格和人格障碍包含一致的内在因素，人格障碍只是一般人格结构的病理性变异(e. g.，Samuel & Widiger，2009)。

第二步，评估个体人格特质的适应性功能。研究者(Mullins-Sweatte et al.，2006)根据实证研究和临床经验总结了人格五因素30个子维度的适应性或适应不良的表现，依次分析个体拥有的每一个人格特质是否引发了社会和职业功能缺损以及个人痛苦。这种做法避免了以得分高低作为划分正常人格和异常人格标准的简单化思维。比如，个体在开放性维度上得分极端高，这既可能是缺乏判断力或认知分裂的病理表现，也可能是对情绪、艺术和其他未知事物有着异于常人的好奇心和探索欲；相反，在开放性维度上得分极端低，既可能是因为他们毫无想象力，认知功能不足，也可能是因为他们比较务实，能够享受平凡的、重复的生活。因此，评估人格特质的适应性功能要着眼于具体的行为表现，以及该行为表现能否适应外部情境的要求。

第三步，判断人格特质引发的功能不良是否达到临床显著水平。由于人格特质是一个连续体，因此划分诊断阈限难免主观、武断。维迪格建议以DSM－IV－TR轴V全面功能评定量表的得分为依据，71分及以上为功能正常，低于60分即可作出临床诊断。这是相对成熟的、对所有人格障碍都适用的判断方法(Hilsenroth et al.，2000)。

第四步，原型匹配，将一系列适应不良的人格特质整合为某一特定的人格障碍类别(Widiger et al.，2009)。例如，从五因素的角度来看，反社会型人格是低随和性和低尽责性的组合。为了更为丰富、全面地理解每一种人格障碍，还有研究者运用五因素的30个子维度来描述每一种人格障碍，例如，反社会型人格障碍包含欺骗、利用他人、攻击性、没有责任心、粗心大意、鲁莽、愤怒敌意、冲动、刺激寻求和过分自信。边缘型人格障碍包含神经质维度的所有子维度(焦虑、敌意、抑郁、自我意识、冲动和脆弱感)，但回避型人格障碍仅包含神经质维度的四个子维度(焦虑、抑郁、自我意识和脆弱感)。强迫型人格障碍主要表现为在尽责性维度上极端的、适应不良的变异，同时在随和性维度的服从和亲社会性因素，以及开放性维度的道德灵活性因素上得分都较低，表 2-1 所示内容是根据实证研究和临床经验共同总结出的不同人格障碍的五因素描述（Lynam et al.，2001；Samuel & Widiger，2004）。

表 2-1 人格障碍的五因素表现（Widiger et al.，2009）

	神经质	外向性	开放性	随和性	尽责性
偏执型	愤怒敌意（高）	温暖、合群、积极情绪（低）	行动力、价值感（低）	信任、直率、亲社会性、服从、温柔（低）	
分裂型		温暖、合群、果断、主动、追求快乐、积极情绪（低）	情感丰富、行动力（低）		
分裂样	焦虑、自我意识（高）	温暖、合群、积极情绪（低）	想象力、行动力、有想法（高）	信任（低）	
反社会型	焦虑、自我意识、脆弱（低）；愤怒敌意、冲动（高）	主动、追求快乐（高）	行动力（高）	信任、直率、亲社会性、服从、谦逊、温柔（低）	责任感、自律、深思熟虑（低）
边缘型	焦虑、愤怒敌意、抑郁、自我意识、冲动、脆弱（高）		想象力（高）	信任、直率、服从（低）	深思熟虑（低）
表演型	脆弱（高）	温暖、合群、追求快乐（高）	想象力、情感丰富（高）	信任（高）；直率、谦逊（低）	有序、深思熟虑（低）
自恋型	愤怒敌意、脆弱（高）；自我意识（高/低）	合群、主动、追求快乐（高）	想象力（高）	信任、直率、亲社会性、谦逊、温柔（低）	成就动机（高）
回避型	焦虑、抑郁、自我意识、脆弱（高）；冲动（低）	合群、主动、追求快乐（低）	行动力（低）	谦逊（高）	
依赖型	焦虑、抑郁、自我意识、脆弱（高）	温暖（高）、主动（低）		信任、亲社会性、服从、谦逊（高）	认真、自律（低）
强迫型	焦虑（高）	温暖、追求快乐（低）	情感丰富、行动力、价值感（低）		认真、有序、负责、成就动机、自律、深思熟虑（高）

运用人格五因素模型界定人格障碍有许多优势，首先，人格五因素模型是经跨文化研究证实了的、全人类共同拥有的一般性人格结构，运用它来界定人格障碍，更有助于人们理解正常人格和异常人格之间的差异，以及人格障碍产生的原因、发展过程和预后（Widiger et al.，2009）。其次，运用人格五因素模型诊断人格障碍还能够解决 DSM-III 对人格障碍进行分类诊断以来引发的诸多有争议的问题。例如，由于 DSM 根据临床观察设定诊断标准，因此并不能保证不同条目的相对独立性，这也是不同人格障碍的共病率高和同一种人格障碍异质性高的主要原因。人格五因素模型则不存在这个问题，五个因素及其对应的子维度都经实证研究反复检验，语义清晰且相对独立。最后，将人格障碍看作正常人格特质的不良适应性变异还有一个好处，就是能够降低人格障碍标签的污名化效应，既看到人格障碍患者适应不良的一面，同时肯定每一个人格障碍患者存在的心理弹性因素，而不是用人格障碍标签将他们与正常人区分开来。

但是，人格五因素模型并未受到 DSM 和 ICD 人格障碍分类系统的官方认可，这有其背后的原因。首先，人格五因素模型采用词汇学假设以及因素分析的方法确定适合全人类的人格结构，选择的人格特质形容词偏向于正向描述和中性描述。尽管研究者认为，每一种人格特质都存在程度上的差异，过高或过低能够代表病理性人格特质，但不容忽视的是，在最初筛选人格特质形容词时，由于未考虑将其用于病理性人格特质的诊断，因此没有充分囊括病理性人格特质词汇，比如冷血、浮夸、古怪，都难以在人格五因素中找到对应的特质形容词。其次，即便有研究者认为，人格五因素的极端表现可以代表病理性人格特质，但人格特质在正常范围内的变异与人格障碍之间的程度差异是截然不同的。人格五因素模型评估的是人格特质连续体上的轻度变异，难以评估人格极端的、严重的变异（Ofrat，Krueger，& Clark，2018）。因此，当我们采用人格五因素模型来界定人格障碍时，可能能够初步判断某些人的人格发展已经超出了正常范围内的变异，存在人格障碍的可能性，但难以判断具体是哪种人格障碍。此外，人格五因素模型对不同风格、不同程度的人格障碍的界定方式会存在高度重叠，比如，不同人格障碍都表现为高神经质、低尽责性和低随和性(Morey et al., 2002),且在人格五因素上的极端表现与正常范围内的变异的临界点在哪里,没有统一的标准。最后一个原因较为主观,由于人格五因素模型对应的测评工具(NEO-PI-3)的版权既不属于APA,也不属于WHO,因此APA和WHO都不愿意直接照搬人格五因素模型,而是希望发展一套自己拥有版权的测评工具,供研究者和临床工作者自由使用。然而,不难看出,人格五因素模型是其他测评工具的重要参考依据(Krueger, 2013)。

2.2.2 人格障碍的病理性五因素模型

DSM-5工作组和研究顾问就已有的人格障碍特质模型进行了充分研讨,提出新模型应具备以下条件:(1) 包含四种适应不良的人格,即内向 vs. 外向、对立违抗 vs. 服从、压抑 vs. 冲动、消极情绪 vs. 情绪稳定(Widiger & Simonsen, 2005);(2) 新增第五个领域——精神质;(3) 每一个领域都要有多元的适应不良的特质因素,能够覆盖DSM-IV-TR人格障碍所有适应不良的特质。经过DSM-5人格和人格障碍工作组11位成员的努力,从已有的人格障碍文献和特质模型测量工具中筛选出37个因素测量人格障碍的五个领域,经过两轮实证研究的检验以及项目反应分析,删除因子载荷低以及交叉载荷高的因素,最后形成了包含25个因素的人格障碍特质模型以及五个高阶的病理性人格特质领域,正式写入DSM-5第三部分人格障碍的备选模型中,五个高阶的病理性人格特质分别是消极情绪性、分离感、对立违抗、去抑制和精神病态(Krueger et al., 2012)。每一个病理性人格特质领域和特质因素在DSM-5中都有清晰的概念界定。

对比病理性人格五因素模型和人格五因素模型包含的领域和特质可以看出,尽管DSM-5认为,病理性人格五因素分别对应人格五因素的特定领域,但每一个领域包含的子特质仍旧有很大差别,比如,开放性领域的幻想,既可以是功能良好的,也可以是功能不良的。精神质领域的不寻常的信念和经验则更直接地反映了功能不良的人格特质表现(Gore & Widiger, 2013)。人格五因素中的神经质更偏向于一般意义上的情绪问题，病理性人格五因素中的消极情绪性则更偏向于自我和人际关系两个功能领域诱发的不健康情绪。人格五因素模型与病理性人格五因素模型的比较见表2-2。

表2-2　人格五因素模型与病理性人格五因素模型的比较

人格五因素模型		病理性人格五因素模型	
领　域	特　质	领　域	特　质
开放性	幻想	精神质	不寻常的信念和经验
	审美		古怪、反常
	感受		认知和知觉失调
	行动		
	观念		
	价值观		
尽责性	忠诚	去抑制	没有责任心
	追求成就		冲动
	自律		冒险
	深思熟虑		严格的完美主义
外向性	热情	分离感	退缩
	好交际		亲密回避
	自信		快感缺乏
	活跃		情感贫乏
	感觉寻求		多疑
	积极情绪		
随和性	信任	对立违抗	操控性
	坦率		欺骗
	利他		浮夸
	顺从		注意寻求
	谦逊		冷血
	善良		敌意
神经质	焦虑	消极情绪性	情绪易变性
	愤怒敌意		焦虑
	压抑		分离不安全感

续 表

人格五因素模型		病理性人格五因素模型	
领 域	特 质	领 域	特 质
神经质	自我意识	消极情绪性	固着
	冲动		抑郁
	脆弱		

人格障碍的病理性五因素模型也尝试通过病理性人格特质之间的不同组合刻画不同类型的人格障碍(Skodol, Bender, & Oldham, 2014)。例如,若要作出回避型人格障碍诊断,则必须包含焦虑、退缩、亲密回避、快感缺乏这四种病理性人格特质中的至少三种,且焦虑特质是必备的。边缘型人格障碍诊断必须包含情绪易变性、焦虑、分离不安全感、抑郁、敌意、冲动、冒险这七种病理性人格特质中的至少四种,且必须包含冲动、冒险和敌意三种特质。反社会型人格障碍患者会表现出操控、无情、欺骗、敌意、冒险行为、冲动和不负责任等特质。自恋型人格障碍患者会同时具备夸大和寻求关注两种病理性人格特质。强迫型人格障碍患者一定会具备的病理性人格特质是机械的完美主义,此外,还具备固执、亲密回避、情感受限三种病理性人格特质中的至少两种。分裂型人格障碍患者会具备认知和知觉失调、不寻常的信念和经验、古怪、情感受限、退缩和多疑这六种病理性人格特质中的至少四种(APA, 2013; Skodol et al., 2014)。假如病理性人格特质组合不符合任何一种人格障碍分类,则直接运用病理性人格特质来描述人格障碍,进行特质特定型人格障碍诊断(APA, 2013)。

2.3 人格障碍维度诊断的优势

2.3.1 理论基础

在临床领域,理论的价值被严重低估,临床工作者更看重心理障碍问题的操作性定义和临床实用性。这种倾向贯穿在 DSM - I 到 DSM - 5

的每一次修订工作中。以强迫型人格障碍为例，只要符合八条诊断标准中的至少四条，就可以作出判断。但是，诊断标准本身的来源并没有可靠的理论支持。诊断标准的组合如何建构一个强迫型人格障碍患者的形象？诊断标准的本质属性是什么？临床工作者并不很关心这些问题的答案，他们更偏爱经验主义归纳法，而不擅长发展生成式的理论，并由理论指导实践和研究工作。这也是 DSM 诊断系统不断被修订，但从未令人感到满意的重要原因之一。

研究者逐渐发现，人格五因素模型以及病理性人格五因素模型不仅是心理测量学的成果，而且具有理论根基。有研究者（DeYoung，2015）提出控制论大五理论（Cybernetic Big Five Theory，简称 CB5T），将人格包含的各个因素整合在一个具有内在一致性的框架下，并解释为什么这些因素构成一个人的人格，为什么不同的人格会表现出与之对应的功能。控制论大五理论的一个基本前提是，任何一个人格理论都根植于控制论，即关于目标导向和自我调节系统的相关研究。控制系统是由五个阶段组成的一个循环周期，这五个阶段分别是：（1）目标激活；（2）行动选择；（3）行动；（4）结果解释；（5）目标比较（DeYoung，2015）。控制论大五理论对于个体差异为什么体现在人格特质五因素上给出了比较有说服力的解释，因为每一个人格特质维度都对应由控制论循环内在机制的差异所决定的人际差异。

外向性就是一个好的例子，它是与目标激活显著相关的一个人格特质，它的个体差异反映了对于奖励的敏感性差异。外向性高的个体更容易被一些奖励刺激驱动，并且更享受奖励带来的喜悦。神经质则与目标比较高度相关。目标比较往往产生两种结果：实现目标和没有实现目标。如果没有实现目标，就可能会激活个体的防御系统。神经质反映的正是启动防御系统的敏感性差异。不仅如此，控制论大五理论还超越了人格特质的静态描述，提炼出人格五因素的两大元特质：稳定性和可塑性。控制系统不仅要保持稳定，而且需要适应变化多端和不可预测的外部环境。尽责性、随和性和情绪稳定性共有的元特质是稳定性，开放性和外向性共有的元特质是可塑性。前者有助于个体更好地实现社会化，后者有助于个体更好地实现自我成长(DeYoung, 2015)。

DSM-5人格障碍特质模型综合了以往所有的人格特质理论和特质模型,尤其是一般人格结构的五因素模型和病理性人格结构的五因素模型(Harkness & Lilienfeld, 1997),后者借鉴了医学中的病理科学,发展了人格病理特质的理论依据。哈克尼斯及其同事(Harkness et al., 2014)提出,诊断一个人是否有心理疾病或人格障碍,至少要检查五个主要系统对外部环境的适应情况,这五个系统分别是行为的真实性建模、短期危险监测、长期成本—收益规划、资源获取和维持日常生活。在临床心理学领域,个体在这五个主要的适应系统中长期表现出来的风格和差异能够反映他们的人格功能和病理情况(Harkness et al., 2014)。这也为病理性人格五因素与内在心理操作过程建立了有意义的联结,而不仅仅是一些表面的特质描述。

系统检查理论与病理性人格特质的对应关系如下:(1) 精神质是真实性建模系统异常。我们从外部环境接收信息,并通过工作记忆和其他认知系统进行信息加工,向外界输出我们的言语和行为。人格健康的个体能够相对真实地反映外部刺激输入,在同化和顺应两个基本的认知过程之间达到平衡。但是,精神质水平高的个体常常表现出顺应功能缺陷,他们只会把新信息纳入已有认知图式,不会修改或重建新的图式来适应外部情境的变化(Harkness et al., 2014)。(2) 消极情绪性是短期危险监测系统异常。任何一种情绪都具有适应价值,比如"一朝被蛇咬,十年怕井绳",这是自我保护的本能。但是,当这种自我保护的本能驱使个体过度监测周围环境中的危险源,或将危险过度泛化时,就可能会诱发病理性的消极情绪,使得个体长期处于焦虑、害怕等情绪状态中(Harkness et al., 2014)。(3) 去抑制是长期成本—收益规划系统异常。这一类型的个体不能抑制自己当下的冲动以获取长期收益,他们更重视此时此刻的感觉和收益,哪怕这种即时满足会让他们付出惨重的代价。比如,犯罪行为、物质成瘾,等等(Harkness et al., 2014)。(4)内/外向(低/高积极情绪性)是资源获取系统异常。比如,有些内向水平高或积极情绪水平低的个体,任何外部激励都不能驱动他们从事有利于自我发展或组织发展的活动，他们会逐渐被孤立而得不到任何社会资源（Harkness et al.，2014）。（5）攻击性是维持日常生活系统异常。任何试图改变日常安排的行为都可能会激怒他们，因此，维持日常生活的系统就是要消除妨碍个体日常生活的障碍物，包括由此带来的情绪（Lang，Bradley，& Cuthbert，1998）。那些想要坚定捍卫自己日常活动的人可能会诉诸攻击行为，而那些自信心不足或对自己的安排缺乏坚定决心的个体可能会变得顺从和被动（Harkness et al.，2014）。

以上有关人格本质的大理论探索为人格障碍的特质维度提供了科学依据，这是人格障碍分类诊断所欠缺的，同时改变了人格特质仅仅是经验驱动的、自下而上的理论模型的固有看法。事实上，来自生物学和认知神经科学的证据也都支持五因素模型，并且它符合控制论和系统检查理论分析个体差异的深层机制。

2.3.2 心理测量学优势

特质理论不关注心理动力过程或认知社会过程，而只是描述人格的静态结构。大部分人格和人格障碍的实证研究都采用人格特质的评估方法，它的心理测量学优势是其他人格和人格障碍理论难以比拟的。人格特质评估方式将人格看作一个连续变量进行测评，而人格障碍分类评估的方式将潜在连续变化转化为类别变量，由此会丢失部分信息，导致信效度下降。马康等人（Markon et al.，2011）采用元分析的方法比较不同形式心理障碍的维度评定方法和分类评定方法的差别，发现与分类评定方法相比，维度评定方法的可靠性提高了15%，有效性提高了37%，这种优势同样适用于人格障碍的评定。

人格障碍的五因素模型和DSM－5以人格障碍特质模型为基础的人格测评工具并不存在本质差异，只是项目总数、因子个数，以及测评内容的着重点有所不同（Hopwood & Sellbom，2013）。研究者（Suzuki，Samuel，Pahlen，& Krueger，2015）运用项目反应理论对比五因素模型和DSM－5人格问卷各个领域是否存在内容上的重叠。结果发现，两种测量方式中，五个维度有四个维度存在大量信息重叠，只有精神质和开放性没有重叠。但是,PID－5能够提供更多关于适应不良的人格特质的信息,而五因素模型能够提供更多关于适应良好的人格特质的信息,说明两种测量方式在四个维度上是不可替代且互为补充的。为何精神质与开放性不存在显著相关,也有很多研究者作了分析。开放性与人格障碍之间的相关主要考察开放性水平过高的情况,忽略了开放性水平过低也可能是一个问题。有研究表明,开放性水平低与述情障碍存在显著相关,而述情障碍与人格障碍(比如回避型和反社会型人格障碍)和糟糕的临床预后有关。此外,还有研究探讨了经验的穿透性(开放性的异常变异,同时包含开放性过高和过低),在低端水平上,个体被认为是刻板的、因循守旧的,他们缺乏情感深度和社会容忍力;在高端水平上,个体被认为是古怪的、反常的,他们沉浸在自己的内在经验中,可能会忽略社会规范。这两种情况都不利于建立有意义的长期关系(Piedmont, Sherman, Sherman, Dy-Liacco, & Williams, 2009)。

从会聚效度的角度来看,PID－5与人格五因素量表等多个人格障碍维度量表存在较高水平的相关,例如,明尼苏达多相人格调查表(第二版)评估人格障碍的分量表PSY－5、人格评定量表(Personality Assessment Inventory,简称PAI)(e.g., Anderson et al., 2013; Hopwood et al., 2013)。这些不同类型的人格维度评估量表两两合并后的因素分析结果也支持五个高阶因素可以解释所有病理性人格特质和一般人格特质,其中,大五人格量表(NEO Five-Factor Inventory,简称NEO)的各个因素能够解释PID－5对应维度50%以上的差异,主要表现为焦虑和愤怒敌意显著正向预测消极情绪性;温暖、合群、果断和积极情绪负向预测分离感;直率和谦逊负向预测对立违抗;成就动机正向预测去抑制,责任感、自律和深思熟虑负向预测去抑制;想象正向预测精神质,行动力和价值感负向预测精神质(De Fruyt et al., 2013)。

2.3.3 临床实用性

人格障碍的特质模型之所以不能成为人格障碍诊断的重要参考,很关键的一点就在于,临床工作者认为特质模型不如分类模型临床实用性好。判断一种诊断方式的临床实用性，通常要从六个方面考察临床诊断描述提供的信息的可参考性（First, Pincus, Levine, Williams, Ustun, & Peele, 2004; Rottman, Ahn, Sanislow, & Kim, 2009）：第一，患者的预后如何？第二，在多大程度上有助于制定治疗计划？第三，是否有助于和其他心理健康从业者交流患者的病情？第四，是否有助于和患者本人交流病情？第五，是否能够全面描述患者存在的所有重要的人格问题？第六，在多大程度上有助于描述患者的整体人格？

鉴于 DSM 在临床实践工作中的核心地位，它产生的初衷便是要为临床工作者建立一个统一的精神疾病分类和命名系统，以方便临床工作者之间以及临床工作者和患者、患者家属的交流。因此，大多数临床工作者认为，现存的分类诊断系统是临床实用性最强的诊断系统，很多个案的临床诊断和决策都基于分类诊断标准，比如，是否需要住院治疗，是否需要药物治疗，是否符合保险公司报销的条件，等等（Trull, 2012）。罗特曼等人（Rottman et al., 2009）比较了临床心理学家、精神病学家和临床社会工作者分别运用人格障碍的五因素模型与 DSM－IV 评估患者人格障碍的实用性。研究结论支持 DSM－IV 在预后判断、制定治疗计划、同行交流、描述所有重要的人格问题，以及描述患者整体人格方面的实用性都要优于五因素模型，但在和患者本人交流的实用性上并没有显著差异。

然而，分类诊断的上述优势仅仅存在于理论研究者的美好设想中，在临床实践领域，很少有临床工作者时刻将 DSM 诊断系统牢记心中来判断每一位来访者的心理问题和治疗需求，而且 DSM 诊断系统本身存在许多不可克服的问题，比如，共病率高、异质性低、临床诊断的信效度不高。这些长期存在的问题使得临床工作者逐渐放弃了对它的依赖，选择听从自己临床经验和精神病理学知识的综合指导。相反，人格障碍的维度模型在作出临床决策和发展治疗计划方面都更有优势（Trull, 2012）。这是因为，在人格连续体上找一个临界点判断是否具有病理问题要比 DSM 诊断系统中通过专家的主观经验值划定临床阈限更为客观。此外，人格特质描述是经过由上而下和由下而上的双重筛选最终确定下来的维度和条目，各个维度的操作性定义非常清晰，维度之间保持着中等以上程度的相对独立性，因此通过维度视角界定人格障碍便不存在不同人格障碍之间的共病率过高，以及同一种人格障碍的异质性过高的问题，这种清晰、独特的界定方式也有助于发展适合不同人格障碍分类的治疗方案，而不会像 DSM 诊断系统下，诊断标准重合度太高，导致很多治疗手册都以边缘型人格障碍作为参照，根据其他人格障碍与边缘型人格障碍的相似程度选定合适的治疗方案（Trull, 2012）。

更进一步说，人格障碍的五因素模型与 DSM－5 人格障碍特质模型的临床实用性既存在共性，也存在差异性。有研究者认为，人格障碍五因素模型临床实用性总体不如分类诊断模型，但在人格五因素基础上纳入适应不良的人格特质后，临床实用性的差异又变得并不显著（Glover, Crego, & Widiger, 2012）。因此，人格障碍五因素模型的临床实用性受到质疑可能是因为人格五因素对病理性人格特质覆盖不足，而不是因为维度模型本身临床实用性差。

有研究者（Morey, Skodol, & Oldham, 2014）试图从多个角度对比 DSM－IV－TR 和 DSM－5 人格障碍特质模型在临床实践中评估人格障碍的实用性，结果发现，DSM－IV－TR 的优势仅体现在容易使用和便于同行交流两个方面，DSM－5 替代混合模型对于人格功能受损程度和病理性人格特质维度评定的临床实用性高于 DSM－IV－TR。这并不难理解，因为 DSM－IV－TR 是最为规范的心理障碍诊断工具，临床工作者对它的诊断程序更为熟悉，临床经验更为丰富（Morey et al., 2014），因而使用起来更得心应手，但在与患者交流、形成有效治疗方案、全面性和整体有用性上，DSM－5 混合模型比 DSM－IV－TR 更好（Morey et al., 2014）。

值得一提的是，对诊断方案的偏好还会受到治疗师职业性质的影响（Morey et al., 2014）。精神科医生认为，DSM－IV－TR 在全面性、与患者交流和形成有效治疗方案几个方面与 DSM－5 同样有用，甚至更有用；临床工作者则认为，DSM－5 的实用性优于 DSM－IV－TR。精神科医生和临床工作者对两种诊断方式有用性评价的差异由他们的职业特性决定：对精神科医生来说，主要的治疗方式是药物治疗，因此分类诊断更便于指导他们的工作；而临床工作者或社会工作者通常采用系统取向的治疗方案，因此全面了解患者的情况更为重要（Morey et al.，2014）。

莫里和本森（Morey & Benson，2016）从诊断方法影响治疗方案制定的角度，进一步考察了 DSM－5 第三部分的人格障碍混合模型相比于传统分类模型的优势。他们调查了 337 位心理治疗师，请每一位心理治疗师提供他们对患者作出人格障碍诊断的全部信息和在制定治疗方案过程中作出的临床判断。结果发现，DSM－5 第三部分人格障碍诊断的混合模型比传统的分类模型更具有治疗指导价值，在涉及差异化治疗方案、最优治疗强度和长期预后等十一条临床判断方面，有十条表现出与 DSM－5 第三部分人格障碍混合模型更强的相关，由此也支持 DSM－5 第三部分人格障碍混合模型比传统的分类模型能够为心理治疗师制定治疗方案提供更具有临床实用性的指导。

2.4　简评与展望

将人格障碍看作人格特质连续体上的极端表现，从特质维度视角界定人格障碍，不仅有上述理论优势和心理测量学优势，而且能够尽可能全面地描述个体在不同情境下的人格表现，而不仅仅是一个诊断标签。即便是同样的病理性人格特质，不同患者在日常生活中的表现、诱因也会有其独特性，且都可以通过维度界定的方式得以复现，不会存在个人信息被严重忽视的问题。维度视角还能够让我们更为重视介于正常人格和临床人格障碍之间的亚健康人格状态，既能够降低临床诊断的污名效应和自我实现预言，又能够降低亚健康人格向人格障碍演变的风险。这也类似于 DSM－5 在其他心理障碍领域作出的变革，即用谱系模型代替分类模型。这一变革深受临床工作者的欢迎，它符合临床工作者对于众多个案的真实感受，即同样是人格障碍患者，他们的病理程度不同，治疗方法需要依据个案在这一类病理谱系中的功能受损严重程度加以确定。

关于人格障碍维度诊断优势的讨论由来已久，但在临床领域还是分类诊断的思路占据主流，这也有其合理性，因为维度诊断的优势是以增加认知资源投入为代价的，对每天接待几十位来访者的临床工作者而言，维度诊断要求的筛选指标以及临床决策过程显得过于复杂、低效。因此，维度诊断和分类诊断的优势整合应该是未来发展的趋势，当很多来访者都表现出一系列相似的病理性维度指标时，采用更为高阶的领域（类别）来界定他们就是一种自然而然的认知取向，这个时候就需要发挥一些高级统计方法（例如潜在结构模型）的优势（Simonsen，2010）。研究者可以通过维度取向的测评工具收集尽可能丰富的个案信息，然后采用潜在结构模型或其他更高级的聚类方法，寻找个案之间内在一致的病理性特征，将本质相似的个案聚合在一组，并区分于本质不同的其他组，实现组内同质性和组间异质性的统一。例如，人格障碍的病理性五因素模型可以描述所有人格问题，通过潜在结构模型对大量个案进行分析，结果发现，一部分个案表现出一类病理性特质的组合，而另一部分个案表现出另一类病理性特质的组合，这样就可以运用高阶的类别整合低阶丰富的信息，从而节约认知资源，提高临床实用性和交流的便利性。对于那些不能用潜在结构模型进行归类的个案，可以保留特质维度的界定方式。

目前的实证研究并未充分论证人格障碍类型存在的合理性，已有的证据也存在很多争议。比如，罗思柴尔德等人（Rothschild et al.，2003）对 1 389 名边缘型人格障碍患者进行分类统计检验，以考察边缘型人格障碍是否存在一个潜在结构，结果发现，边缘型人格障碍和正常人格特质的变异并不存在本质上的不同，将边缘型人格障碍看作一个独立的类别并没有实证证据的支持，而更可能是精神病学家等临床工作者的主观界定。DSM－5 和 ICD－11 拟保留的人格障碍分类都是根据已有研究的多少、临床个案的代表性等主观经验而作出的决策。未来研究需要进一步结合实证数据、高级统计方法和无偏差取样方法以共同推进人格障碍分类的科学性论证。

维度模型也存在自身的问题。由于人格的特质维度模型采用自下而上的方法收集信息，然后通过因素分析的方法确定人格结构，因此人格的特质维度模型丰富多样且都被证明信效度良好。那么，到底应该采用哪种维度模型来界定人格障碍和亚临床人格问题呢？受篇幅限制，本章内容只选取了最具有代表性的人格五因素模型以及黑暗三人格，仍旧有许多其他有代表性的、信效度指标良好的维度模型可供选择。维迪格和西蒙森（Widiger & Simonsen，2005）通过实证研究发现了多种维度模型之间存在相似的结构，可以用高阶结构整合不同的维度模型，分别包含两个内化问题维度（情绪失调、内外向）和两个外化问题维度（对立违抗—顺从、冲动—抑制）。未来研究的问题就在于：如果要发展人格障碍的维度诊断方法，是否需要统一人格障碍的维度界定，还是继续保留维度结构的丰富多样性？

3 人格障碍的评估方法

心理学专业人员被问及最多的问题之一是，他们能否一眼看穿他人的心理问题。不论是否接受过专业的心理学教育和训练，我们每一个人都具备一些世俗的智慧，对他人的心理和行为有一些感性的判断，但这些世俗智慧或感性判断并不一定准确。专业的心理学工作者不同于普通大众之处就在于，他们不会单纯依靠主观经验作出推断，而是借助多种方式、多个信息源收集诊断需要的有用信息，在同行之间讨论达成共识之后，才作出相对准确的判断。在精神病学和心理治疗领域，诊断优于治疗，全面、准确的诊断结果是有效治疗的首要前提。

以人格障碍为例，心理学家和临床工作者判断一个人的人格表现是否属于人格障碍，至少需要四个基本过程：(1) 识别来访者想要解决的问题；(2) 选择恰当的评估方法，筛选诊断需要的有用信息；(3) 整合不同来源的信息；(4) 作出推论以及给出治疗建议（Beutler, Groth-Marnat, & Rosner, 2003）。识别来访者想要解决的问题是第一步，这一步可以排除某些心理障碍存在的可能性，聚焦于一些可能存在的心理障碍类型，初步了解产生问题的可能原因。如果来访者描述的问题行为模式以及相关的背景信息显示他们具有人格障碍的可能性，则需要进一步运用客观的或主观的测评工具，对他们的问题行为进行归类，并评估问题行为的严重程度。

在过去大半个世纪的发展过程中，研究者已经积累大量人格障碍的评估方法，既有客观的测评手段，包括自我报告和他人报告，也有质性的访谈方法，按照结构化程度的不同可分为无结构访谈法、半结构化访谈法和结构化访谈法，还有主观投射技术，包括罗夏墨迹投射法、主题统觉测验和句子完成测验。每一种评估方法都为我们理解人格以及评估人格病理程度提供了不一样的视角。如何整合这些评估方法提供的诊断信息，从而作出准确的精神病学诊断，是临床工作者与心理测量技术人员的最大区别。心理测量技术人员看到的是每一个条目的得分分布，而临床工作者不仅要看得分，而且需要结合自己的专业训练、临床经验，以及患者多方面的背景信息对各种各样的评估结果进行分析和解释。比如，同样报告有自杀的想法或行为，如果来访者的背景信息显示，出现这种想法是因为正在经历重大创伤事件，那么来访者不符合边缘型人格障碍的诊断；如果来访者的背景信息显示，他/她总是感到生活没有意义，想要自杀，并诉诸自杀行为来获取重要他人的关心，那么可能需要考虑边缘型人格障碍。

本章内容会聚焦于人格障碍的评估方法，从不同的人格障碍诊断视角出发，依次分析对应的人格障碍评估方法，包括具体操作步骤、使用范围、心理测量学指标，分析不同方法的优势和不足，为人格障碍评估的实际操作、信息整合和科学决策提供全面的文献综述。

3.1 基于分类诊断模型的评估方法

3.1.1 临床访谈法

许多人格障碍患者不能客观看待自己的人格（Zimmerman，1994），由专业的心理咨询师或已经获得临床心理学硕士和博士学位的研究人员对他们进行临床访谈，是人格障碍评估最常用的方式之一。在访谈的时候，咨询师并不会直接询问来访者的人格特点，而是通过来访者描述自己、自己的社会关系，以及工作效能了解他们的人格模式。这三个领域通常能够清晰反映个体的人格特征，并帮助咨询师对来访者的人格功能作出判断。咨询师也会观察来访者与咨询师的互动方式，以及来访者对咨询过程的反应（Westen，1997）。因此，临床访谈法能够提供相对客观的评定，既能够快速获取来访者的过往经历和当前背景信息，又能够深入了解来访者在现实生活背景下的情感反应、思维习惯和行为模式。

临床访谈法的分类

按照访谈提纲结构化程度的不同，临床访谈法可分为无结构访谈法、结构化访谈法和半结构化访谈法。

无结构访谈法。无结构访谈法没有标准的访谈提纲，由咨询师根据个人偏好或惯常使用的一些问题向来访者获取相关信息，从而作出临床诊断（Westen，1997）。这种方法充满了不确定性，面对同一位来访者，不同的咨询师可能会采用完全不同的问题来评估来访者的行为问题。对于具有相似诉求的不同来访者，同一位咨询师也可能采用不同的访谈问题和技术来获取有用的诊断信息。咨询师对来访者提供的信息的解释和判断也完全因人而异，没有统一的客观标准（Westen，1997）。也就是说，在整个访谈评估过程中，提问哪些问题、讨论哪些主题，以及最终作出怎样的决策都取决于咨询师个人的选择和判断。

咨询师很喜欢使用无结构访谈法，它的优势在于：第一，给了咨询师最大的自由度和灵活性，咨询师能够根据每一位来访者的实际情况而有针对性地选择提问方式和内容，决定哪些方面可以深入探究，哪些方面可以省略不谈。第二，这种方法最有助于咨询师和来访者建立良好的合作联盟关系（Mohr & Beutler，2005）。但是，以上优势完全取决于咨询师个人的创造性和专业素养，由于咨询师之间的个体差异非常大，因此运用这种方法进行人格障碍诊断的信度和效度得不到保障（Garb，2005）。此外，咨询师一旦发现了来访者最显著的人格特征，就可能会终止评估工作（Herkov & Blashfield，1995）。比如，自恋型人格障碍患者通常会认为自己是独特的，幻想自己拥有无限的能力、权力、才华和美貌。咨询师一旦发现来访者具备这种特征即作出自恋型人格障碍的诊断，停止进一步全面、系统地探究来访者其他潜在的问题是否符合自恋型人格障碍的其他诊断标准，能否排除其他人格障碍或心理障碍的可能性，这是很不科学的。无结构访谈法给予咨询师极大的自由度和灵活性容易导致咨询师受主观经验的影响，过于看重人格障碍诊断的关键特征，而忽视了其他同样重要的诊断依据，难以自觉地按照人格障碍的诊断步骤一一进行排查或诊断。因此，尽管临床实践工作者偏好无结构访谈法，但临床实证研究者极少依赖通过这种方法作出的临床诊断。

结构化访谈法。随着 DSM - III 的发展，每一种心理障碍都具有明确的诊断标准。无结构访谈法存在的信效度问题也成了研究者和临床工作者迫切想要解决的难题。结构化访谈法随之发展起来，它要求咨询师能够遵循一套固定的访谈提纲向来访者提问。访谈提纲内容围绕特定的主题以及与特定心理障碍相关的可识别的症状而确定，提问顺序也是预先设计好的，不能随意更改（Mohr et al.，2005）。严格的提问程序和固定的提问内容提高了诊断信度，然而操作过程非常耗费时间，咨询师不能根据他们的专业经验灵活调整提问内容，访谈结果会更依赖来访者的自我报告（Mohr et al.，2005）。很多具有严重心理障碍的来访者，他们的自我认知和对所经历事件的主观感知存在偏差，这会在不同程度上影响结构化访谈的效度（Eaton，Neufeld，Chen，& Cai，2000）。

半结构化访谈法。半结构化访谈是综合无结构访谈的灵活性和结构化访谈的严谨性而发展起来的访谈策略，是临床实证研究领域使用最多的一种方法，能够用以考察人格障碍的病因、症状和治疗效果等问题（Mohr et al.，2005）。半结构化访谈法根据 DSM - IV - TR 的每一条诊断标准设置相关问题，咨询师向来访者逐一提问这些问题，对每一种病理症状都作系统的、全面的评估，确保咨询师能够根据 DSM - IV - TR 的诊断指南以高度一致的方式评估来访者的症状（Miller，Few，& Widiger，2012）。同时，它还允许咨询师追问相关细节，鼓励咨询师根据观察运用临床判断的方法评分，而不完全依赖来访者的自我表露（Miller et al.，2012）。以边缘型人格障碍的半结构化访谈为例，咨询师可以根据自己与来访者之间的互动感受评估来访者是否具有情绪不稳定性、自我认同混乱等问题，并根据自己的猜想询问相关问题。比如：如果没有任何人肯定你，或者在你没有获得任何成就之前，你是否总感觉自己一无是处？或者当来访者说出自己曾经有过自我伤害行为时，进一步追问自我伤害行为发生的背景。比如：你是真的体会不到生存的动力，还是想要通过这种方式得到重要他人的关注？

人格障碍临床访谈的常用工具

人格障碍的临床访谈工具既有全面评估DSM－III及之后修订版本提出的十种人格障碍的访谈工具，例如，DSM－IV人格障碍诊断访谈（Diagnostic Interview for DSM－IV Personality Disorders，简称DIPD－IV；Zanarini，Frankenburg，Sickel，& Yong，1996）、国际人格障碍核查法（International Personality Disorder Examination，简称IPDE；Loranger，1999）、人格障碍访谈（Personality Disorder Interview，简称PDI；Widiger，Mangine，Corbitt，Ellis，& Thomas，1995）、DSM－IV轴II人格障碍结构化临床访谈（Structured Clinical Interview for DSM－IV Personality Disorders，简称SCID－II；First & Gibbon，2004）、DSM－IV人格障碍结构化访谈（Structured Interview for DSM－IV Personality Disorders，简称SIDP－IV；Pfohl，Blum，& Zimmerman，1997）。也有专门针对特定人格障碍的访谈工具，例如，边缘型人格障碍的诊断式访谈（Zanarini，Gunderson，Frankenburg，& Chauncey，1989）和自恋型人格障碍的诊断式访谈（Gunderson，Ronningstam，& Bodkin，1990）。有研究（Furnham，Akhtar，& Fruyt，2014）全面综述了所有人格障碍诊断工具，接下来重点讨论其中五种比较常用的、能够评估所有人格障碍类别的结构化或半结构化访谈工具。每一种访谈工具都有其优势和不足，临床工作者和研究者可以根据具体的需求选择最适合自己的访谈工具（Widiger，Costa，& Samuel，2006）。

DSM－IV人格障碍诊断访谈。DIPD－IV是人格障碍合作纵向研究中运用的人格障碍诊断工具（Gunderson et al.，2000），尽管人格障碍合作纵向研究只关注四种最为常见的人格障碍，但DIPD－IV能够评估DSM－IV的所有人格障碍。为了提高诊断的信效度，所有临床访谈者都需要在运用DIPD－IV进行访谈之前接受专门的培训。访谈内容一共有108个项目，评分方式是0（不存在障碍）～2（存在障碍）。如果总分超过阈限值，咨询师就可以作出人格障碍诊断（Furnham et al.，2014）。完成全部访谈项目大概需要90分钟。这套半结构化访谈工具在以往的实证研究中表现出良好的信度指标：不同人格障碍类别的内部一致性系数为0.64～0.93，其中六种人格障碍的内部一致性系数超过0.70；重测信度也在可接受的范围内，六个月以上的重测系数在0.58～1.00之间（Furnham et al.，2014）。同类人格障碍的诊断标准的相关性在0.47～0.87之间，中位数为0.71；人格障碍类别间的诊断标准相关性较低，中位数仅为0.08。也就是说，同类人格障碍诊断标准之间的相关性要高于不同类人格障碍诊断标准之间的相关性。由此说明，DIPD－IV评估所有人格障碍类别的诊断标准具有较好的会聚效度和区分效度（Skodol et al.，2005）。

国际人格障碍核查法。这套半结构化访谈工具既可以评估DSM－IV界定的人格障碍，也可以评估国际疾病分类涉及的人格障碍。它的独特之处在于，正式访谈之前需要进行筛查，并有一套与之匹配的筛查工具——国际人格障碍核查量表（International Personality Disorder Examination Questionnaire，简称IPDEQ；Loranger，1999）。这个前期筛查量表一共有九十九个项目，六个分量表，分别评估个体在工作、自我、人际关系、情感、现实检验能力和冲动控制能力六个方面的日常功能。如果个体在IPDEQ六个量表的至少三个量表上表现出较高水平的功能不良，就需要进一步采用IPDE进行临床访谈。IPDE的目的是收集用以诊断人格障碍的生活经验，包括DSM－III－R和ICD－10涉及的人格障碍分类。这两种不同的人格障碍诊断体系总体是相似的，但在人格障碍命名和分类数量上存在细微的差异。IPDE的访谈内容对此有充分考虑。在IPDE的访谈内容中，一共包含大约150条诊断标准，每一条诊断标准都有相关的开放式提问，因此IPDE访谈耗时很长，全面的半结构化访谈大概需要3～4个小时。不过，考虑到访谈者和受访者的心理状态，并不要求在一次访谈中完成整个访谈内容，可以分多次进行。IPDE的评分方式主要根据受访者是否具有某些异常的行为表现或特质，采用"不存在或正常""夸大的或需要重视的"和"病理性的或符合诊断标准"三个水平评定（Loranger et al.，1991）。IPDEQ和IPDE都具有良好的信效度指标（Lenzenweger，1999；Fountoulakis et al.，

2002)。

人格障碍访谈。 PDI-IV是评估DSM-IV中94项人格障碍诊断标准的半结构化访谈法,访谈时间为90～120分钟(Furnham et al., 2014;Widiger, Mangine, Crobitt, Ellis, & Thomas, 1995)。PDI-IV的操作手册包含其他半结构化访谈手册欠缺的常模、信效度和实践指南,这是其一大优势(Widiger et al., 2006)。然而,由于它使用的语言过于复杂,因此很少有临床工作者和研究者使用它,这也导致研究者难以获取它的信效度指标(Rogers, 2001)。PDI-IV操作手册常常和其他访谈工具结合使用,用于对访谈者进行访谈前培训(Jane, Oltmanns, South, & Turkheimer, 2007;Widiger & Boyd, 2009)。

DSM-IV轴II人格障碍结构化临床访谈。 SCID-II是被研究者和临床工作者广泛使用的一种半结构化访谈法。在此之前,轴I包含的心理障碍已经有结构化访谈提纲,DSM-III提出将人格障碍作为轴II独立诊断之后,研究者根据SCID的发展经验,进一步发展了针对所有人格障碍类别的SCID-II。它的结构和轴I的SCID基本相似,最左列是要访谈的问题,中间一列是人格障碍诊断标准,每一条诊断标准对应2～3个访谈问题。最右列是访谈者评分,根据符合程度,分别作出"信息不全""不存在问题""阈下表现"以及"符合标准或超出阈限"四种水平的评定(First, Spitzer, Gibbon, & Williams, 1995)。SCID-II的独特之处在于,它还有一个与之对应的自我报告问卷作为访谈前筛查,以缩短访谈时间,提高访谈效率。SCID-II自我报告问卷一共有113个项目,只有回答"是"的项目,才需要在访谈时进行开放式提问和评分。总体而言,SCID-II访谈内容更为简短,一共有140个项目,最快可以在30分钟内完成。它的评分者信度和重测信度得到了许多实证研究的支持(e.g., First et al., 1995;Lobbestael, Leurgans, & Arntz, 2011),和其他人格障碍诊断工具的比较分析也支持它具有良好的会聚效度(Skodol et al., 1991)。

DSM-IV人格障碍结构化访谈。 这种结构化访谈方法也是在DSM-III确定人格障碍分类诊断标准之后发展出来的,随着DSM-IV的正式发布,研究者(Pfohl, Blum, & Zimmerman, 1997)将SIDP修订为 SIDP－IV。SIDP－IV 的独特之处在于，访谈问题并不是按照人格障碍分类进行编排，而是按照工作风格、人际关系、情绪、兴趣和活动等主题进行编排。这种编排方式能够减少访谈者的主观预设，尽可能全面地收集受访者的个人生活资料，然后按照人格障碍的诊断标准依次进行符合程度的评定，计算出每一种人格障碍的总分，并将其作为诊断依据（Pfohl et al.，1997）。SIDP－IV 设计了两个版本：诊断版和局部版。两个版本涉及的访谈问题的编排顺序有所不同，且局部版包含了一些自然的问题，使得对防御性高的受访者的访谈变得更为容易（Furnham et al.，2014）。此外，SIDP－IV 能够评估不符合任何一种人格障碍分类的人格问题（Furnham et al.，2014）。该访谈所需时间为 45～60 分钟。不论是对每一类人格障碍的诊断，还是就每一条具体的人格障碍诊断标准而言，它都具有良好的重测信度和评分者一致性（First et al.，1995；Jane，Pagan，Turkheimer，Fiedler，& Oltmanns，2006；Damen，De Jong，& Van Der Kroft，2004）。

人格障碍临床访谈法的局限性

运用临床访谈法评估人格障碍是最为常用的一种方式，它能够克服人格障碍患者自我报告偏差对诊断有效性的影响。但是，人格障碍评估的复杂性也使得任何一种评估方法都不能完美地提供准确诊断需要的全部信息。

首先，尽管半结构化访谈法综合了无结构访谈的灵活性和结构化访谈的严谨性，但临床访谈法自身固有的局限性和评估人格障碍的复杂性并不会因结构化程度的差异而有所不同。访谈者主观经验的影响是临床访谈不可回避的一个主要问题。即便是最严格的临床结构化访谈，访谈者的个人风格和专业素养仍旧会影响访谈进展。当访谈者善于营造一种安全的访谈环境时，受访者可能会更愿意表露真实的经历和内在感受，反之，受访者则可能会作出社会赞许性的回答，甚至拒绝提供真实的相关信息。此外，访谈者能否突破个人的局限性，从更广阔的视角评估受访者的人格功能和病理性特征也会影响评估结果的准确性。以人际功能为例，受访者和不同角色的他人的人际互动风格不同，因此既要考虑访谈者和受访者的关系，也要考虑受访者和生活中不同角色的他人的互动关系来评估他们人际功能的普遍性。然而，访谈者通常会依赖访谈过程中和受访者之间的互动过程来作出判断，并试图将个别化的互动模式泛化到其他人际情境下。针对这一点，访谈者必须更为全面地评估受访者与不同人际互动对象的交往质量，将个别化信息整合到反映受访者真实人格功能的更为宽广的情境背景中(Skodol, 2014)。

其次，作出人格障碍诊断时，要求人格障碍模式具有较长时间的持久性。在 DSM 诊断系统中，并未明确说出人格紊乱症状持续多长时间才符合人格障碍诊断标准。以往进行人格障碍诊断时，患者需要满足年龄 18 周岁以上这一条件，依据是，未达到这个年龄，人格模式既不能表现出持久性，也达不到稳定性的要求。但是，越来越多的纵向研究表明，儿童青少年时期的表现与人格障碍之间存在一致性，例如，儿童的对立违抗或注意缺陷，可能进一步发展为成人的反社会型人格障碍(Bernstein et al., 1996)。另外，当咨询师问来访者是否经常有一些特殊体验时，来访者常回答说“有时候”，这就会被认为具有临床意义。但是，并没有充分的证据明确表明病理性人格特质或行为达到多大频率才是正常和异常的分水岭(Skodol, 2014)，咨询师不得不依赖他们自己的主观判断设定一个阈限值。

最后，评估人格障碍的持久性和稳定性需要借助回溯法，咨询师必须询问来访者的早期经历(Skodol, 2014)。回溯报告很容易受到主观误导，人格障碍患者对自己早期经历的记忆有时候会有所歪曲。因此，追踪法是获得跨时间稳定性的较好方法。但是从现实出发，临床咨询师主要采用的还是横断访谈和回溯访谈法，访谈结果也有待进一步追踪研究的检验。

3.1.2 自我/他人报告法

评估人格障碍的自我报告工具非常多。主要原因在于，临床访谈法太耗时间，相比而言，自我报告能够在较短的时间内获取尽可能多的信息，且自我报告工具大都符合心理测量学指标。塞勒和维迪格(Saylor &

Widiger, 2008)将五种人格障碍临床访谈法都转化为自我报告法,结果发现,会聚效度变得更高了。这可能是因为,在结构化访谈法中,访谈者的主观意愿也会影响评估结果的可靠性和有效性。但是,自我报告法评估人格障碍的缺陷也很突出,因为人格障碍患者通常不能准确地认识自己,可能会出现漏报和虚报的情况。在临床实践和实证研究中,若不使用半结构化访谈或结构化访谈,评估结果就会显得不可靠。因此,很多自我报告工具也可以作为他人报告工具,或者将自我报告作为识别人格障碍可能性的一种手段,然后通过临床访谈的方法确诊(Widiger & Samuel, 2005)。评估人格障碍的自我/他人报告工具非常多,在此不一一介绍(详见 Furnham et al., 2014)。下面选取其中 3 种从理论构想到项目编制方法、计分方式、诊断策略等工具发展的重要环节具有突出贡献的工具作详细介绍。

适应和不适应人格特质量表(Schedule of Nonadaptive and Adaptive Personality,简称 SNAP)

SNAP 的项目发展策略。SNAP 通过自下而上的方法发展而来。研究者没有提前预设高阶或低阶维度,而是通过题库和实证检验决定哪些项目保留下来或需要修订(Ro, Stringer, & Clark, 2012)。SNAP 最初来源于 DSM - III 和 DSM - III - R,以及文献中关于人格病态的特质描述。通过因素分析,形成了涵盖十五个低阶维度和三个高阶维度的问卷结构(Clark, 1993)。

SNAP 的主要内容。SNAP 是涵盖从适应良好到适应不良的人格特质的自我报告量表,目的在于从维度的角度捕捉人格的病理症状,是目前为止评估适应不良人格特质最为全面的工具。SNAP 最初版本有 390 个项目,7 个效度量表(识别反应偏差和无效反应),15 个特质类型量表(共同组成三个高阶因素:消极情绪性、积极情绪性、去抑制和拘束),以及评估 DSM - IV 人格障碍类型的 10 个量表,最终版本保留了 375 个项目。评分方式分为 3 种:维度分、诊断标准数量和二分判断(Ro et al., 2012)。值得注意的是,SNAP 的特质维度与 DSM - 5 人格障碍特质的结构有许多重叠之处。25 个因素中有 21 个高度匹配,3 个中度匹配,

SNAP 唯一没有涉及的因素是分离不安全感(Ro et al., 2012)。

在 SNAP 基础之上,研究者还发展了 SNAP 联合报告版本和他人评定版本。SNAP 联合报告版本(Ready, Clark, Watson, & Westerhouse, 2000)直接翻译 SNAP 的 375 个项目,但是从第一人称改为第三人称,例如,在评估消极气质的情绪性因子时,自我报告的项目是"我常常感到生气、害怕、紧张或无缘无故内疚",他人评定的项目则是"他/她常常感到生气、害怕、紧张或无缘无故内疚"。计分方式也不同于常规的 6 点计分,而是分为高分端和低分端,高分端从"非常符合"(6 分)到"有点像"(4 分),低分端从"有点像"(3 分)到"非常符合"(1 分)。但是,这个版本太长了,非常耗时,因此又发展了简版的 SNAP 他人评定量表(SNAP-Other-description Rating Form,简称 SNAP - ORF; Harlan & Clark, 1999; Ready & Clark, 2002),一共包含 33 个项目,每一个项目都包含某一人格特质高低两极表现的文字描述,通常由熟悉被试的人报告被试在每一个特质上的表现。例如,情绪化高分端的文字描述是"非常情绪化,常常生气、害怕、内疚或焦虑",低分端的文字描述是"非常平和,很少体验到强烈的负面情绪",采用 6 点计分,从低分端的"非常符合"(1 分)到高分端的"非常符合"(6 分)(Ro et al., 2012)。

现在,越来越多的研究者开始关注儿童和青少年时期的病理性人格结构(e.g., Tackett, Krueger, Iacono, & McGue, 2008),探讨人格在生命各个阶段的稳定性和可变性。儿童和青少年的人格结构与成年人的人格结构有很大的相似性。研究者根据 SNAP 发展了 SNAP - Y,测查 12~18 岁青少年的人格特质。在已有成人量表基础上修改了相关项目的表述方式,语言变得更为简单,适合青少年理解;修改了不适合青少年的内容,把工作场所的描述改为学校的描述;修改了时间范围,在有些项目之前加上了时间设定"作为一个孩子"(Ro et al., 2012)。SNAP - Y 为人格障碍的早期预防和有效干预提供了可能性和科学依据。

SNAP 的信效度。SNAP 在不同群体中都表现出良好的内部一致性(中位数为 0.81,波动范围为 0.77~0.92)和重测信度(大学生被试间隔 1~2 个月的测验稳定性指标为 0.80,社区被试间隔 7 天到 4.5 个月的

MCMI的主要内容。经过层层筛选，MCMI的最终版本有175个项目。包含11个临床人格模式量表，3个严重人格病理量表，7个临床症状量表和3个严重症状量表，以及4个效度和反应倾向量表（Millon，1977）。

DSM－III－R发布之后，为了使MCMI与DSM－III－R更为匹配，研究者对其进行第一次修订，由MCMI－I发展为MCMI－II（Millon，1987）。MCMI－II增加了2个新量表：虐待狂量表和自我攻击量表。新量表的项目来源和MCMI－I一样，此外对已有的项目进行了增删。MCMI－II还发展了社会赞许性量表和自我贬低量表（Millon，1987）。

随着DSM－IV的发布，MCMI再一次进行了修订（Millon，Davis，& Millon，1997）。补充了抑郁人格障碍量表和创伤后应激障碍量表。MCMI－II的175个项目有90个项目发生了变化。反应方式也从3点计分变成2点计分。每一个分量表的项目数从35～45变为16～17。效度和反应倾向量表增加到4个，分别是：效度量表，主要评估被试是否阅读了项目；表露量表，评估过度报告或报告不足的倾向；社会赞许性量表；自我贬低量表。

MCMI－III将人格障碍分为基础人格障碍和严重人格障碍。基础人格障碍包括精神分裂型、回避型、抑郁型、依赖型、表演型、自恋型、反社会型、虐待狂、强迫型、消极型和自我打击型人格障碍。基础人格障碍患者会体验到轻度到中度的社会和职业功能受损，但他们在一定程度上还能维持亲密关系和工作。严重人格障碍包括分裂样、边缘型和偏执型人格障碍，此类患者的社会和职业功能受到严重损害（Millon et al.，1997；Retzlaff et al.，2005）。MCMI－III还评估了轴I的心理障碍，同样分为基础和严重两类。基础临床症状包括焦虑、躯体症状、双相障碍等，存在轻度到中度的功能受损；严重临床症状包括思维障碍、重度抑郁和妄想障碍，这些障碍会使个体更加衰弱，也是更为复杂的临床障碍（Millon et al.，1997；Retzlaff et al.，2005）。

MCMI还实现了测评方式与治疗建议之间的整合，为每一种诊断结果提供了对应不同治疗取向的治疗方案。根据米伦的人格障碍理论，人格障碍可分为 8 个领域：表达行为、人际行为、认知风格、客体表征、自我形象、调节机制、形态组织和情绪—气质。每个领域都对应一种治疗方法（Retzlaff et al.，2005；Millon，Grossman，& Tringone，2010）。在 MCMI 的测评体系中，每种人格障碍都可以从这 8 个领域的视角作出定义（Retzlaff et al.，2005）。例如，自恋型人格障碍在这 8 个领域的表现可以分别描述为：傲慢、剥削、自我膨胀、合理化、极好的、做作的、虚假的、漫不经心的。这些描述对于人格障碍的治疗也是非常有用的。例如，团体治疗师会帮助自恋型人格障碍患者建立更接近真实情况的自我认识和他人认识，行为主义治疗师会通过强化和惩罚矫正自恋型人格障碍患者傲慢和剥削的特点（Millon et al.，2010）。

MCMI 的计分方式。MCMI 的计分方式不同于其他测验，它采用基准分数，而不是常模分数。基准分数在 85 分及以上就可以诊断为严重问题，基准分数在 75～84 分之间就意味着存在问题，但问题没那么严重（Retzlaff & Dunn，2005）。采用基准分数作诊断，就不关心个体的得分与正常群体的平均得分的差异，而是将个体得分与基准分数作比较。这种方式试图反映心理障碍或者心理症状的流行病学数据，如果边缘型人格障碍的患病率为 10%，那么你属于其中一员吗？

由于 MCMI 的分量表太多，因此如何解释量表结果就是一件很具有挑战性的任务。MCMI 采用量表分组的层次分级方式解释量表结果，首先是效度量表，效度量表的结果先于内容量表的结果。效度量表中哪怕只有一个极端不可能的项目被报告为“是”，这个测验结果也会被认为无法解释。接下来是表露量表，低于 35 分或 85 分及以上被认为是不愿意报告或过度报告。最后是社会赞许性和自我贬低量表。在人格障碍量表中，严重人格障碍量表的结果解释优先于基础人格障碍量表的结果解释。在严重人格障碍量表上得分高的个体通常也会在多个基础人格障碍量表上得分较高。因此，人格障碍解释需要聚焦于严重人格障碍量表，再由基础人格障碍量表给予补充和丰富。此外，还要考察临床症状量表。临床症状量表也是先看严重症状量表，然后看基础症状量表。此外，要整合患者的基本信息和看诊历史。患者的主要诉求是什么？年龄、性别和精神疾病史情况如何？临床解释还需要考虑测验实施的背景环境。诊断通常能够吸引哪一类患者？是否有特定的诊断偏差？

MCMI的信效度。MCMI严格的发展程序为它的信效度提供了保障。MCMI-III所有分量表的内部一致性系数在0.66～0.95之间，重测信度在0.82～0.96之间（Millon et al.，1997）。咨询师对来访者人格障碍和其他心理问题的诊断结果验证了MCMI-III诊断的有效性，两种方法对人格障碍或其他心理障碍的诊断率非常接近（Millon et al.，1997）。但是，由于MCMI囊括了太多分量表，几乎可以评估包括人格障碍在内的所有心理障碍，因此也导致使用过程中过度诊断和过度病理化的倾向，使用范围并不广泛（Retzlaff et al.，2005）。

3.1.3 小结

分类诊断的最大优势在于，对纷繁复杂的心理障碍作出了条理清晰的分类，方便研究者、临床实践工作者以及患者之间相互交流。迄今为止，基于DSM分类诊断模型而发展出的人格障碍测评工具也最为丰富，既有全面评定所有人格障碍的临床访谈和自我报告工具，也有专门诊断特定人格障碍的临床访谈和自我报告工具。研究者和临床实践工作者可以根据自己的需求，灵活选择临床访谈、自我报告，或两种方式的有机组合，对人格障碍进行全面筛查，或聚焦于特定的人格病理性问题作更深入的剖析。

会聚效度。尽管人格障碍诊断工具名目繁多，但已有研究发现，临床访谈工具之间、自我报告量表之间，以及临床访谈工具和自我报告量表之间都存在可接受的会聚效度，也就是说，采用不同的工具对同一批来访者进行人格障碍诊断，诊断结果总体上是相似的。其中，人格障碍自我报告评定方式之间的相似性在-0.02（强迫型人格障碍）～0.74（回避型人格障碍）之间，两两相关的中位数为0.60（Miller，Few，& Widiger，2012；Widiger & Boyd，2009）。值得注意的是，强迫型人格障碍的自我报告诊断结果出现了系统偏差，尤其是采用MCMI评定的强迫型人格障碍的结果与其他自我报告方式之间存在超出预期的负相关。

这与研究者对强迫型人格障碍的界定方式存在较大分歧有关系(Samuel & Widiger, 2010, 2011)。但是,如果加入临床访谈法,不同方法之间的会聚效度就会下降,比如,自我报告法和临床访谈法两两相关的中位数在0.20(强迫型人格障碍)~0.56(回避型人格障碍)之间,平均中位数为0.39。临床访谈法评估人格障碍的两两相关性在0.32(强迫型人格障碍)~0.70(反社会型人格障碍)之间,所有相关系数的中位数为0.46(Miller et al., 2012;Widiger et al., 2009)。如果将所有临床访谈问题转化为自我报告的陈述项目,会聚效度则会显著提高(Saylor & Widiger, 2008)。说明临床访谈法的开放式提问,以及访谈者自身的主观经验和专业素养确实会导致诊断上的分歧。

共病。人格障碍的分类诊断法难以解决的一大问题是共病(comorbidity),即患者同时符合2种或2种以上人格障碍分类。在那些正接受精神疾病治疗的患者群体中,被诊断出1种或1种以上人格障碍的概率高于50%。同一簇人格障碍内部的共病率要高于不同簇人格障碍之间的共病率,具体表现为:A簇人格障碍的共病率和B簇人格障碍的共病率要高于A簇人格障碍与B簇人格障碍之间的共病率,其中A簇人格障碍的共病率平均比值比为19.53,B簇人格障碍的共病率平均比值比为9.12。A簇人格障碍中,偏执型与精神分裂型人格障碍相关性最强,比值比为37.30;B簇人格障碍中,自恋型与表演型人格障碍的相关性最强,比值比为14.00;C簇人格障碍中,回避型与强迫型人格障碍的相关性中等,比值比为2.70(Zimmerman, Rothschild, & Chelminski, 2005)。此外,人格障碍类别与轴I心理障碍之间也存在较高的共病率,B簇人格障碍尤为明显。70.20%的反社会型人格障碍患者至少符合一种轴I心理障碍诊断标准,平均共病的心理障碍类别数为3.40;84.50%的边缘型人格障碍患者至少符合一种轴I心理障碍诊断标准,平均共病的心理障碍类别数为3.20。A簇和C簇人格障碍与轴I心理障碍的共病率相对低一些,共病率分别为41.10%和49.70%(Lenzenweger, Lane, Loranger, & Kessler, 2007)。

弗斯特(First, 2005)区分了三种不同类型的共病:第一种是真实共病，比如同时患有两种发病机制和病理表现不一样的心理障碍。第二种是人为共病，由人为的分类诊断方式导致的共病。DSM 诊断依据描述性的、非理论的方法，假定分类诊断反映了不同人格障碍具有各不相同的、界定良好的边界。DSM 的这种策略窄化了心理障碍的内涵，诊断阈限分类的取向要求建立心理障碍和正常表现之间的分界线，由此导致诊断性共病问题。第三种是虚假共病，同一种心理障碍的多种表现形式被误认为是不同的心理障碍，这也是由诊断方法导致的现象。在许多不同的诊断分类中，诊断标准存在重叠，相似的症状会出现在不同的心理障碍类型中，人为提高了共病率，A 型人格障碍和精神分裂症谱系的早期症状就很容易混淆（Skodol，2014）。

共病既反映了精神疾病的复杂性，也说明我们当前的诊断方式并不足以运用奥卡姆剃刀原理对患者的多种症状作出唯一的心理障碍诊断（First，2005）。一方面，我们需要对共病模式保持警觉性，比如，是否同时存在 2 种或 2 种以上心理障碍；是心理障碍易感特质的异质表达，还是一种心理障碍导致了另一种心理障碍（Krueger & Markon，2006）。另一方面，研究者必须不断完善诊断工具，发展信效度更优的，更能够反映人格障碍本质和临床表现的测评工具。人格障碍评定方法的发展趋势是，既要便于研究者和临床工作者交流不同精神疾病的症状，又要反映临床实践案例中不同心理障碍类别之间的相互关联性。

3.2 整合科学研究与临床实践的评估方法

随着科学研究和临床实践之间不断分化和彼此割裂，越来越多研究者意识到必须超越 DSM 以分类诊断为理论基础的人格障碍评估方法，谢德勒-韦斯滕评估程序（Shedler-Westen Assessment Procedure，简称 SWAP）正是综合了科学研究的严谨性以及临床实践案例的丰富性和复杂性的一种新的评估工具（Shedler，2015）。

3.2.1 SWAP的项目来源

SWAP的项目来源广泛，既包括过去50多年以来人格病理研究的文献，也包括DSM-III到DSM-IV轴II部分的人格障碍诊断标准，还包括DSM轴I部分能够反映持续人格功能受损的诊断标准，比如，抑郁、焦虑等。除此之外，还有来自应对、防御、情绪调节等几大主题的研究文献，来自人格障碍患者人际功能的研究文献，来自非临床样本人格特质的研究文献，具有人格病理性问题的患者的访谈录像观察记录，以及SWAP研发者的临床经验(Shedler & Westen, 2007)。

最终保留下来的SWAP项目经过12年反复修订，并得到多达2 000位涉及各个理论取向的临床工作者和咨询师的使用反馈。每一位使用过SWAP的临床工作者和咨询师都需要回答一个关键问题："SWAP能够描述你认为患者身上最为重要的心理状态吗?"根据每一位使用者的反馈，SWAP研发者会增加、改写或修订项目表述，然后把新的SWAP项目给下一位使用者使用，继续询问他们运用SWAP描述临床患者的感受。不断重复这个修订—反馈—修订的过程，直到大多数临床工作者和咨询师在大多数情况下都评价SWAP项目能够准确描述患者的心理状态(Westen et al., 2012)。

SWAP发展和完善项目库的方式成功创造了一种相对全面地描述临床案例的表述方式。在使用SWAP-II描述患者的1 201位心理学家和精神病学家中，有84%的人同意或强烈同意SWAP-II能够描述他们认为对患者人格特别重要的方面，不同意的心理学家和精神病学家不到5%(Shedler et al., 2007)。

3.2.2 SWAP的诊断方法

SWAP-200采用临床观察者评价的Q分类法，包含200条描述人格和心理功能不同方面的陈述，每一条陈述都可以不同程度地描述某一个患者的特征。将这些陈述语句写在不同的指标卡片上。临床工作者或咨询师根据自己对患者的了解，评估患者的状况与卡片陈述语句的符合程度，分为8个类别，第一类计分为0，表示项目陈述完全不符合患者的状况;最后一类计分为7,表示项目陈述高度符合患者的状况。

为了避免不同临床工作者的主观偏差引起的评估误差,SWAP在项目陈述和评分方式上作了要求。第一,SWAP的所有项目都采用标准的语句(Shedler et al., 2007)。比如,SWAP-200的描述项目会这样陈述,“倾向于被动和犹豫不决”“生活安排是混乱的、不稳定的”;需要根据内在过程进行推断的项目会这样陈述,“描述重要他人的方式并不能传达出他人作为一个人是什么样的信息,描述方式不够丰富多样”“倾向于为自己的失败或不足责备其他人,认为自己的问题都是由外部因素导致的”。SWAP的项目既包含轴II人格障碍诊断标准罗列的临床症状,也包含功能层面的内容,比如,动机之间的冲突、情绪调节策略、未达到临床诊断标准的人格病理性问题,以及健康或适应性功能等。

第二,SWAP的Q分类法采用固定分布,对临床工作者将描述项目分配到不同类别的数量是有预先要求的(Westen & Shedler, 2007)。比如,临床工作者必须将8个项目分配到第7类,10个项目分配到第6类,等等。这种方法对评估者来说并不方便,但是具有心理测量学优势。如果没有固定分布要求,每一位临床工作者都根据自己的喜好随机分配每一个项目,就有可能出现以下情况:有些临床工作者会倾向于作出极端的判断,有些临床工作者会倾向于作出保守的判断。这样,评估结果就会受到临床工作者个人风格的影响,而不完全反映患者符合程度的差异(Block, 1963)。固定分布法每一类别包含的最大项目数并不是主观设定的,而是根据大量相关证据设定的,并被证明为最符合真实状况:(1)SWAP-200项目库具有广泛的覆盖面,包含各种能够在不同程度上描述人格障碍和人格优势的项目;(2)调查了临床工作者运用SWAP-200项目评估患者的分布情况,获取不固定分布情况下临床工作者运用SWAP-200项目产生的自然分布规律;(3)根据大量患者的访谈视频,反复调整分布情况,确保最终确定的固定分布方案能够适用于人格病理问题的所有谱系(Westen & Shelder, 2007)。最终,SWAP-200预先设定的固定分布类似于右偏态分布:大多数项目被分配到第1类(0分)、第2类(1分)和第3类(2分)中,少数项目被分配到第8类(7

分）。依据是：SWAP-200主要评估异常特质，而异常特质在大多数人群中是不存在的；这种分布状况符合大多数心理病理问题的实际分布规律，最接近临床工作者在不受限制的情况下给出的各项目分布状况（Shedler，2015）。

第三，SWAP-200能够生成37个诊断量表分，形成3个分数剖面图，这些分数剖面图分别提供了：（1）DSM-IV和DSM-5人格障碍诊断的维度分；（2）SWAP鉴别的人格症状维度分；（3）从SWAP项目库提取的因子维度特质分。SWAP还能够生成心理健康指数，评估适应性的心理资源和能力，或者说本我力量（Shedler et al.，2007；Westen et al.，2007）。

SWAP诊断分数通过T分数（平均分为50，标准差为10）来评估，然后用图表生成分数剖面图。SWAP-200人格障碍量表评估患者和诊断原型之间的匹配程度。因此，人格障碍是在一个连续体上被评估的，低分意味着患者不符合人格障碍诊断原型，高分意味着患者与人格障碍诊断原型高度匹配。但是，由于DSM分类诊断的需要，SWAP还是设定了一个诊断的临界值，T分数大于或等于60就能够作出特定人格障碍的诊断，T分数大于或等于55就能够作出某一种人格障碍的病理性特征的诊断（Shedler，2015）。

3.2.3 SWAP的信效度

由于在发展量表和评估方式上作出了多项新的尝试，SWAP的信效度因而成为研究者质疑的要点（Blagov，Bi，Shedler，& Westen，2012）。比如：固定分布这种人为的操作方法是否会夸大SWAP得分与人格病理程度之间的关系？不同方法、不同专家评定的结果是否具有相似性？跨时间的重复测量是否具有稳定性？面对各种质疑，研究者们通过多年的努力，积累了大量实证研究证据支持SWAP的信效度。

采用多种方法评估人格障碍的研究支持SWAP与PAI以及DSM-IV-TR维度量表之间具有可接受的相容效度和区分效度（Bradley，Hilsenroth，Guarnaccia，& Westen，2007；Blagov et al.，2011；Westen，

Waller, Shedler, & Blagov, 2014)。SWAP的评分者一致性系数在所有相关研究中都达到0.80以上,甚至超过0.90(Westen & Shedler, 2007)。SWAP-II人格障碍测验间隔4～6个月的重测信度的中位数为0.90,具体到每一个分量表的重测信度为0.86～0.96。SWAP-II维度特质量表的重测信度的中位数为0.85,分量表的重测信度为0.77～0.96(Blagov et al., 2012)。SWAP-II生成的人格症状的内部一致性系数的中位数为0.79,每一种人格症状的内部一致性系数为0.72～0.94。

SWAP测评的内容能够预测大量相关的外在效标,比如,自杀史、精神疾病住院史、适应功能,等等。为了排除评分者同时评定SWAP和外在效标可能存在的共同方法偏差,韦斯滕等人(Westen & Muderrisoglu, 2003)邀请两位临床工作者独立评估SWAP并开展系统的临床访谈评估,结果发现,会聚效度的中位数为0.66,区分效度也很理想,不相关变量之间的相关系数不显著。韦斯滕等人(Westen et al., 2007)在此基础上扩大了样本量,并采用更为丰富的多质多法来评估SWAP-II的效度。通过临床访谈的视频资料获取SWAP数据,通过自我报告和访谈者报告的方法获取效标变量的数据,两组评分者相互独立,样本量扩大到150。结果发现,不同信息来源之间的相关系数和同一来源的效标相关系数一样大。比如,SWAP精神病态因子与自我报告的被捕历史之间的相关为0.40,与反社会人格之间的相关为0.57。SWAP情绪失调因子与自我报告的自杀尝试之间的相关为0.36,与自我报告的情绪失调之间的相关为0.49,与边缘型人格障碍之间的相关为0.53。

3.2.4 SWAP的优势

与分类诊断相比,SWAP的诊断方式具有以下优势:第一,来源于临床经验和实证研究的人格障碍分类。通过SWAP的评估,研究者鉴别了10种各不相同的、具有临床和实证一致性的人格症状,并根据它们之间的相似程度提取了4个高阶因子,包括人格症状的内在问题谱系(抑郁人格、焦虑—回避人格、依赖—受害人格、分裂样—分裂型人格)、外在问题谱系（反社会—精神病态人格、自恋人格和偏执型人格）、边缘—失调谱系（边缘—失调人格）和神经质风格（强迫型人格、歇斯底里—表演型人格）（Shelder，2015）。

第二，基于实证研究的人格症状描述。每一种人格症状的核心特质都可以通过罗列 SWAP 得分最高的项目而获得。以边缘—失调人格障碍为例，描述这一人格障碍得分最高的 24 个 SWAP 项目可以对边缘—失调人格症状作出清晰的界定。这种描述方式既能够有效界定边缘型人格障碍，又能够提供比 DSM 诊断标准更为丰富和复杂的症状描述。此外，这种描述方式还能够处理人格障碍的内在心理过程和经验，这对于理解和治疗人格障碍至关重要（Shedler，2015）。

第三，通过原型匹配法，促进 SWAP 在临床实践中的运用。原型匹配的诊断方法主要基于实证数据的人格症状以文字的形式描述人格障碍，而不是项目的罗列（Shedler，2015）。原型匹配法包含 SWAP－II 中最能界定某一人格障碍的项目，通过组织和编辑将它们发展为具有内在一致性的文字段落。原型描述是一个整体，而不是项目的罗列，类似于格式塔。临床工作者的任务就是对比人格障碍原型描述与患者实际情况之间的匹配程度，进行 1～5 的评分，匹配程度大于或等于 4 就意味着存在某一特定的人格障碍。相对于 DSM 诊断标准，原型匹配的方法能够提高诊断的信效度，同时降低诊断共病率。临床工作者认为，原型匹配法在实践工作中更为实用。

3.3 基于维度诊断模型的评估方法

对分类诊断模型的依赖逐渐使得研究者和临床工作者偏离了人格障碍的本质，这已成为精神疾病领域的广泛共识。彻底舍弃分类诊断模型涉及范式的革新，因此 DSM－5 的主体部分保留了 DSM－IV－TR 的分类诊断模型，将 DSM－5 人格障碍工作小组力推的人格障碍维度诊断模型纳入 DSM－5 第三部分（Krueger & Markon，2014）。新的诊断方式一共包括四部分内容：(1) 先通过人格功能受损程度来判定是否要作人格障碍诊断，包括自我功能和人际功能；(2) 然后通过病理性人格特质来判断属于哪一种类型的人格障碍，分别有消极情绪性、分离感、对立违抗、去抑制和精神质5大病理性人格特质领域；(3) 人格障碍类型由10种简化为6种，且由每一种人格障碍的功能受损状况以及有代表性的病理性人格特质共同界定；(4) 通过人格障碍—具体特质来解释其他所有人格障碍的表现(APA, 2013)。据此，我们既可以了解人格障碍的不同类型，又可以看到同一种人格障碍类型的患者在人格功能受损状况和病理性人格特质上的差异。这种新的诊断方式得到至少70%的人格障碍研究者和临床工作者的认可，被认为是取代分类诊断方式的最理想方式，能够很好地解决分类诊断模型始终无法解决的信效度过低等问题(Bernstein, Iscan, & Maser, 2007)。

在新的诊断模型中，人格功能是评估所有人格障碍的核心维度，由此来确定个体患有人格障碍的可能性。如果一个人长期表现出没有稳定的自我概念，不能为自己的人生目标持续努力，那么可以考虑这个人是否具有人格障碍；如果一个人的自我管理能力很好，但在大多数情境下都表现出自我中心倾向，对他人缺乏同理心，不能与他人建立长期稳定的亲密关系，那么也可以考虑这个人是否存在人格障碍。但是，人格功能受损并不能区分不同类型的人格障碍，为了作出更为精确的诊断，还需要进一步评估人格功能受损的个体表现出来的典型的病理性人格特质，从而确定他们归属于哪一种类型的人格障碍(APA, 2013)。例如，精神分裂型人格障碍患者会表现出高水平的精神质，边缘型人格障碍患者会表现出高水平的消极情绪性和去抑制，反社会型人格障碍患者会表现出高水平的对立违抗和去抑制(APA, 2013)。接下来分别介绍人格功能受损的评定方法和病理性人格特质的评定方法。

3.3.1 人格功能受损的评定方法

根据心理动力学理论、依恋理论和认知行为理论的观点，人格障碍区别于其他心理障碍的一个关键指标在于自我功能和人际功能的缺陷

(Bender, Morey, & Skodol, 2011)。人格障碍的实证研究也支持不同人格障碍都存在自我功能和人际功能缺陷。DSM－5 人格障碍工作小组根据对以往临床心理学家评定个体自我表征和他人表征功能的量表的综合分析,确定了评估人格功能的具体指标(Bender, Morey, & Skodol,2011)。这些量表包括:社会认知和客体关系量表(Hilsenroth, Stein, & Pinsker, 2004)、反省功能量表(Fonagy et al., 1998)。斯科多尔等人(Skodol et al., 2011)根据这些研究工具考察人格障碍,整合其中的大量概念作为 DSM－5 人格障碍功能水平评定量表的基础,形成了包括同一性整合、自我概念完整性和自我管理三个层面的自我功能评估指标,以及包括同理心、亲密感和对他人复杂的、相互协调的表征三个层面的人际功能评估指标。自我概念完整性和对他人复杂的、相互协调的表征在后面的修订版本中因概念重叠、交叉载荷而被删除。

因此,在 DSM－5 人格障碍替代模型中,人格功能受损水平量表分别评定个体在自我同一性、自我管理能力、同理心和亲密感四个维度上的表现,每一个维度都按照受损严重程度分为 5 个水平,0 代表几乎没有受损,1 代表有一些受损,2 代表中等程度受损,3 代表严重受损,4 代表极端受损。每一个水平都由 3 段文字描述,形成了 4×5×3 的评定表,即 4 个维度,5 个水平,每个水平有 3 段文字表述,总共 60 个具体的条目。例如,在自我同一性维度上存在中度程度受损的文字表述为:"过度依赖他人对身份的定义,伴有受损的边界描述;有脆弱的自尊,它被对外部评价的夸大的担忧控制,伴有被肯定的愿望;有不完整或低人一等的感觉,伴有代偿性的膨胀的自我评价;情绪调节基于正向的外部评价,对自尊的威胁可能引起强烈的情绪。"(APA, 2013)咨询师会就来访者的人格功能表现在每一个条目上进行 5 点评分。

人格功能受损指标的效度。莫里、本德和斯科多尔(Morey, Bender, & Skodol, 2013)收集了 337 位心理治疗师运用 DSM－IV 和 DSM－5 分别对患者进行临床诊断的结果,其中有 248 位患者至少符合 1 种 DSM－IV 人格障碍诊断。研究者运用信号检测理论的操作特征曲线,检验人格障碍功能受损水平探测是否在 DSM－IV 人格障碍上存在敏感性和特异性,结果发现,人格功能受损中等以上水平具有最理想的敏感性(0.85)和特异性(0.73)指标。人格功能受损水平还具有比 DSM - IV 诊断标准更好的预测效度,对于心理社会功能、预后评估和最理想的治疗强度评定都能够提供有价值的信息,DSM - IV 包含的 10 种人格障碍诊断标准仅仅在危险程度预测方面比人格功能受损水平发挥了更大作用(Morey et al., 2013)。人格功能受损水平与情绪问题(焦虑、抑郁和症状总体严重性)、DSM - IV 人格障碍症状总和、DSM - IV 单个人格障碍,以及 DSM - 5 人格障碍的自我报告结果都存在显著的正相关,支持人格功能受损水平能够有效预测人格问题(Few et al., 2013)。

治疗师运用人格功能受损水平量表(Level of Personality Functioning Scale,简称 LPFS)评估自我和人际功能损害时,量表具有可接受的评分者一致性(0.47～0.49),比 DSM - 5 田野试验的结果(0.42)要略好(Few et al., 2013)。尽管如此,这个结果还是比大多数病理性人格特质的评分者一致性(中位数为 0.55)要低(Few et al., 2013)。LPFS 使用的描述性语言主要来源于客体关系和社会认知理论,许多临床工作者并不熟悉这一套诊断方法,这可能会造成评分者之间的诊断偏差。另外,LPFS 采用的评分方式也比较复杂,自我功能和人际功能各由两个指标组成,每个指标对应一个评分项目,但每一个评分项目又都包含更为复杂、多元的诊断信息,这会导致评分者之间理解上的差异,降低评分者之间的一致性。但是,齐默尔曼等人(Zimmerman et al., 2014)请 22 名未经过临床训练的学生运用 LPFS 多项目版本对 10 名接受心理治疗的女性患者进行人格功能评定,结果表现出良好的评分者信度,与另外两种评估人格功能受损程度的专家评定法有显著的正相关。这一结果表明,LPFS 可能并不要求评定者具备丰富的临床经验或接受专业培训。

3.3.2 病理性人格特质的评定方法

病理性人格特质的评定方法是 DSM - 5 人格障碍工作小组根据 DSM - 5 人格障碍病理性五因素模型发展出来的,可供所有临床工作者和研究者使用的测评工具。该测评工具的发展过程如下:先由人格障碍工作小组的11位专家根据人格领域的相关成果和各自的经验提出有代表性的病理性人格因素，经过反复论证后达成共识，形成包含37个病理性人格因素的最终版本，然后就每一个病理性人格因素作出操作性定义，根据操作性定义为每一个病理性人格因素设计8个测评项目，确保每一个测评项目都能够被8年级以下认知水平的被试理解。接下来分三个阶段检验37个因素、296个项目的信度和效度。第一阶段和第二阶段主要采用项目反应理论和探索性因素分析检验每个项目能否准确反映它所属的因素，以及37个因素之间能否提取更高阶的因子。根据数据分析结果，第一阶段剔除了65个项目，因为它们存在交叉载荷，或者在所属因子上载荷过低。第二阶段根据第一阶段的结果修改了不适宜的项目或增加了测评项目，确保每个因素至少有10个测评项目，一共有316个项目供第二阶段的被试回答。第二阶段的探索性因素分析结果支持5个高阶因子、25个病理性人格特质的因素结构，删除了因子载荷低于0.50的项目，以及在多个因子上存在交叉载荷的项目，保留了220个测评项目，每一个病理性人格特质包含4～14个测评项目。第三阶段的验证性因素分析结果也支持这一结构的有效性（Krueger et al.，2012）。

病理性人格特质量表的效度。从会聚效度的角度来看，病理性人格特质量表与多个人格障碍维度量表表现出较高水平的相关，例如，DSM－5人格问卷、大五人格量表、五维人格测验（5－Dimensional Personality Test；Van Kampen，2012）和个人特征清单（Inventory of Personal Characteristics－5；Tellegen & Waller，1987）四种测量工具合并后的探索性因素分析支持五因素结构，五因素分别是神经质、外向性、不灵敏、秩序感和专注性，表现出较高水平的会聚效度（Gore & Widiger，2013）。总体而言，特质模型之间并不存在本质差异，只是不同测量方式侧重点和分析水平存在差异（Hopwood & Sellbom，2013）。

从增值效度的角度来看，福萨蒂等人（Fossati，Somma，Borroni et al.，2016）考察了PID－5相对于轴II人格诊断问卷（Personality Diagnostic Questionnaire－4，简称PDQ－4）对人格病理水平的增值预测

力。多元回归分析结果表明,DSM－5 病理性五因素模型能够提升 PDQ－4 对人格病理水平的预测能力,支持 PID－5 在人格障碍诊断中的可靠性和有效性。西姆斯等人(Simms, William, & Calabrese, 2016)也考察了 DSM－5 第三部分的特质模型相对于正常范围内的人格特质、传统的人格障碍诊断标准计分,以及一般性的精神疾病症状对预测心理社会功能受损方面的增值效度。研究者调查了 628 名正在承受或曾经承受过精神疾病困扰的被试。结果表明,DSM－5 病理性人格特质的预测作用超出一般人格特质、人格障碍诊断标准总分,以及一般性精神疾病症状,与之对应,后三种评估方式相对于 DSM－5 病理性人格特质的增值效度要小得多。

从内容效度的角度来看,罗贾斯、托马斯和维迪格(Rojas, Thomas, & Widiger, 2017)检验了 DSM－5 病理性人格特质对 6 种人格障碍(反社会型、边缘型、回避型、依赖型、自恋型和强迫型)诊断标准的覆盖程度。研究结果支持 DSM－5 第三部分的病理性人格特质模型基本能够覆盖 DSM－IV 人格障碍症状,其中边缘型人格障碍和反社会型人格障碍的结果最为明显,也就是说,PID－5 对边缘型人格障碍和反社会型人格障碍的评估效果和现有的多种评估方式具有同等效力。另外,PID－5 的 3 个量表就能够覆盖依赖型人格障碍的 8 条诊断标准,PID－5 的 2 个量表就能够覆盖自恋型人格障碍的 9 条诊断标准。但是,PID－5 对回避型人格障碍和强迫型人格障碍诊断标准的覆盖程度不太理想,结果还有待检验。

从预测效度来看,PID－5 能够预测多种精神疾病或人格障碍。霍普伍德等人(Hopwood et al., 2012)探讨了 DSM－5 混合模型与 DSM－IV 人格障碍分类在大学生群体中的关系。结果发现,PID－5 能够解释人格诊断量表中等程度的变异。具体而言,PID－5 对于精神分裂型、反社会型、边缘型、自恋型、回避型和强迫型人格障碍的解释率分别为 0.56、0.53、0.53、0.48、0.46 和 0.38。菲尤等人(Few et al., 2013)拓展了这项研究,调查了 DSM－IV 人格障碍(结构化临床访谈法)、PID－5 临床评定和自我报告之间的一致性。结果发现,PID－5 临床评定和自我报告具有高水平的相关，进一步多元回归分析表明，PID－5中与人格障碍相关的特质能够解释24%～49%的人格障碍变异，其他未被假设为与人格障碍相关的PID－5特质仅仅能够解释5%的人格障碍变异。值得一提的是，PID－5对C簇人格障碍的解释率最低。

约普和索思（Jopp & South，2015）发现，PID－5自我报告的因素得分能够解释SNAP－2关于DSM－5第三部分保留的6种人格障碍的诊断标准的差异。具体而言，PID－5自我报告的分数能够解释39%的精神分裂型人格障碍，62%的反社会型人格障碍，22%的回避型人格障碍，49%的边缘型人格障碍，31%的自恋型人格障碍和24%的强迫型人格障碍。值得一提的是，PID－5配偶报告并未显示出任何超出PID－5自我报告对SNAP－2人格障碍诊断标准的预测力。米勒等人（Miller，Gentile，Wilson，& Campbell，2013）以及赖特等人（Wright et al.，2013）也提供证据支持PID－5的25个因素能够解释人格障碍的症状：PID－5特质能够解释70%的自恋型人格障碍浮夸症状的差异，54%的自恋型人格障碍脆弱性特征。PID－5分离感能够预测行为偏差（beta = 0.35），对立违抗能够影响精神病态患者的情感人际功能（beta = 0.73）（Fossati et al.，2013）。斯特里克兰等人（Strickland，Drislane，Lucy，Krueger，& Patrick，2013）发现PID－5与精神病态之间存在显著相关，各个领域的预测力在39%（分离感）～78%（对立违抗）之间。

赖特和平卡斯等人（Wright，Pincus et al.，2012）做了一个研究，以检验PID－5与人际功能受损之间的关系，结果发现，PID－5的子维度与操控型人际风格存在0.10（服从）～0.60（敌意）的相关，相关水平最高的是对立违抗维度与操控型人际风格。霍普伍德等人（Hopwood，Schade，Krueger，Wright，& Markon，2013）发现，PID－5与功能不良的信念之间存在显著的相关，后者是人格障碍形成和表现的原因之一。例如，PID－5与人际关系淡漠、缺乏信任感、强调独立之间的相关分别为0.37、0.33和0.16，这些不良信念与PID－5分离感之间的相关程度最高。

病理性人格特质量表的信度。PID－5也具有良好的信度（Krueger，

2013;Krueger et al.，2014)。有研究者(Quilty，Ayearst，Chmielewski，Pollock，& Bagby，2013)在精神科门诊部的被试群体中检验了 PID－5 的心理测量学指标，结果发现，PID－5 子维度的内部一致性系数在 0.72(多疑)～0.96(抑郁)之间，各个领域的内部一致性系数为 0.84(消极情绪性)、0.75(分离感)、0.83(对立违抗)、0.80(去抑制)和 0.87(精神质)。治疗师对每一个领域的每一个因素作出评价，也表现出良好的评分者一致性，其中消极情绪性的评分者一致性最低，去抑制的评分者一致性最高，所有因素内部一致性系数的中位数为 0.55，支持临床工作者能够运用病理性人格特质对患者作出可靠的评估(Few et al.，2013)。赖特等人(Wright et al.，2015)检验了 PID－5 在临床样本中的重测信度，结果发现，除了服从性、有限情感、退缩和冒险性之外，其他维度几乎没有变化。

PID－5 的信度还得到了跨文化样本的支持。有研究者(Bo，Bach，Mortensen，& Simonsen，2016)采用丹麦的大样本(195 个临床被试，924 个非临床被试)评估 DSM－5 特质模型的信度，结果表明，PID－5 在丹麦被试中具有良好的内部一致性以及项目区分度。内部一致性系数在 0.75(不负责任)～0.95(怪异)之间，其中 22 个因素的内部一致性系数大于 0.80。项目之间的相关系数平均值在 0.47(不负责任)～0.77(怪异)之间。

3.4 简评与展望

人格障碍的评定是一项极其复杂的工作，若要保证测评工具的有效性和可靠性，就必须处理好人格障碍与其他心理障碍之间的区别和联系，不同人格障碍之间的区别和联系，以及正常人格与异常人格之间的临界点等问题(Widiger et al.，2009)。尽管人格障碍测评方式随着人格障碍分类诊断标准的具体化而不断发展，但是这些测评方式都未能很好地处理以上问题，使得人格障碍诊断的信效度指标不尽如人意。随着人格障碍诊断方式由分类诊断逐步过渡到维度诊断，不同类型的人格障碍、人格障碍与其他心理障碍,以及正常人格与异常人格之间的界限也逐步清晰。研究者的关注点已经从人为地给患者贴上不同的标签,转向全面刻画患者的功能受损情况及具体的表现形式,将人格障碍与正常人格、其他心理障碍看作同一发展谱系上的不同变异。

卡皮斯等人(Capsi et al., 2014)的研究更是将维度诊断的思路推向一个新的高度,他们提出了所有精神疾病的高阶三因子(内化问题、外化问题和思维异常),并在此基础上提取了与智力理论中的g因素相似的精神疾病的p因素。那些在p因素上得分高的个体,功能受损程度越严重,通常也有较高水平的发展历史问题,并且在日常生活中存在较高水平的认知缺陷,难以高效完成那些要求注意力、手眼协调、心理控制和加工速度的任务。因此,未来研究需要进一步发展基于维度诊断模型的人格障碍测评工具,通过实证研究积累这些测评工具的信效度证据,完善人格障碍的诊断依据和测评方法。

不同形式的人格障碍测评方法各有优势。临床工作者偏好无结构访谈法,实证研究者则偏好半结构化访谈法和自我报告法。自我报告法适合访谈前的信息采集工作,可以提高临床访谈的效率,并在一定程度上克服访谈者自身的主观偏差。半结构化访谈法则是临床实践和研究领域最为推崇的方法,若要在人格障碍领域具有较大影响力的期刊上发表学术论文,没有半结构化访谈法作为诊断方法之一,则通常都难以正式发表(Miller et al., 2012)。

人格障碍临床工作者和研究者都应该熟悉各种各样的临床访谈工具和自我报告方法,而不是局限于自己熟悉的一两种具体测评工具。每一种测评工具都具有优势和可借鉴之处,以半结构化访谈为例,当我们熟悉了不同访谈工具中的访谈问题、追问方式和访谈建议之后,再聚焦于特定的访谈工具进行人格障碍诊断时,会更有优势。综合使用多种方法、多种信息来源,能够提高人格障碍诊断的准确性和稳定性。不过,这种百花齐放的发展现状也暗含了人格障碍诊断在专业领域内并未达成共识,研究者还不能确定哪一种诊断方式是最优的,未来研究还需要聚焦于比较这些测评工具的相对信效度(Widiger et al., 2009)。

4 人格障碍的生物学基础

在过去几十年间，来自基因、神经成像技术、认知科学和生理病理学方面的研究对人格障碍的诊断和治疗产生了重大影响（Kupfer & Regier，2011）。美国心理科学研究的主要资助机构也明确表示，未来将首要资助临床神经科学视角的研究，进一步促使人们从发展的大脑障碍的角度理解人格障碍（Insel，2009）。由于人格障碍的界定方式始终以DSM和ICD的分类诊断为主，因此大多数人格障碍的神经机制研究都采用了人格障碍患者与对照组的比较研究，技术方法以行为遗传学、分子遗传学、结构神经影像学、功能神经影像学和药物治疗效果五大类为主。与分类模型诊断人格障碍存在的诸多弊端一致，以DSM界定人格障碍的方式为基础的神经生物学的分析同样有诸多问题，由于不同类型的人格障碍之间并非完全独立，诊断标准之间存在重合，某种人格障碍对应的神经生物异常现象可能是其他人格障碍所共有的，由此很难区分不同人格障碍的神经生理基础的特异性和一般性（Morris & Cuthbert，2012）。

随着DSM-5特质维度模型被正式纳入人格障碍诊断的备选方案，围绕界定人格障碍的特质维度进行人格障碍的神经生物相关物研究也得到很多研究者的认可。帕特里克等人（Patrick et al.，2013）提出概念网络模型（construct-network model）作为临床问题和神经回路/生物过程之间的桥梁。他们认为，临床问题和大脑反应模式或其他生理指标只是通过不同的测量方式评估的可观察变量，背后存在一系列有心理学意义的概念，一旦建立起这样的心理概念网络，就可以建立生理心理指标和临床问题之间的有效预测关系。具体的操作方法为：首先确定心理病理学问题的特质维度，然后从神经生物学视角确定每个维度对应的神经生物异常模式。值得注意的是，特质维度的评估方式必须具有良好的心理测量学指标，神经生物相关物的研究证据必须充分、可靠(Patrick et al.，2013)。

就人格障碍这一类心理疾病而言，DSM－5 修订小组已经确定病理性人格障碍的分层—维度模型，从低阶到高阶维度分别是：病理性人格特质五因素(消极情绪性、分离感、对立违抗、去抑制、精神质)、病理性人格特质两因素(外化问题、内化问题)(Wright et al.，2012)。病理性人格特质分层的概念能够帮助我们理解这些特质之间既存在同质性，又存在异质性。生物机制可能会对该层级模型的不同层面产生不同的影响。有些生物机制可能会影响广泛的大脑功能，导致高阶维度上的同质性差异；有些生物机制可能会影响更为具体的大脑功能，导致低阶维度上的异质性差异。人格障碍的分层维度取向能够帮助我们更好地研究人格障碍的神经生物相关物的一般性和独特性。然而，不论是从分类模型还是从特质维度模型诊断人格障碍，都会受到神经生物学研究技术的影响。

本章内容分为两大部分：第一部分综述人格障碍分类模型视角的神经生物学发现，分别从行为遗传学、分子遗传学、神经科学的角度理解人格障碍形成的神经生物基础，总结这类研究取向存在的问题和解决办法；第二部分从 DSM－5 第三部分提出的病理性人格障碍分层—维度模型出发，综述病理性人格特质对应的一般性神经生物基础以及特定的神经生物相关物，为未来人格障碍诊断方式的变革和人格障碍治疗方法的改进提供参考方向。

4.1 人格障碍分类模型的生物学基础

4.1.1 行为遗传学证据

行为遗传学研究的典型设计是家庭研究，研究者从人格障碍患者入手，评估其家庭成员的人格发展状况。但是，家庭研究也存在一个很大的局限性，即家庭成员之间的相关性既可能是遗传的作用也可能是环境的作用。双生子研究和收养研究通过比较基因相似、环境不同的个体的差异，以及环境相同、基因中等程度相关的个体的差异，能够分别得出影响人格障碍的基因、共享环境和非共享环境的相对贡献率，从而作出更为可靠的推断。尽管如此，人格障碍的行为遗传学研究比一般人格特质的行为遗传学研究要少得多，结论也更为分散。

最早对人格障碍进行行为遗传学研究的是托格森及其同事。他们通过不同的渠道招募了 221 对双生子被试，其中同卵双生子有 92 对，异卵双生子有 129 对，所有被试都要接受 DSM－III－R 人格障碍的临床结构化访谈。结果发现，总体而言，人格障碍的遗传率为 0.60，其中，A 簇人格障碍的遗传率为 0.37，B 簇人格障碍的遗传率为 0.60，C 簇人格障碍的遗传率为 0.62。具体到每一种人格障碍，遗传和环境的影响也有差异。排除家庭共享环境的影响后，自恋型人格障碍的遗传率为 0.79，强迫型人格障碍的遗传率为 0.78，边缘型人格障碍的遗传率为 0.69，表演型人格障碍的遗传率为 0.67，分裂型人格障碍的遗传率为 0.61，依赖型人格障碍的遗传率为 0.57，精神分裂型人格障碍的遗传率为 0.29，偏执型人格障碍的遗传率为 0.28，回避型人格障碍的遗传率为 0.28。反社会型人格障碍在该双生子样本中诊断率非常低，因此没有被纳入行为遗传学分析。由此可以看出，人格障碍比其他任何心理障碍都要更强烈地受到遗传的影响（Torgersen et al.，2000）。有研究者（Coolidge，Thede，& Jang，2001）对 4～15 岁儿童双生子进行了人格障碍的行为遗传学研究。他们采用库利奇儿童人格和神经心理调查量表（Coolidge Personality and Neuropsychological Inventory for Children，简称 CPNI；Coolidge，1998）评估 DSM－IV 包含的 12 种人格障碍，由父母报告双生子在人格障碍诊断项目上的符合程度。结果发现，不同于以往研究假设只有气质和高阶的人格障碍特质会受到遗传因素的影响（Paris，1997），儿童期的人格障碍也深受遗传因素的影响，不同人格障碍的遗传率在 0.50（偏执型和强迫型人格障碍）～0.81（依赖型和分裂型人格障碍)之间,中位数为0.75,与成人人格障碍的遗传率相似。

肯德勒及其同事(Kendler et al., 2006)采用未筛选的挪威公共卫生研究所双生子研究样本对A簇人格障碍进行遗传和环境作用的分析,符合要求的有效样本包括221对同卵男性双生子、116对异卵男性双生子、448对同卵女性双生子、261对异卵女性双生子,以及340对异卵龙凤双生子。所有被试都要接受人格障碍诊断临床访谈。研究结果不同于上述研究,A簇人格障碍只有中等程度的遗传率,为0.21(偏执型人格障碍)~0.28(精神分裂型人格障碍),且该研究结论支持共享环境对A簇人格障碍的影响要比共享基因更大。同样是挪威的大样本数据,托格森等人(Torgersen et al., 2008)评估了B簇人格障碍的遗传率,结果发现,反社会型人格障碍的遗传率为0.38,表演型人格障碍的遗传率为0.31,自恋型人格障碍的遗传率为0.24,边缘型人格障碍的遗传率为0.35。还有研究者(Reichborn-Kjennerud et al., 2007)分析了C簇人格障碍在多大程度上受到遗传和环境的影响。结果发现,C簇人格障碍的遗传率为0.27~0.35,遗传差异对回避型人格障碍、依赖型人格障碍和强迫型人格障碍的解释率分别为0.83、0.48和0.15。共同的遗传因素和环境因素能够解释大部分回避型人格障碍和依赖型人格障碍,但是从病因上看,强迫型人格障碍与回避型人格障碍和依赖型人格障碍较为不同,支持强迫型人格障碍可能是一种更为独特的心理障碍的假设。

挪威公共卫生部门双生子项目的一系列研究表明,双生子人格障碍的遗传率远远低于其他样本,甚至低于普通人群的大五人格特质的遗传率。研究者认为,可能原因之一就在于自我报告和临床诊断在评估人格障碍时各有优势和局限,它们能够从不同的角度识别人格障碍。因此,研究者进一步整合自我报告和临床诊断的评估结果,重新评估了人格障碍的遗传和环境作用。A簇人格障碍的遗传率为0.55~0.72(Kendler et al., 2007),B簇人格障碍的遗传率为0.63(表演型)~0.71(自恋型)(Torgersen et al., 2012),C簇人格障碍的遗传率为0.64(回避型)~0.66(依赖型)(Gjerde et al., 2012)。由此可以看出,同时采用临床访谈和自我报告的方法评估人格障碍,所有人格障碍的遗传率要远远高于以往研究中其他心理障碍的遗传相关性,也更接近一般人格特质的遗传相关性。大概隔了 10 年,肯德勒等人(Kendler et al., 2015)再次评估了偏执型人格障碍和分裂型人格障碍基因危险性的跨时间稳定性。结果发现,偏执型人格障碍和分裂型人格障碍的跨时间稳定性分别为 0.34 和 0.40,而基因因素对这两种人格障碍的跨时间稳定性的解释率分别为 0.68 和 0.71。也就是说,尽管双生子经历的不同事件对他们偏执型人格障碍和分裂型人格障碍的表现具有持续的影响,但接近三分之二的跨时间稳定性是由基因决定的。

还有一项多变量双生子研究探讨了 DSM－IV 包含的 10 种人格障碍的遗传基础(Kendler et al., 2008)。最优拟合模型包含三个共同的基因因素和三个共同的个体环境因素。第一个共同的基因因素(A_{C1})在三大类人格障碍上都有较高的载荷,包括偏执型、边缘型、自恋型、表演型、强迫型和依赖型人格障碍,说明这个基因反映了人格障碍的广泛易感性。第二个共同的基因因素(A_{C2})非常具体,仅在反社会型和边缘型两种人格障碍上具有较高的载荷,说明这个基因会影响攻击行为和冲动行为。第三个基因因素(A_{C3})仅在精神分裂型和回避型人格障碍上具有较高的载荷,这既可能反映了精神分裂型人格障碍谱系的基因风险,也可能反映了内向性的基因易感性。

4.1.2 分子遗传学证据

自 1996 年本杰明等人开启了分子遗传学视角的人格研究后,这方面的研究证据不断涌现。和行为遗传学的研究不同,分子遗传学并不是从整体上分析遗传相似性,而是分析目标行为对应的可能基因。人格障碍的分子遗传学研究主要包括三种方法:(1) 候选基因分析;(2) 关联分析;(3) 全基因组关联分析(South et al., 2012)。这三种方法各有特点,互为补充,在分子遗传学研究中通常会结合起来使用。

候选基因分析是指预先假定与目标行为有关的基因,比如,很多分子遗传学研究会关注多巴胺、血清素的功能,还有一些研究会关注那些能够调节神经递质活动的酶，比如单胺氧化酶A(MAOA)和儿茶酚氧位甲基转移酶(COMT)，都是会影响神经递质释放，并改变神经递质效果的酶。依据动物研究的基因敲除法确定候选基因，改变或敲除动物(主要是老鼠)的某一基因，然后观察动物行为的变化，推断该基因的功能，将其作为人类行为研究的候选基因(South et al., 2012)。**关联分析**是从染色体重组过程中家庭成员之间遗传相似性和变异性的角度来分析某些染色体与心理障碍的关系。例如，假设特定人格障碍位于某一染色体，在该染色体上做好标记，如果家庭成员的疾病基因与标记了的染色体基因位置接近，那么疾病基因从父母传递到下一代的相似性很大；如果疾病基因与标记了的染色体基因相距很远，那么通过减数分裂，相似性很小。关联分析能够帮助研究者理解特定染色体区域以及在这个区域内的基因的功能。但是，由于关联分析聚焦于染色体区域，因此不能够推断特定基因的作用，也不能够像候选基因分析一样开展实验研究(South et al., 2012)。**全基因组关联分析**是指考察某一种疾病表型是否与基因组的任何一种单核苷酸多态性有关。比如，如果想了解反社会型人格障碍背后的分子遗传学机制，就需要招募两组被试——反社会型人格障碍患者和健康被试，同时收集他们的基因信息。通过全基因组关联分析，研究者能够判断哪一种单核苷酸多态性在两组被试之间存在显著差异。确定那些在反社会型人格障碍患者中更为频繁出现的基因，将其作为后续研究的对象(South et al., 2012)。这种研究方法既可以进行全基因组分析，又能够聚焦于特定的遗传单位基因。不足之处就在于，这种方法非常耗费时间、成本，工作量非常大，而且不能够像候选基因分析那样进行实验研究。

反社会型人格障碍

在动物研究中发现，敲除5-羟色胺受体1B(5-HT1B)基因后，老鼠会表现出更高水平的攻击行为，同时会表现出更高水平的酒精摄入(Saudou et al., 1994;Crabble, Phillips, Feller et al., 1996)。由此，研究者认为5-HT1B受体基因可能与酗酒和反社会型人格障碍有关。另一项研究进一步检验了反社会型人格障碍和酗酒行为对应的基因，研究结果验证了 HTR1B-861C 等位基因与反社会型人格障碍和酗酒行为之间存在显著相关(Lappalainen et al., 1998)。但是,后续的研究又发现,不论是否符合反社会型人格障碍诊断,HTR1B(5-HT1B 受体基因多态性)与物质滥用和酒精依赖都没有显著相关(Kranzler, Hernandez-Avila, & Gelernter, 2001)。这种研究结论不一致的现象在分子遗传学研究中非常常见,样本量、被试之间的个体差异和诊断标准,都会影响分子遗传学研究结果。

此外,5-羟色胺转运体启动子区(5-HTTLPR)多态性也被认为与反社会型人格障碍显著相关。其中,低活动水平的 S 等位基因被认为是酒精依赖易感素质,也是反社会型人格障碍和习惯性暴力行为的高危因素(Bennett et al., 2002;Cadoret et al., 2003)。尽管如此,也有研究不支持它们之间的关系,比如,希尔等人(Hill et al., 2002)在美国被试群体中就未发现反社会行为和酗酒行为与 5-HTTLPR 之间存在相关。对中国居民的一项研究发现,S 等位基因与极端暴力的犯罪行为存在显著相关,但是与反社会型人格障碍没有显著相关(Liao et al., 2004)。加西亚等人(Garcia et al., 2012)在研究中同时考察了 5-HTTLPR 和 5-羟色胺转运体基因第二内含子多态性(5-HTTVNTR)与反社会型人格障碍之间的关系。在评估反社会型人格障碍时,他们采用了反社会型人格障碍量表,该量表鉴别反社会型人格障碍的敏感性和特异性分别为 88.88% 和 89.06%。结果支持 5-HTTLPR S 等位基因和 5-HTTVNTR 12/12 基因型对反社会型人格障碍的易感危险性。对 5-HTTLPR S 等位基因和 5-HTTVNTR 12/12 基因型的联合分析也能够解释以往研究结论之间的不一致,前者主要与反社会型人格障碍有关,后者主要与冲动性和攻击性有关。此外,以往研究未发现 5-HTTLPR 与人格障碍之间的关系也可能是因为样本代表性存在问题,采用极端高水平的反社会型人格障碍患者作为被试,会降低样本的代表性(Garcia et al., 2012)。

此外,还有研究者关注其他神经递质在反社会型人格障碍中的作用,比如,希尔等人(Hill et al., 2002)发现,MAOA 相关的基因与反社会型酗酒存在显著的相关，但是他们的研究结论不支持5-羟色胺相关的基因与反社会型酗酒之间的相关关系。还有研究关注多巴胺的影响。蓬斯及其同事（Ponce et al.，2003）发现，多巴胺神经传递（DRD4）与反社会型人格障碍之间存在显著相关。随着研究技术的进步，研究者也逐渐尝试研究基因与基因之间的交互作用对反社会型人格障碍的影响。阿里亚斯等人（Arias et al.，2011）采用多因子降维法（multifactor dimensionality reduction，简称MDR）识别更高阶的基因组合在反社会型人格障碍患者中的表现。结果发现，儿茶酚氧位甲基转移酶、色氨酸羟化酶与5-羟色胺受体（5-HTR2A）之间的上位交互作用和反社会型人格障碍有关，支持5-羟色胺受体多态性以及儿茶酚氧位甲基转移酶活性低是反社会型人格障碍的易感因素。

边缘型人格障碍

边缘型人格障碍与特定基因之间的关系尚未有明确的结论，这方面的分子遗传学研究还相对较少，且研究结论之间较为不一致。迪斯特尔等人（Distel，Hottenga，Trull，& Boomsma，2008）开展了一项以家庭为基础的关联研究，收集了711对兄弟姐妹的表现型和基因型数据，以及561位父母的基因型信息。关联分析结果显示，染色体1、4、9和18与边缘型人格障碍有关，关联最强的是染色体9p在D9S286的位点，说明染色体9是最有可能影响边缘型人格障碍的基因。还有研究发现，色氨酸羟化酶1（TPH1）与边缘型人格障碍有关（Zaboli et al.，2006），但是HTR1B的基因型或单体型分布在边缘型人格障碍患者和健康被试之间并没有显著差异（Tadic et al.，2009）。塔迪奇等人（Tadic et al.，2009）还检验了COMT Val^{158}Met单核苷酸多态性、5-HTTLPR S/L，以及这两种基因之间的交互作用与边缘型人格障碍的关系，结果表明，5-HTTLPR S/L与边缘型人格障碍没有显著相关，COMT Val^{158}Met单核苷酸多态性在边缘型人格障碍患者中更为突出，尤其是携带至少一种5-HTTLPR S等位基因的边缘型人格障碍患者，说明COMT与5-HTTLPR基因之间的交互作用是边缘型人格障碍的潜在原因。

卡拉蒂等人（Calati，Gressier，Balestri，& Serretti，2013）对边缘型

人格障碍的分子遗传学研究进行了元分析。符合条件的研究共有 28 项,涉及的基因多态性机制包括血清素系统、血清素受体、多巴胺系统,以及 MAOA 等其他候选基因。研究结论不支持 5-羟色胺基因差异与边缘型人格障碍之间的关系,虽然多巴胺激活系统会影响边缘型人格障碍,但作用非常小。只有 MAOA 对边缘型人格障碍的影响达到了显著水平,边缘型人格障碍患者表现出更高频率的 VNTR 等位基因活动性,以及更低频率的单体型基因活动性。基因之间的交互作用对边缘型人格障碍的影响更为突出。虽然 TH Val[81] Met 与 5-HTTLPR/rs25521、STin2 VNTR 之间的交互作用不显著(Tadic et al., 2010),但边缘型人格障碍患者会表现出 TPH2 与 HTR2C,以及 HTR2C、5-HTT、MAOA 与 TPH2 之间更高频率的组合。未来研究可以突破独立的候选基因研究,更聚焦于基因与基因的交互作用、基因与环境的交互作用对边缘型人格障碍的影响。

4.1.3 神经科学证据

神经科学技术的发展,为研究者探究人格障碍的神经生理机制提供了更多窗口。推动人格障碍研究的神经科学技术主要包括:(1) 神经成像技术;(2) 电生理学技术。**神经成像技术**又分为两类,一类是结构影像学技术,主要采用核磁共振成像,这种技术利用人体组织中氢原子核的核磁共振重建大脑的三维立体图像。另一类是功能性核磁共振成像,这种技术不仅能够呈现大脑的静态图像,而且能够定位特定任务对应的大脑活动区域。神经元细胞区的激活需要血流量,而血流量的增加又会引起氧合血红蛋白的增加,这使得激活区域脱氧血红蛋白比例降低。人们在完成特定任务时,大脑相关区域的兴奋状况会影响血流量和氧合血红蛋白的变化,据此就可实现脑功能成像(胡冬梅,2015)。以上两种神经成像技术具有很高的空间分辨率,但是时间分辨率较低。**电生理学技术**则是通过头皮的电活动记录神经活动,比核磁共振成像和功能性核磁共振成像的时间分辨率要好,能够追踪到以毫秒记录的脑电活动,但是空间分辨率大大下降。尽管人格障碍的神经科学研究还比较有限,但是随着技术手段的不断发展，这方面的证据越来越多，以分裂型人格障碍、边缘型人格障碍和反社会型人格障碍的研究居多，为我们进一步深入理解人格障碍提供了更多的可能性。

分裂型人格障碍

分裂型人格障碍患者的神经生理基础和精神分裂症患者具有一些相似之处，比如，有研究表明，精神分裂症患者的丘脑、颞叶和额叶皮质体积更小，其纹状体—脑皮层回路被损坏（Siever & Davis，2004），分裂型人格障碍患者也存在颞上回、海马旁回、侧心室的颞角、透明隔和脑脊液的异常（Dickey，McCarley，& Shenton，2002）。但是，分裂型人格障碍区分于精神分裂症的重要方面在于，前者不会出现精神错乱，此外这两种心理障碍还具有不同的脑形态异常，比如，迪基等人（Dickey et al.，1999）发现，分裂型人格障碍患者不存在颞中回的异常，这可能是区分精神分裂症和分裂型人格障碍的重要脑区。下面从不同脑区的结构和功能异常的角度总结分裂型人格障碍患者的神经生理基础（Hazlett，Goldstein，& Kolaitis，2012）。

额叶。分裂型人格障碍与额叶的关系并不像精神分裂症与额叶的关系那么明确，其研究结论更为复杂。比如，有研究发现，精神分裂症患者会表现出更为广泛的额叶区损伤，包括两边的内侧额叶、额下区、眶额叶区，但是分裂型人格障碍患者仅仅表现出左侧额下区的小范围损伤（Kawasaki et al.，2004）。有研究者（Koenigsberg et al.，2005）考察了分裂型人格障碍患者在完成视空间工作记忆任务时的脑区激活模式。尽管分裂型人格障碍患者和控制组在任务表现上没有差别，但分裂型人格障碍患者关键脑区的激活水平显著低于控制组，包括左侧腹侧前额叶区、额上回、顶区内皮质和后下额叶脑回，控制组被试在腹侧前额叶皮层和顶叶区域激活水平更高。

分裂型人格障碍患者也存在皮层区灰质体积缩小的现象，只是比精神分裂症患者稍微好一些（Hazlett，Buchsbaum，Haznedar et al.，2008）。黑兹利特等人（Hazlett et al.，2008）认为，布罗德曼 10 区前额叶体积增大以及颞叶没有缺失的区域可能会保护分裂型人格障碍患者免遭精神错乱的影响。额颞区域体积缩小越明显，精神分裂症和分裂型人格障碍的负面症状就越严重。库等人（Koo, Dickey et al., 2006）对比了分裂型人格障碍的女性和对照组，结果发现，分裂型人格障碍的女性具有更小的新皮质灰质体积（尤其是在左侧颞上回和颞中回、中央后回的左侧顶叶，以及右侧额上回和顶叶脑回），以及更大的脑脊液沟。

分裂型人格障碍患者不仅在额叶区受损程度比精神分裂症患者要轻，而且会采用补偿机制，激活其他脑区的活动。分裂型人格障碍患者完成需要前额叶参与的执行任务时，他们的左侧额叶中部区域活动性减弱，但其他脑区活动性增强，尤其是右侧前额叶区，由此可见他们是通过补偿机制来弥补左侧前额叶区功能受损的缺陷（Buchsbaum et al., 1997）。当要求分裂型人格障碍患者完成单词学习任务时，他们的腹侧前额叶皮层激活存在问题，为此他们激活了内侧额叶和布罗德曼10区（Buchsbaum et al., 2002）。在完成言语工作记忆任务时，分裂型人格障碍患者更依赖感觉联合皮层，而不仅仅是额叶区的扣带回（Haznedar et al., 2004）。以上研究都支持分裂型人格障碍患者会调动其他可利用的大脑资源补偿受损区域的功能不良。

颞叶。分裂型人格障碍患者和精神分裂症患者一样，存在语言贫乏或不连贯的症状。因此，颞叶的作用也受到神经科学研究者的重视。有研究者（Takahashi et al., 2006）发现，精神分裂症患者的前梭状回体积显著小于控制组，但是与分裂型人格障碍患者之间没有区别，而且两种心理障碍患者的后梭状回体积都在缩小。两种心理障碍患者的颞中回、颞下回和海马旁回的体积没有显著差异。因此，研究者认为，梭状回的后回区，比如颞上回、海马或杏仁核，可能是精神分裂谱系障碍的颞叶基础。

追踪研究（Takahashi, Suzuki et al., 2010）表明，精神分裂症患者和分裂型人格障碍患者左侧颞平面和尾颞回都比控制组要小，但只有精神分裂症患者的颞上回灰质体积会随着时间推移而逐渐减小，分裂型人格障碍患者的颞上回体积显著小于边缘型人格障碍患者和控制组，并且布罗德曼22区也更小，这个区域只与分裂型人格障碍患者更为严重的症状相关。迪基等人(Dickey et al., 2008)研究了分裂型人格障碍患者的听觉加工异常,结果发现,患者没有能力处理音调(音高和音长)的差异,或者对音调反应过度。患者还完成了韵律识别任务,但结果与预期不同,分裂型人格障碍患者和控制组在识别带有情绪色彩的声音方面并没有显著差异。两组被试都能够激活颞上回,但是分裂型人格障碍患者在激活颞上回神经元方面效率更低(Dickey et al., 2010)。

灰质和白质。弥散张量成像技术能够检测分裂型人格障碍患者不同脑区灰质和白质的完整性,以及灰白质的对比度,其中各向异性是评估灰白质对比度的重要指标,精神疾病患者通常表现出低水平的各向异性。从分裂型人格障碍患者的弥散张量成像研究可知,分裂型人格障碍患者在额叶、颞叶、额叶—纹状体—颞叶联合区都存在白质受损的情况(Lener et al., 2015;Nakamura et al., 2012)。例如,与对照组相比,分裂型人格障碍患者在左侧颞叶、胼胝体、扣带回后面和前面区域有更低水平的各向异性,但前额叶区的白质完整性与控制组没有差异(Gurrera et al., 2007;Hazlett et al., 2011;Lener et al., 2015)。总体而言,白质完整性受损程度越严重,分裂型人格障碍的负性症状就越严重。但是,分裂型人格障碍患者不同脑区的白质功能异常,以及额叶—纹状体—颞叶白质连接功能异常现象都没有精神分裂症患者那么严重,这也是区分精神分裂症和分裂型人格障碍的重要指标(Lener et al., 2015)。

边缘型人格障碍

边缘系统。边缘型人格障碍的典型症状是情绪不稳定、冲动,因此边缘系统与边缘型人格障碍之间的关系受到许多研究者的关注。但是,不同研究者对边缘系统中杏仁核、海马与边缘型人格障碍之间的关系看法不一,为此,努尼等人(Nune et al., 2009)对2000—2007年间发表的7项脑成像相关研究进行了元分析,总共对比了104名边缘型人格障碍患者和122名健康被试,结果支持边缘型人格障碍患者的双侧海马和杏仁核体积都要显著小于健康被试,并且左侧海马体积显著缩小是各项研究重复率最高的结论,它与冲动型攻击行为以及自我报告的冲动性都有显著相关(Schmahl et al., 2009)。杏仁核对边缘型人格障碍患者的作用不仅体现在情绪信息加工方面，而且会影响到个体能否整合情绪刺激、个人目标和动机之间的动态评估(Ruocco & Carcone, 2016)。这一结论在另一项对1990—2011年间发表的相关研究的元分析中得到了进一步验证(Ruoco, Amirthavasagam, & Zakzanis, 2012)。研究者综述了11项研究，一共包含205名边缘型人格障碍患者和222名健康被试。边缘型人格障碍患者的海马和杏仁核分别比正常被试缩小了11%和13%，且这个结果排除了其他心理障碍(比如创伤后应激障碍、物质成瘾等)和药物使用情况。

额叶。额叶皮层也是边缘型人格障碍神经科学研究重点关注的区域，包括腹侧前额叶皮层、眶额叶皮层，以及带状前回。这些脑区都会参与调节边缘系统的工作。特巴茨等人(Tebartz et al., 2003)发现，边缘型人格障碍患者的眶额叶皮层体积比对照组小24%，带状前回比对照组小26%，这些脑区与自我伤害行为、害怕被抛弃，以及冲动性增强都存在潜在关系(Whittle et al., 2009)。伯林等人(Berlin, Rolls, & Iversen, 2005)对比了眶额叶皮层受损的患者、前额叶受损(眶额叶完好)的患者、边缘型人格障碍患者，以及正常被试在边缘型人格特质、冲动性、主观情绪、工作记忆等多项指标上的相关性，结果发现，眶额叶皮层受损的患者与边缘型人格障碍患者在冲动性、边缘型人格特质上都有很大相关性，但是眶额叶皮层受损的患者和前额叶受损的患者在工作记忆上显著差于边缘型人格障碍患者和正常被试。由此可以看出，边缘型人格障碍可能与眶额叶皮层受损有关，而不是与整个前额叶皮层有关，同时眶额叶的部分功能失调会影响边缘型人格障碍的形成和发展，但并不是所有功能失调都与边缘型人格障碍有关。神经成像研究结果也支持眶额叶皮层与边缘型人格障碍之间的关系。与正常被试相比，边缘型人格障碍患者眶额叶中部的脑血流量显著下降，但眶额叶左/右侧的脑血流量显著上升(Wolf, Thomann, Sambataro, Vasic, Schmid, & Wolf, 2012)。

额叶—边缘系统的神经通路。边缘型人格障碍的神经生理基础研究大多集中在边缘系统和前额叶区。值得注意的是，额叶—边缘系统的神经通路异常也是影响边缘型人格障碍关键症状的生理基础。两个区域之间的交互作用在边缘型人格障碍患者中的表现也受到研究者的重视。沃尔夫等人(Wolf et al., 2011)采用功能性核磁共振成像技术考察静息状态下边缘型人格障碍患者的前额叶区与边缘系统之间的功能联结状况,结果发现,边缘型人格障碍患者和正常组被试在默认网络模式与右侧额顶网络之间的功能联结上存在显著的组间差异,默认网络模式内部脑区(楔状叶、脑岛和额极)之间的功能联结异常也与边缘型人格障碍的症状有关,且主要集中在右侧额极与脑岛之间。后续研究更为详细地揭示了额叶—边缘系统神经通路功能异常的模式。有研究者(Krause-Utz et al., 2014)发现,边缘型人格障碍患者会表现出边缘系统与背侧脑岛、眶额叶皮层与壳之间更强的功能联结,这与我们关注的边缘型人格障碍患者情感反应过度相匹配。从前扣带回区域的功能联结上看,正常被试的背侧前扣带回与后扣带回之间呈现出负性联结,但是边缘型人格障碍患者这两个区域的负性功能联结减弱,这可能会导致边缘型人格障碍患者不能灵活地将感官信息整合到自我参照加工系统中。这些研究发现为边缘型人格障碍患者存在额叶与边缘系统脑区之间的功能联结异常提供了重要依据。

反社会型人格障碍

额叶。脑成像技术研究都会假定反社会型人格障碍具备的一些特征可能由额叶区结构和功能异常导致。为此,扬和雷恩(Yang & Raine, 2009)对43项结构影像和功能影像的研究进行了元分析,结果发现,所有反社会型个体都表现出前额叶皮层的结构和功能受损,且这个结论具有高水平的统计检验力(Cohen's d = −0.60)。进一步分析感兴趣的特定脑区,结果发现,不论反社会行为从什么时候开始,反社会行为主体是男性还是女性,是否具有精神疾病并发症或精神病态特质,反社会型人格障碍患者的右侧眶额叶皮层、左侧腹侧前额叶皮层,以及右侧带状前回都存在异常,这个结果也为反社会型人格障碍与右侧前额叶受损存在关联提供了证据,尤其是右侧眶额叶皮层和带状前回。但是,这个元分析结果不支持腹外侧前额叶皮层和腹内侧前额叶皮层与反社会行为之间存在显著相关。

还有许多研究证明，反社会型人格障碍患者额叶区的灰质体积存在异常。与正常被试相比，反社会型人格障碍患者的眶额叶灰质体积缩小了8.70%，额中区的灰质体积缩小了17.30%，而额中区和眶额区的灰质体积缩小越严重，反社会型人格障碍的症状就越严重（Raine, Yang, Narr, & Toga, 2011）。雷恩等人（Raine, Lencz, Bihrle, LaCasse, & Colletti, 2000）对比了反社会型人格障碍患者、精神疾病患者、健康男性被试，以及物质依赖患者前额叶区的灰质和白质体积。结果发现，与健康男性被试相比，反社会型人格障碍患者前额叶区灰质体积缩小了11%，但是白质体积并没有缩小。与物质依赖患者和其他精神疾病患者相比，反社会型人格障碍患者前额叶区的灰质体积缩小了14%。这说明，前额叶区与反社会型人格障碍之间的关系独立于其他精神疾病。

但也有研究者认为，探讨反社会型人格障碍的神经生理机制时，应该将其与精神病态人格特质区分开来，因为精神病态人格特质可能起着更为重要的作用。格雷戈里等人（Gregory et al., 2012）通过结构影像研究探讨反社会型人格障碍伴随精神病态（ASPD+P）个体与反社会型人格障碍不伴随精神病态（ASPD-P）个体在大脑灰质上的差异。66名男性被试中，有17名ASPD+P被试，27名ASPD-P被试，22名健康被试。结构影像成像技术的扫描结果显示，与ASPD-P被试相比，ASPD+P被试表现出大脑灰质体积的显著缩小。ASPD-P被试的大脑灰质与健康被试比较相似。由此可知，伴随精神病态的反社会型人格障碍才与大脑灰质体积缩小有关，因为大脑灰质体积缩小意味着共情加工、道德推理和亲社会情绪加工方面的异常。扬等人（Yang et al., 2005）对比犯了罪但未被定罪的精神病态者与被定了罪的精神病态者前额叶区结构损伤是否有差异。结果发现，精神病态得分与前额叶灰质体积之间存在显著负相关。那些被定了罪的精神病态者（而不是未被定罪的精神病态者），前额叶灰质体积比控制组缩小了22%。这个结果也部分支持精神病态的前额叶理论。

颞叶—边缘区。还有一些结构影像研究考察了反社会型人格障碍患者在杏仁核、颞上回和海马区域的异常。蒂霍宁等人（Tiihonen et al.，2000）对28名罪犯进行了核磁共振成像研究，结果发现，那些在精神病态评定量表上得分高的罪犯，其右侧杏仁核缩小了20%～21%，右侧杏仁核体积与精神病态得分之间存在显著的负相关。希弗等人（Schiffer et al.，2014）通过让反社会型人格障碍患者和控制组被试分别完成斯特鲁普（Stroop）任务，考察两组被试在运用认知控制能力时的脑功能成像差异。结果也支持反社会型人格障碍患者额叶区的前扣带回和背外侧前额叶与控制组存在显著的功能差异，此外，反社会型人格障碍患者在颞上回、中枢后皮层、壳、丘脑和杏仁核区域也都表现出异于正常被试的脑电活动。

上述结论与以往许多研究结论高度一致，尽管很多研究并不是直接评估反社会型人格障碍，而是评估与反社会型人格障碍高度相关的人格特质——精神病态。比如，米勒等人（Müller et al.，2007）发现，精神病态患者在右侧颞上回存在明显的灰质缺失。拉克索等人（Laakso et al.，2001）发现，双侧海马后半段与精神病态得分之间存在很强的负相关。雷恩等人（Raine et al.，2004）对比了被定了罪的精神病态患者、未被定罪的精神病态患者，以及控制组被试，比较被定了罪的精神病态患者和控制组被试，结果发现，被定了罪的精神病态患者表现出更严重的结构失衡，他们的右侧前海马体比左侧前海马体要大得多。被定了罪的精神病态患者前海马体失衡可能会破坏海马—前额叶回路，导致情感失调、糟糕的恐惧条件反应，并且对危险线索不敏感。

对青少年时期行为障碍的研究也为反社会型人格障碍的神经机制提供了相关证据。由于美国精神病学会DSM诊断系统长期坚持成年之后才能作人格障碍诊断，儿童青少年时期慎用人格障碍，因此把青少年时期表现出来的攻击和反社会行为界定为行为障碍。有研究者采用考察青少年时期行为障碍的神经生理异常模式，重点分析了连接杏仁核和额叶的白质区（钩状纤维束）的功能异常。结果发现，那些被诊断为存在行为障碍的青少年，他们左侧的钩状纤维束的各向异性显著提高，垂直扩散性显著下降，说明存在行为障碍的青少年在钩状纤维束的连接和成熟功能上与正常被试存在显著的差异(Sarkar et al., 2013)。

4.2 人格障碍维度模型的生物学基础

尽管DSM-III在精神疾病分类和诊断标准上获得了前所未有的成功,但是质疑心理障碍或人格障碍分类的呼声由来已久。早在20世纪80年代末90年代初,有研究者总结了已有的临床神经科学进展,提出整合DSM轴I和轴II所有心理障碍类别的维度模型,并提出这些维度对应的神经生物基础。他们认为,DSM-III-R囊括的所有心理障碍都可以整合为四个维度的功能紊乱,这四个维度分别是认知/感觉组织、情绪调节、冲动控制和焦虑调节。

西弗和戴维斯(Siever & Davis, 1991)还试图寻找神经生物学的证据以支持这四个维度作为所有心理障碍的评估依据。例如,眼动异常和多巴胺代谢异常是认知/感觉组织功能异常的生物学基础;5-羟色胺系统异常是冲动控制缺陷的生物学基础;快速眼动期过短,以及去甲肾上腺素系统异常是情绪不稳定的生物学基础;心率变化、去甲肾上腺素系统和γ-氨基丁酸异常是焦虑调节功能紊乱的生物学基础。但是,这种做法显然过度简化了每一种神经递质的功能,即便神经生物学研究发展至今,也尚不能根据神经生物系统的不同功能确定所有心理障碍背后的维度模型。西弗和戴维斯的研究开启了DSM诊断模型从分类转向维度的探索,极大地推动了后续维度模型界定人格障碍及其潜在神经生物学基础的实证研究。克洛宁格(C. R. Cloninger)的人格七因素模型和迪普(R. A. Depue)的神经行为系统理论是较为全面、系统阐述从特质维度视角界定人格障碍的可能性和优越性的两大生物学理论。生物学视角的理论假设在于,如果不同的人格特质对应不同的神经生理相关物,且人格特质的因素分析产生的高阶维度与特定的神经生理功能相关,那么可以根据不同的神经生理功能对应的人格特质群划分人格障碍类型(Paris, 2005)。

4.2.1 人格七因素模型

克洛宁格及其同事（Cloninger，Svrakic，& Przybeck，1993）提出的人格七因素模型较为系统、全面地阐述了人格障碍的生物学基础。他将人格结构分为两个部分：气质（temperament）和个性（character）。气质形成于生命早期，通过联结学习的方式回应外部环境刺激，例如，对危险信号采用抑制或激活的方式作出反应。因此，个体的气质特点通常是指带有强烈生物关联的行为倾向，类似于中间表型这一概念。个性是在发展过程中通过概念学习和顿悟学习逐渐形成的，会随着生理成熟而变化，也更容易受到社会文化的影响。总体而言，个性从气质发展而来，是社会化了的气质特点，它们有着共同的生物基因基础，通过不同的学习过程而发展，且始终存在相互影响的关系（Svrakic & Cloninger，2013）。

气质包含四个维度，每个维度理论上都对应一个特定的神经递质系统：刺激寻求（探索、挥霍、冲动和无序）与多巴胺有关，回避伤害（悲观、恐惧、胆小和容易疲劳）与 γ-氨基丁酸有关，奖励依赖（多愁善感、好交际、依恋和依赖）与去甲肾上腺素和血清素有关，坚持性（勤奋、果断、有抱负和完美主义）与谷氨酸和血清素有关（Cloninger，Svrakic，& Przybeck，1993）。个性包含三个维度：自我管理（责任感、目标感、资源丰富、自我接纳和自发性）、合作（社会接纳、移情、同情、乐于助人和公正性），以及自我超越（忘我、超越个人的身份认同、精神性接纳、理想主义和开悟）（Cloninger et al.，1993）。

自我管理能力和合作能力方面的缺陷是所有人格障碍的核心维度（Svrakic，Whitehead，Przybeck，& Cloninger，1993）。在自我管理上得分低的心理障碍患者，通常被认为是人格障碍患者。也就是说，大多数人格障碍患者都不能承担责任，无法确立有意义的人生目标，没有能力应对挑战，也不愿意为了实现自己的目标和价值观而调整自己的习惯，接纳行为界限。还有一些人格障碍患者虽然具有高水平的自我管理能力，但由于他们不具有合作能力，过于自我中心，对他人缺乏同理心，也可能被诊断为人格障碍患者。但是，自我管理能力和合作能力方面的缺陷只能帮助人们估计存在人格障碍的概率，区分不同人格障碍类型则需要更为具体的气质和个性描述。以图 4－1 为例，A 簇人格障碍（精神分裂症、分裂样和偏执型）与低水平奖励依赖有关，B 簇人格障碍（边缘型、反社会型、自恋型和表演型）与高水平刺激寻求有关，C 簇人格障碍（依赖型、回避型和强迫型）与高水平回避伤害有关（Cloninger，2005）。

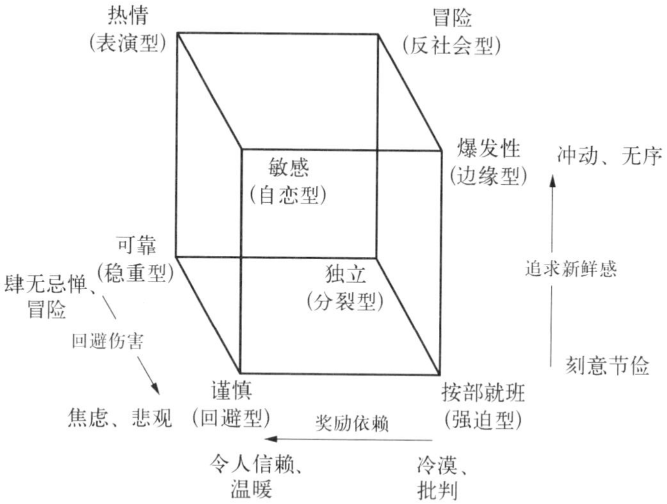

图 4－1　人格障碍与气质的关系（Cloninger，2005）

克洛宁格的理论观点试图在气质、个性与神经生理相关物之间建立独特的相关关系，但这种简单的还原主义的做法并未得到行为遗传学、分子遗传学和神经科学等实证研究的支持（Paris，2005）。尽管如此，人格七因素模型主张分两步评估人格障碍（Svrakic & Cloninger，2013）：第一步是诊断适应性功能，评估人格障碍存在的可能性，由自我管理能力、合作能力和自我超越三大个性共同决定；第二步是区分人格障碍的类型，作出鉴别性诊断，评估刺激寻求、回避伤害、奖励依赖和坚持性四种气质类型哪一种占主导。这为人格障碍维度诊断的思路奠定了良好的基础。

4.2.2　神经行为系统理论

迪普和伦岑韦格尔（Depue & Lenzenweger，2005）认为，除了精神分裂症人格障碍和偏执型人格障碍,其他人格障碍并不是独立存在的。个体的人格可能是所有主要的人格特质交互作用而形成的。迪普等人对人格特质的交互作用进行系统分析,确定了四个高阶的人格特质维度,分别是外向性、亲和性、焦虑和抑制性。但是,人格特质维度只是神经行为系统的表型,是对神经系统的近似的、不可靠的估计,不能作为界定人格和人格障碍的方式。因此,迪普等人提出人格紊乱的多维度模型取代人格障碍分类以及人格障碍的特质理论,将人格紊乱看作主要人格特质背后的神经行为系统之间交互作用而自然发生的表型。

人格紊乱的多维度模型的每一个维度都由神经行为系统组成,而不再是人格特质,这些神经行为系统分别是:(1)行为趋近;(2)焦虑/压力反应性;(3)情感激励;(4)社会拒绝敏感性;(5)神经抑制;(6)情感攻击。行为趋近和焦虑/压力反应性两个神经行为系统的相互作用会影响个体情绪行为的风格,它们的相对强度可以作为个体行为趋近的指标。情感激励和社会拒绝敏感性会影响个体的人际功能,其中情感激励是指个体在多大程度上享受社会接触和人际亲密,社会拒绝敏感性与情感激励正好相反,两个神经系统的相对强度会决定个体的人际功能是否良好,也是依赖型人格、回避型人格和边缘型人格的主要衡量指标。神经抑制系统与其他五个系统都有关系,它会影响其他五个系统的外在表达特征。情感攻击系统则包含所有反社会型人格的特征,比如,攻击性高,且恐惧感低(Depue & Fu, 2011)。迪普的理论观点可谓非常系统、全面,但并没有就每一个神经行为系统以及系统之间相互作用的结果与不同人格障碍的关系进行实证研究,也没有提供直接的证据支持每一个神经行为系统的独立性和彼此之间的关联性。从提出理论到不断完善理论的过程中可以看出,人格紊乱多维度模型的依据就在于,已有研究证明了主要的神经生理相关物具有独特功能(见表 4-1)。

迪普等人的神经行为系统理论是对人格障碍分类模型的一次质疑和突破,他们尝试用人格紊乱来代替人格障碍的诊断标签,将人格紊乱看作潜在生理机制与外部情境相互作用而自然发生的一种问题表型,表现为一系列人格特质以及特质之间的交互作用(Depue, 2005;Depue et

表 4-1 人格紊乱的神经行为系统多维模型(Depue et al., 2011)

神经行为系统	人格特质	主要的神经生理相关物
行为趋近	外向性、积极情绪	多巴胺
焦虑/压力反应性	神经质、消极情绪	5-羟色胺转运体、中枢促肾上腺皮质激素释放激素、外周糖皮质激素
情感激励	随和性	内源性内啡肽、吗啡
社会拒绝敏感性		前扣带皮层背区
神经抑制	抑制、尽责性	5-羟色胺
情感攻击	高攻击、低恐惧	

al., 2009;Depue et al., 2011)。但是,和克洛宁格的理论观点存在的问题一样,在人格障碍的神经生物学研究还不够成熟和完善之前,试图建立神经行为系统与一组人格特质群及其相对比重之间的对应关系几乎不可能实现。因为神经系统是错综复杂的网状结构,试图证明一种神经递质或脑区只会影响某一特定行为的做法,可能会使我们离真相更远。此外,迪普等人的理论阐释更为复杂、难以量化,甚至没有发展相应的测评工具验证其理论观点,这也导致他们的理论未能激励更多实证研究者对此进行检验,他们自己也没有围绕这个理论开展实证研究(Paris, 2005)。

综合上述人格障碍的生物学观点,它们为人格障碍从分类模型转向维度模型提供了很好的理论基础,也具有很强的说服力,但由于缺乏系统的、相对一致的实证研究证据,因此以神经生物学研究为基础的维度模型尚不成熟,并不能直接取代人格障碍的分类模型。相对而言,采用因素分析提取的人格特质维度因子是更为理想的选择(Paris, 2005),尤其是那些经过大样本、跨情境反复验证的因素模型。与此同时,人格五因素的神经科学研究也在迅猛发展,积累了大量实证研究证据。接下来拟从 DSM-5 人格障碍工作小组最终确定的病理性人格特质多层结构的角度,一一阐述 DSM-5 界定人格障碍的高阶特质和低阶特质的神经生理基础。

4.2.3 人格障碍维度模型的神经科学研究

病理性人格特质的层次模型

赖特等人（Wright et al.，2012）对病理性人格特质进行多次因素分析，既重复了克鲁格等人（Krueger et al.，2011）的五因素模型，又提取出更高阶的病理性人格元结构：外化问题和内化问题（见图4－2）。从内化问题和外化问题两大维度来看待人格障碍得到了诸多实证研究的支持。例如，肯德勒等人（Kendler et al.，2011）从基因和环境两大诱发因素的相似性的视角出发，研究了2 000多对同卵双生子和异卵双生子在轴I和轴II所有心理障碍上的基因相关性。其中，轴II包含的10种人格障碍的因素分析结果分别归为两个主成分：分裂样人格障碍、精神分裂型人格障碍、回避型人格障碍和依赖型人格障碍生成一个因子，被命名为轴II内化问题；表演型人格障碍、自恋型人格障碍、强迫型人格障碍、边缘型人格障碍和偏执型人格障碍五种人格障碍生成一个因子，被命名为轴II外化问题。唯一一个例外是反社会型人格障碍，它与轴I心理障碍中的品行障碍、物质滥用等生成一个因子，被命名为轴I外化问题。由此可以看出，从行为遗传学的研究角度来看，轴II包含的10种人格障碍分别属于内化问题和外化问题两大类。

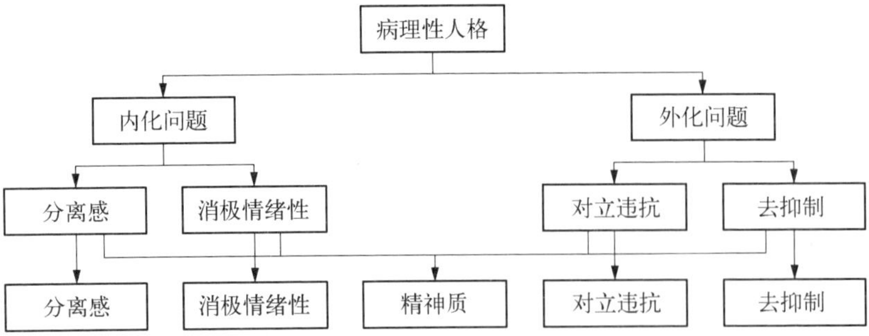

图4－2 病理性人格的多层结构（Wright et al.，2012）

内化问题特质的神经生理基础

消极情绪性

消极情绪性是和情绪稳定性相对立的人格特质，包括情绪易变、焦虑、分离不安、执拗和抑郁，是回避型人格障碍、边缘型人格障碍和强迫型人格障碍可能会表现出来的病理性人格特质（APA, 2013）。这个维度具有较为丰富的神经生理学研究，既有来自普通人群的神经质特质的研究，也有来自人格障碍患者情绪失调症状的研究。

分子遗传学基础。根据格雷和麦克诺顿（Gray & McNaughton, 2000）的理论，消极情绪性反映的是行为抑制和战斗—逃跑—僵化两大系统的联合敏感性。行为抑制系统是指个体在趋近和回避的行为动力间选择回避，战斗—逃跑—僵化系统是指个体应对可能的威胁的策略是逃跑或降低对威胁的感知。前者属于被动回避，表现为焦虑、抑郁，后者属于主动防御，表现为情绪易变、易怒等（Allen & DeYoung, 2016）。这两大系统的神经生理基础已经积累大量研究证据，能够帮助我们更好地理解消极情绪性这一病理性人格特质的神经生理基础。

5-羟色胺是调节行为抑制系统和战斗—逃跑—僵化系统的重要神经递质，因此也有可能影响个体的消极情绪性特质（Gray & McNaughton, 2000）。5-羟色胺（5-HT）的作用需要通过突触前膜的5-羟色胺转运体（5-HTT）启动。5-HTT有多种形态，根据它们各自启动子区域的核苷酸数目，可分为长等位基因和短等位基因。长等位基因比短等位基因编码更多的RNA（核糖核酸）并因此生产更多的转运蛋白，而短等位基因的特点在于减弱5-HTT启动活跃度和5-HTT表达，从而降低突触间隙的5-HT水平，提高细胞外5-HT水平（Lesch & Canli, 2006）。行为研究结果表明，敲除5-HTT的老鼠表现出焦虑水平升高和探索行为减少，携带短等位基因的灵长类动物（灵长类动物为短等位基因的同系物）和人类表现出焦虑水平升高，神经质等级得分提高，抑郁风险增加（Hariri, 2006）。有研究者认为，只有在经历生活压力事件时，5-羟色胺短等位基因才会表现出消极情绪性的差异。那些携带短等位基因的婴儿，更容易受到母亲怀孕期间焦虑水平的影响，从而表现出高水平的消极情绪性；但是，如果母亲在怀孕期间焦虑水平很低，那么携带短等位基因的婴儿和其他婴儿的消极情绪性水平并没有显著差异，支持5-HTTLPR与环境的交互作用会影响个体消极情绪性的表达（Pluess et al.，2011)。

下丘脑—垂体—肾上腺轴(HPA)激活水平是行为抑制系统和战斗—逃跑—僵化系统控制下调节压力反应的机制(Zobel et al.，2004)，消极情绪性也会受到HPA激活水平的影响。已有多项研究支持促肾上腺皮质激素释放激素(CRH)接收器1基因的差异与抑郁或神经质特质有关，这是HPA最近端的催化剂(Bradley et al.，2008；DeYoung，Cicchetti，& Rogosch，2011)。由CRH诱发的应对压力的荷尔蒙——皮质醇与消极情绪性的关系也得到了很多研究的支持。个体皮质醇的基线水平不同，会影响消极情绪性的个体差异(Garcia-Banda et al.，2014)。此外，个体在应激状态下的皮质醇水平也会有所不同，消极情绪性水平高的个体，往往缺乏启动必要的资源应对特定压力情境的能力(Oswald et al.，2006)。然而，并不是所有实证研究都支持消极情绪性与HPA功能之间的显著正相关，因为分子遗传学研究本身很复杂，未来研究还需要克服许多方法上的缺陷，排除一些混淆变量的干扰(Ornek et al.，2013)。

脑成像证据。消极情绪性的脑成像研究很丰富，有研究者(Servaas et al.，2013)从消极情绪性特质的情绪加工过程的视角对消极情绪性的脑基础进行元分析。消极情绪性高的个体具有一种潜在的恐惧学习系统，他们更容易感知到环境中的消极信息，由此导致他们总是将外部世界感知为具有潜在威胁的环境，从而体会到更高水平的压力感和焦虑感。为了成功调节强烈的消极情绪，他们需要付出更多的认知努力，最终结果可能仍旧是调节失败。在这一系列情绪加工过程中，每一个环节对应的脑基础都有较为清晰一致的结论。对比消极刺激和中性刺激，消极情绪性水平高的个体会在与恐惧学习相关的脑区(包括海马体和海马旁回)表现出更高水平的激活。采用经典条件反射范式评估消极情绪性水平高的个体对厌恶刺激的准确预判能力对应的脑区，结果发现，消极情绪性水平高的个体，在判断厌恶刺激是否出现时表现出低水平的相关脑区激活，包括前扣带回、后顶叶皮层和纹状体(Dunsmoor & LaBar，2012)。此外，消极情绪性水平越高的个体，在情绪加工和情绪调节过程中付出的努力就越多，因此表现出情绪调节对应脑区（包括前额叶和扣带回）更高水平的激活（见图 4－3）。

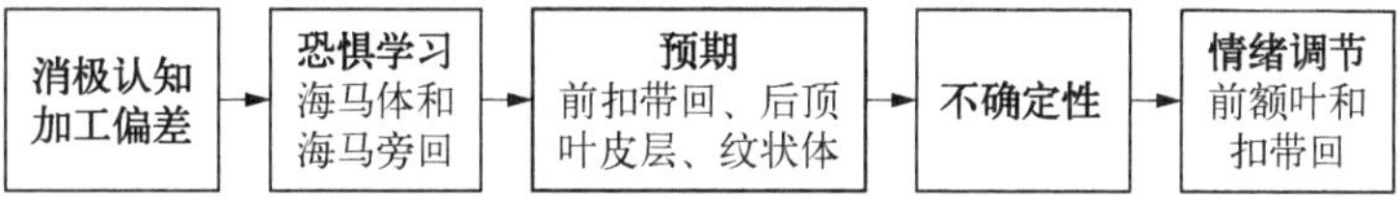

图 4－3　消极情绪性特质情绪加工过程的脑基础

边缘型人格障碍患者的情绪加工过程也能够间接支持上述部分结论，并丰富消极情绪性的脑基础研究。边缘型人格障碍患者的消极情绪性体现在三个方面：消极情绪唤醒快、难以通过建设性的方法调节消极情绪，以及很难以从高度唤起的情绪状态中恢复平静（Crowell et al.，2009）。边缘型人格障碍患者在观看恐惧、悲伤、快乐和中性表情的图片时，杏仁核活动会增强，这种效应也会出现在他们观看情绪诱发情境的图片时（Herpertz et al.，2001；Koenigsberg et al.，2009）。与中性图片相比，边缘型人格障碍患者观看负性图片时，初级视觉区域和颞上回表现出更高水平的激活（Koenigsberg et al.，2009）。视觉区激活水平提高可能是因为边缘型人格障碍患者对负性图片更为敏感，颞上回的作用则是根据他人的目光、姿势、动作评估他人的动机，是快速反应和自动化反射的一部分（Satpute & Lieberman，2006），这个区域的激活是个体反射性地评估他人动机的神经基础。

边缘型人格障碍患者在情绪调节方面也存在问题。每个人都会体验到不同程度的消极情绪，但健康的个体能够聚焦于解决诱发消极情绪的问题，或者采用远离的方式，主动从诱发消极情绪的情境中抽离出来。但是，边缘型人格障碍患者常常被情绪吞没，不能够像正常被试那样建设性地调节消极情绪（Selby et al.，2009）。在一项功能性核磁共振成像研究中，给边缘型人格障碍患者和正常被试呈现令人烦躁的图片，要求他们通过抽离的方式抑制他们的情绪。但是，边缘型人格障碍患者不能激活背侧前扣带回或顶内沟，这两个区域主要负责情绪调节和注意分配（Koenigsberg et al.，2009）。此外，边缘型人格障碍患者也不能像正常被试那样抑制杏仁核的活动。舒尔策等人（Schulze et al.，2011）也发现，边缘型人格障碍患者在使用抽离策略时，不能够减少脑岛的活动，同时增加眶额区的活动。由此可以看出，边缘型人格障碍患者在采用认知重构的情绪调节策略时，不能像正常被试那样激活相关脑区。

除了认知重构之外，情绪习惯化也常常出现在个体面对消极情绪时的调节过程中，这也是高度适应性的策略，而且是脱敏治疗的基础。但是，边缘型人格障碍患者面对负性图片时在行为上难以脱敏。脑成像研究显示，重复暴露在负性图片中，边缘型人格障碍患者不能像正常被试那样激活背侧前扣带回的强烈活动，这个区域激活水平越弱，个体表现出来的情绪不稳定性就越高（Koenigsberg et al.，2014）。黑兹利特等人（Hazlett et al.，2012）在研究中报告了边缘型人格障碍患者面对负性图片时会表现出杏仁核激活水平升高，这是一种敏感化的表现。这些研究都表明，边缘型人格障碍患者不能像正常被试那样对消极情绪习惯化。

分离感

分离感是和外向性对立的病理性人格特质，包括退缩、亲密感回避、快感缺乏、有限的情感和多疑，是回避型、强迫型和分裂型人格障碍可能表现出来的症状之一（APA，2013）。目前，尚没有研究直接考察人格障碍的分离感维度的神经生理基础，但是外向性（分离感的对立面）、快感缺乏和奖励缺陷（抑郁、精神分裂症以及回避型、强迫型和分裂型人格障碍共有的症状）的神经生理研究非常丰富。这些研究结论可以帮助我们间接理解分离感的神经生理基础。

多巴胺系统假设。多巴胺是个体面对奖励线索时驱动自身努力得到奖励的神经递质，外向性水平高的个体在面对奖励时会体验到更高水平的积极情绪（Depue & Fu，2013），而分离感水平高的个体奖励刺激的阈限设定值更高，同时会表现出更低水平的满足感和趋近动机。因此，多巴胺系统也被证明是外向性和分离感这一人格特质谱系的重要生理基础（Allen & DeYoung，2016）。动物实验证明，积极激励动机和行为趋近系统下的奖赏经验依赖中脑腹侧被盖区多巴胺投射系统的功能。在中脑腹侧被盖区—伏隔核通路中剂量依赖的多巴胺受体激活促进刺激的急性奖励效应，且伏隔核是多巴胺兴奋的颅内自我管理最强烈的区域。被注射到伏隔核中的多巴胺兴奋也能够以剂量依赖的方式调整对条件激励刺激的行为反应。在单元记录研究中，中脑腹侧背盖区的多巴胺优先被食欲激励刺激激活，在中脑腹侧被盖区中绝大多数多巴胺神经细胞的反应活跃度与无条件激励刺激、条件激励刺激及期待回报的大小相关（Schultz, 2007）。在人类神经影像学研究中，中脑腹侧被盖区和伏隔核中的激活增强与奖赏数量和奖励前的兴奋程度相关（Knutson & Bhanji, 2006）。此外，在急性给药过程中，被试主观愉悦感的强度随可卡因与纹状体中多巴胺转运载体的结合呈剂量依赖性增加。总结而言，中脑腹侧被盖区—伏隔核通路是奖励动机，以及伴随着奖励的主观状态的主要神经回路（Depue & Fu, 2011）。

有研究者（Depue et al., 2011）发现，高外向性的人比低外向性的人更容易把特定的和一般的情境线索与多巴胺兴奋诱发的主观奖励联系起来，这个结果既符合积极线索增强奖励编码，也符合外向性与杏仁核对情绪面孔的激活相关的事实。脑电图研究中的与反馈相关的消极性也支持外向性反映了多巴胺驱动的对奖励刺激的敏感性。反馈相关负波（feedback related negativity，简称 FRN）是脑电图波形中收到对结果的反馈后 200～350 毫秒，由背侧前扣带回产生的，与期望中的结果不一样的多巴胺信号（Sambrook & Goslin, 2015）。米勒等人（Mueller et al., 2014）发现，外向性的果断维度与 FRN 相关，在结果比自己期望的要差，同时该任务有激励的情况下，如果给予多巴胺 D2 受体拮抗剂，阻止多巴胺受体接收多巴胺，果断维度与 FRN 之间的相关就会减弱。

奖励缺陷的神经生理基础。快感缺乏以及人际方面的奖励缺陷也能够为分离感的神经生理基础提供证据。个体若要发展健全的奖励敏感性，获得积极的情感体验，则会涉及一系列心理加工过程（Der-Avakian & Markou, 2012）：要能感受到令人愉快的刺激；要能合理分析奖励的价值和相应的代价；判断获得奖励要付出的努力；决定是否努力争取奖励刺激；预期获得奖励刺激的可能性，并增强获得奖励刺激的动机。参与这一系列心理过程的脑区包括伏隔核、腹侧黑质、眶额叶皮层、前扣带皮层、腹内侧前额叶皮层、中脑腹侧被盖区、杏仁核、海马体、中缝核和外侧僵核。对奖励的愉快感知能力主要依赖伏隔核、腹侧黑质和眶额叶皮层的内源性阿片物质、氨基丁酸和内源性大麻素等神经递质。大脑接收奖励刺激后，就需要经过眶前额叶皮层和纹状体评估奖励的价值，然后将信息传递到前扣带回，综合评估潜在的代价和以往收益，从而决定付诸行动要作哪些努力。前扣带回再将这些信息传递到腹内侧前额叶皮层和背外侧前额叶皮层作出最后的决策。在这个过程中，谷氨酸和多巴胺都发挥着重要的作用。

外化问题特质的神经生理基础

外化问题谱系包括一系列特质和行为，比如，去抑制、物质滥用和无情的攻击性（Krueger, Markon, Patrick, Benning, & Kramer, 2007）。外化问题谱系具有特定的神经生理基础，同时不同特质的神经相关物也存在一些差异。然而，目前没有全面的研究综述外化问题特质的神经生理基础。接下来将从大五人格的极端不适应的角度分别概述 DSM－5 人格障碍诊断的两大病理性特质——对立违抗和去抑制的神经相关研究结论。

对立违抗

对立违抗这一病理性人格特质和人格五因素的随和性处于一个连续体的两极，对立违抗是导致个体不能与其他人和平相处的特质或行为，包括夸大自我的重要性，想要特殊对待，对他人表现出无情的反感，意识不到他人的需要，总是为了自己的利益去利用他人。对立违抗是边缘型人格障碍、自恋型人格障碍，以及精神病态人格的重要表现之一（APA, 2013）。

精神病态的认知神经科学研究表明，精神病态是一种旁边缘系统的功能失调。大脑损伤患者的研究表明，额叶（包括眶额叶、扣带回）、颞叶（包括杏仁核、海马旁回、颞上回）区域的功能受损都会表现出精神病态的病理特质，包括情绪和人际方面的冷血无情，以及行为方面的去抑制。精神病态患者的认知神经科学研究也表明，他们在完成语言、注意和方位任务，以及情感加工任务时，在前后扣带回、脑岛、眶额叶、杏仁核、前颞回脑区功能异常或衰退。这些区域恰好被神经解剖学家划分为旁边缘系统，是介于新皮质和旧皮质之间的中间皮质(Kiehl, 2006)。

此外，来自随和性的神经相关物研究也为理解对立违抗的神经生理基础提供了支持。但是，随和性的神经生理基础主要体现在共情能力方面，最为显著的神经相关物是负责解码他人心理状态的默认网络(Andrew-Hanna et al., 2014)，两项静息状态下的功能性核磁共振成像研究都发现，随和性与默认网络主要枢纽之间的功能连接存在显著正相关(Adelstein et al., 2011; Sampaio et al., 2014)。对立违抗特质得分高的个体可能会表现出默认网络功能失调或衰退。

去抑制

去抑制特质是即时满足的倾向性，由此导致当前的想法、感受和外在目标驱动个体表现出冲动的行为，而不考虑过去的学习经验或者未来可能的后果。去抑制在边缘型人格障碍患者、反社会型人格障碍患者和精神病态患者身上都有体现。

脑成像研究。科卡罗等人(Coccaro et al., 2011)系统综述了以去抑制为核心特质的边缘型人格障碍和反社会型人格障碍的神经生理基础，提出与冲动/反应性攻击相关的三大神经系统：(1) 皮层下神经系统是攻击冲动产生的基础；(2) 决策回路和社会情感信息加工回路负责评估攻击或不攻击的后果；(3) 额顶叶区域会参与调解情绪和动机层面的冲动性。具体而言，攻击冲动的神经相关物是脑干和杏仁核；决策和社会情感信息加工过程的主要脑区在前扣带皮层、腹外侧前额叶皮层、眶内侧前额叶皮层、前岛皮层；情绪调解和冲动控制的神经生理基础主要集中在背外侧前额叶皮层、背侧前额叶皮层、背部前扣带皮层、腹外侧前额叶皮层、眶内侧前额叶皮层、腹正中前额叶皮层(见图 4-4)。

神经生理基础。冲动行为是由调节和抑制攻击行为的大脑系统失调导致的。冲动或反社会的个体会表现出对于运动反应更低水平的抑制能力，更弱的交感神经反应性。他们面对重要的环境刺激时，总是表现出运动反应而不是大脑皮层激活和交感神经激活后的评价延迟反应，后者会抑制运动输出。还有研究表明，血清素系统会调节行为抑制。血清素系统损伤会导致个体抑制惩罚行为的能力减弱，这种缺陷体现在个

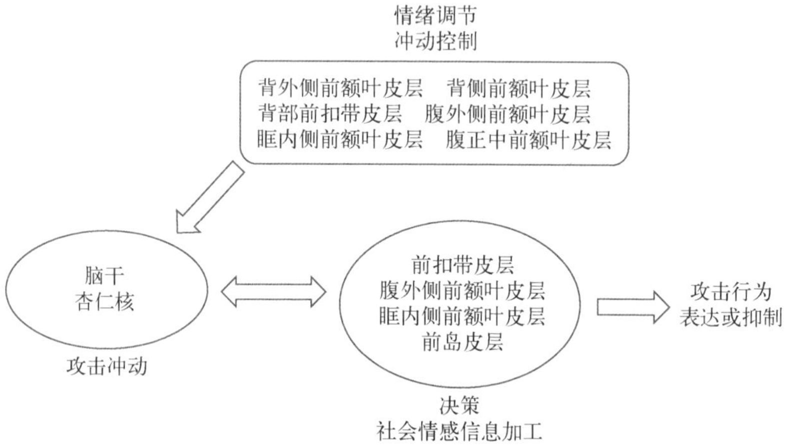

图 4-4 去抑制的神经生理基础

体不能将惩罚预期转化为恰当的行为抑制。与行为去抑制相伴随的是未经调节的攻击行为增多。去甲肾上腺素系统也和冲动/攻击行为控制有关。赌徒及其外向性特质都表现出高水平的去甲肾上腺代谢分子(Roy, De Jong, & Linnoila, 1989)。由于去甲肾上腺素系统会对环境作出直接反应,因此去甲肾上腺素活动水平提高可能会导致攻击行为增加。

冲动行为背后的生物基础意味着药物干预对这一类型的障碍有帮助。锂是能够提高突触后位血清素接收功能的药物,确实能够减少犯罪人员的攻击行为(Sheard, Marini, Bridges, & Wagner, 1976)。血清素再摄取阻碍物氟西汀能够减少攻击行为并降低边缘特质水平(Depue et al., 2011)。提高去甲肾上腺活性会使攻击行为增加,而抗肾上腺能的药物,比如心得安,能够减少攻击行为(Yudofsky, Williams, & Gorman, 1981)。

精神质的神经生理基础

精神质是指不寻常的认知过程、经验、行为和信念。精神分裂症患者主要表现出这类症状,但分裂型人格障碍患者、偏执型人格障碍患者也会表现出慢性的认知缺陷或扭曲现实感觉的症状(APA, 2013)。病理性人格特质的精神质对应大五人格的开放性。根据艾伦和德扬的理论观点，开放性包含两层意思：一是智力，反映个体对于抽象的信息和想法的认知卷入（智力兴趣）；二是开放性，反映个体对于感知觉信息的认知卷入（艺术和审美的兴趣）（Allen & DeYoung，2016）。功能良好的开放性特质与创造性存在显著正相关，但功能不良的开放性则与精神质存在显著正相关（Chmielewski et al.，2014；DeYoung et al.，2012）。

神经结构和神经功能的研究都表明，精神质谱系的心理障碍与神经连接模式异常或阻断有关，并形成了精神质的连接失调理论。根据这个理论，精神质的主要症状是由大脑不同区域之间的正常连接遭到破坏引起的，尤其体现在丘脑皮层和额颞区之间的连接异常，由此导致感知觉整合异常（Pettersson-Yeo，Allen，Benetti，McGuire，& Mechelli，2011）。有研究者（Grazioplene et al.，2016）在非临床大样本中探讨了与开放性—全神贯注—精神质这一谱系的人格特质相关的大脑白质水平，结果支持大脑左半球白质的各向异性值（fractional anisotropy）与开放性—全神贯注—精神质特质存在显著负相关，尤其表现在左半球额叶、颞叶和神经束区域。但是，智力兴趣与这些区域的白质水平正好呈现出与之相反的正相关。

4.3 简评与展望

人格障碍的神经生理机制研究跨越了两个研究领域：一是人格障碍诊断本身的真实性和可靠性；二是神经生理机制研究方法是否成熟。遗憾的是，这两个研究领域还存在诸多争议，本书其他章节已反复论述过从分类模型的角度诊断人格障碍存在的问题。人格障碍分类模型的神经生理基础研究已经取得丰硕的成果，但它还是一个新兴的研究领域，远远达不到成熟的水平，研究结论之间不一致，而且每一项研究本身的真实性和可靠性也有待更多实证研究的检验。神经生理机制研究方法虽然越来越成熟，研究者有了更多技术选择，比如高空间分辨率的功能性磁共振成像技术、磁共振成像技术，高时间分辨率的脑电技术、事件相关电位，以及分析神经递质作用的分子遗传学研究技术和药物使用效果研究技术。但是，脑成像技术研究普遍存在一个问题是，每个研究的样本量都不足以作出良好的统计推断，即统计检验力低。分子遗传学研究涉及的基因分析过于复杂，研究样本较为有限，研究结果的可重复性也较低。

因此，越来越多的研究者意识到，从维度模型的视角探讨人格障碍的神经生理机制是更为理想的一种发展方向。首先，从病理性人格特质的视角来考察人格障碍的神经生理机制能够保证足够的样本量。相比于其他心理障碍，人格障碍在临床领域的诊断率总体偏低，但病理性人格特质容易被筛查和鉴别出来，这能够保证研究者招募到足够多的被试以作出可靠的个体差异分析，这是人格障碍神经生理机制研究最重要的前提条件。其次，从人格障碍的脑成像技术研究，到人格障碍药物治疗效果的对照研究，都支持人格障碍并不是以不同类别的形式彼此独立存在的，而是由不同的症状群来区分的。西弗和戴维斯（Siever & Davis，1991）提出人格障碍慢性病理学基础的四组症状，它们分别是攻击和行为失控、情感症状、焦虑以及认知—知觉扭曲，药物治疗就是以这四组症状作为判断和选择的依据。这四组临床症状也符合以人格障碍和三个DSM 集群为基础的四个维度，即每个集群的人格障碍症状都有一个共同的神经生理基础，并可以作为选择治疗药物的理论依据。

美国国家心理卫生研究所为了彻底改变 DSM 和 ICD 分类诊断的弊端，突破基于行为表现的描述性诊断模型，提出研究领域标准（Research Domain Criteria，简称 RDoC）的宏伟计划，要求心理障碍病理学研究者像生物医学研究者攻克癌症等身体疾病的病因和制定有效治疗方案一样，投入根植于生物基础的心理障碍病理学研究，澄清所有临床问题的外部表现与神经生理指标之间的关系（Patrick & Hajack，2016）。基于人格障碍维度模型的神经科学和神经生物学研究正是顺应了这一发展趋势，今后的研究可以逐步积累并确认各个维度对应的基因、分子和神经回路的相关证据，从而更好地理解人格障碍的本质。

5 人格障碍的毕生发展过程

长期以来，人们对人格障碍的诊断受到美国精神病学会 DSM 的影响，认为至少要等到成年之后，才能明确作出人格障碍的诊断。因此，人格障碍的研究集中在成年阶段，较少提及儿童青少年时期和老年期的人格障碍风险。对待儿童和青少年表现出来的人格问题，成人的态度常常会在溺爱和专制之间摇摆。溺爱型成人会觉得孩子就是这样，等他们长大了就会自然成熟起来。专制型成人会试图通过责骂和惩罚的方式压制孩子的不良表现，这反而使得孩子的人格问题逐渐固化成型。人格障碍持续到老年期或在老年期暴露出人格问题的患者更有可能被周围人边缘化，因为他们逐渐退出社会舞台，失去了社会影响力，病理性人格特质会使他们得不到身边人的尊重和爱戴，从此过上孤独、痛苦，但无人过问的独居生活，或者为了索取关注而作出罔顾人际边界的过激行为，给他人和社会制造麻烦和痛苦。

按照 DSM 的诊断标准，儿童青少年阶段的人格具有可塑性，不能过早地贴上人格障碍的负面标签。老年人社会属性发生了变化，因此难以界定他们的社会退缩行为是一种病理性行为还是阶段性的自然后果。早在心理动力学理论发展初期，弗洛伊德和埃里克森等心理学家就已经提出生命早期的人格发展任务与成年后的心理障碍息息相关。人格障碍不可能在青少年晚期和成年早期突然出现，它的病理性表现和发病原因一定可以追溯到儿童青少年时期，包括基因的易感性差异、依恋关系、家庭功能和同伴社会化等。人格障碍并不会随着个体年龄的增长而自然痊愈，若未得到有效的治疗或自我成长，到老年阶段也会持续影响个体的生活质量和身体健康状况。

随着实证研究的大量开展，以及人格障碍诊断方式从单一的分类诊断向混合型的多元诊断转变，研究者对人格障碍的发展轨迹有了不同的看法，认为发展病理学的分析视角才是全面理解人格障碍的关键。从生命全程发展的视角来看，为什么要将人格障碍的研究向前延伸到儿童青少年时期，并持续关注老年期？人格障碍在人生发展的不同阶段会表现出怎样的稳定性和可变性？从人格障碍诊断结果、病理性人格特质，以及人格障碍的心理社会功能受损程度等视角来看，人格障碍的发展趋势和稳定性是否有所不同？本章聚焦于人格障碍的起源、形成过程和发展结果，探讨三大主题：(1) 在儿童青少年时期诊断人格障碍的重要性与可行性；(2) 在毕生发展的视角下，综述人格障碍的长期纵向追踪研究结果，探讨人格障碍病程的稳定性与可变性；(3) 根据人格障碍分类、病理性人格特质和心理社会功能受损三个不同层面的稳定程度，探讨人格障碍在老年期的表现，以及与不同年龄阶段发展任务相匹配的人格障碍诊断方式。

5.1 儿童青少年期：人格障碍的形成

5.1.1 人格发展过程与人格障碍

检验儿童青少年时期是否存在人格障碍，以及人格障碍诊断标准能否用于描述儿童青少年时期的病理性人格表现，对于理解人格障碍的病因、病程发展、稳定性和及时有效的干预都有重要的价值。尽管儿童青少年时期人格障碍的相关研究寥寥无几，生命早期人格发展过程的研究却数不胜数。不论是正常的人格发展过程，还是病理性的人格发展过程，其生理基础、心理机制和外部影响因素都是相似的，因此正常人格发展过程的理论和实证研究也可以用于理解病理性人格的发展过程。以人格发展的基本过程作为理论框架，可以窥探人格障碍在生命早期存在的端倪，以及生命早期的人格表现如何延续到成年期，并逐步固化为病理性人格障碍。

人格发展层级理论。麦克亚当斯(McAdams，2013)从动态发展的视角看待人格的形成过程，认为人格发展主要经历三个层级递进的阶段：社会演员(气质和角色)、社会主体(追求目标和价值)和人生故事的书写者(自我同一性)(见图5-1)。在生命头几年，气质和特质对个体情绪和行为表现模式的决定性影响特别明显。个体就像一个社会演员，带着自己的先天气质在社会舞台上即兴表演。随着年龄的增长和人格发展，自我的主体感也逐渐发展起来(Walls & Kollat，2006)，人们不仅可以活在当下，而且能够展望未来，因此个体的目标、价值等个性特征发展起来。比如，小学儿童开始形成目标导向的行为，并且评估自己完成目标的情况。他们会发展出具体的信念和期望，明白哪些目标是他们能够实现的，哪些目标是他们实现不了的；为了实现目标，他们能够做什么；他们应该有怎样的想法和计划完成目标，可以期待什么，什么时候应该放弃。7、8岁之后，儿童拥有了可识别的、组织良好的目标，他们将自己看作自我决定的、目标驱动的主体，他们的目标和动机变得越来越有意识，对他们的日常行为也逐渐产生了更强烈的影响(Walls & Kollat，2006)。确立目标和追求目标的过程会使儿童的气质和人格特质以更为复杂的方式向前发展，并逐渐演变出不同于气质和特质的人格结构，至此人格的第二层次逐渐形成。弗罗因德和里迪格(Freund & Riediger，2006)将由目标感和价值观组成的社会主体自我描述为“成人人格的基

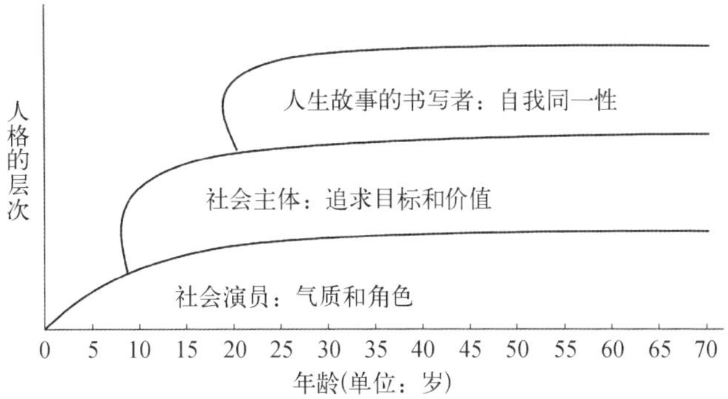

图5-1 人格随时间发展的三个层次(McAdams，2013)

石"。到青少年晚期，个体发展出新的角色，即人生故事的书写者，他们书写关于自我的故事，整合个体的过去、现在和未来，为个体生活赋予连续性、目标感和意义感(McLean et al., 2007)。这个阶段的核心问题是自我连续性，即过去的我如何变为今天的我，又如何成为未来的我(Addis & Tippett, 2008)。到 20 岁左右，个体的人格可能已经拓展并深化到包含气质、特质、个性、动机、目标以及自我故事的人生框架。

气质、特质与人格障碍。气质和人格特质是理解人格障碍的重要切入点，它们之间有着相似水平的遗传解释率(Saudino & Wang, 2012)，气质和人格特质在生命全程发展过程中表现出中等水平的稳定性(Roberts & DelVecchio, 2000)。儿童气质的外向性(包括积极情绪和积极趋近)能够预测成人人格特质的外向性和积极情绪；焦虑、害怕和烦躁、易怒能够预测成人的神经质或消极情绪以及低随和性；儿童期集中注意、努力控制，以及行为抑制的能力能够预测成人的责任心、抑制性和随和性(Caspi et al., 2005)。对出生于新西兰但尼丁的 1 000 名儿童的纵向追踪研究也发现，3 岁时的气质特点与 26 岁时的人格特质之间存在显著的相关(Caspi et al., 2003)。3 岁时控制能力低的儿童(冲动、消极和易分心)成年之后会报告出更高水平的神经质和更低水平的随和性、尽责性，3 岁时表现得特别抑制的儿童(社会沉默和恐惧)也会成长为抑制水平特别高、外向性很低的成人。另外一项持续 19 年的追踪研究也发现，4～6 岁时被父母报告为抑制型的儿童更有可能发展为高度抑制的青年人，表现出更多的内在问题，在工作和亲密关系中承担责任的时间也会相对滞后。此外，那些被父母报告为特别具有攻击性的男孩，成年之后也会表现出更高水平的违规行为(Asendorpf et al., 2008)。

人格障碍的特质理论也支持早期气质、人格特质与人格障碍之间的多种可能的关系：(1) 谱系模型，即人格特质的极端不适应表现就是病理性人格障碍。例如，外向性过低，总是表现出社交退缩和与人隔绝，就可能发展为回避型人格障碍。DSM-5 人格障碍修订小组最终确定的五大病理性人格特质群分别对应正常人格特质偏离正常水平的大五人格，新的人格障碍诊断方式就是运用病理性人格特质群来界定人格障碍，比如，反社会型人格障碍是低随和性和低尽责性的组合（Widiger & Mullins-Sweatt，2009）。（2）易感模型和心理弹性模型，即有些气质类型和人格特质会增大人格障碍的患病风险，有些气质类型和人格特质能够保护个体在压力和逆境下仍旧可以健康成长。心理学家将生物易感性不同的个体类比为蒲公英和兰花（Ellis & Boyce，2008）。蒲公英在任何环境下都能够生长，兰花只有在环境适宜的条件下才能美丽绽放，否则就可能会枯萎。明尼苏达大学开展过一项复原力的纵向追踪研究，考察童年期的人格特质和处境不利程度对个体成年后学业成就、工作表现等发展结果的预测作用。结果发现，不论童年期是否遭遇不幸，从小就表现出高水平尽责性、随和性、开放性和低水平情绪性的个体在成年早期和中期都会表现出良好的社会适应（Shiner & Masten，2012）。神经质是公认的脆弱性因素，对成年后的多种人格障碍都有显著的预测作用，比如边缘型人格障碍（Sanislow et al.，2002）。

适应性特征与人格障碍。气质和人格特质都是从静态的视角解释个体差异，随着个体与情境的不断互动，人格会表现出更为复杂和动态的适应性特征。精神分析流派、个体心理学、人本主义心理学和社会认知理论都将动机、自我能动性或社会认知概念作为其人格理论的核心，强调人类行为、社会学习和应对机制的动态性。这些适应性特征在童年晚期和青少年早期的发展尤为突出，包括情绪感知能力、情绪调节能力和自我控制能力等（Shiner & Tackett，2014）。

情绪感知与人格障碍的关系既可能源于情绪感知偏差，也可能源于情绪感知能力太强而过度敏感。例如，青少年边缘型人格障碍就与消极偏差有关，此外患者对自己和他人的情绪也存在过度激活的感知状态，青少年反社会型人格障碍则与情绪感知贫乏有关，他们常常过度简化其他人的想法和行为（Sharp，2014）。

情绪调节能力和自我控制能力是界定边缘型人格障碍的重要指标。有研究者（Fonagy & Bateman，2008）认为，混乱型依恋关系不能提供合适的机会帮助儿童发展恰当的情绪调节能力和自我控制能力，这会将儿童置于边缘型人格障碍的风险中。边缘型人格障碍患者的回溯研究也表明,患者在儿童期就具有高水平的情绪调节问题,他们在感到痛苦的时候只有很弱的行为控制能力,而且很难调节情绪唤起状态,很难回归平静状态(Reich & Zanarini, 2001)。此外,还有研究者将情绪唤起时的应对策略分为两大类:参与策略(趋近行为)和分离策略(回避行为)(Skinner & Zimmer-Gembeck, 2007)。B 簇人格障碍与过激的参与策略有关,C 簇人格障碍则与适应不良的分离策略有关(Shiner et al., 2014)。格拉茨及其同事(Gratz et al., 2009)开展的一项研究表明,易感性特质(情感失调)与边缘型人格障碍的关系会通过情绪调节失衡起作用。也就是说,易感性特质可能会提高个体患边缘型人格障碍的风险,但它们之间的关系部分通过适应不良的情绪调节过程起作用。

自我同一性与人格障碍。自我同一性是青少年时期的主要发展任务,也是评估人格功能的重要指标之一(Fonagy et al., 2008;McAdams & McLean, 2013;McLean & Pasupathi, 2012)。自我同一性完成意味着个体能够以一种更为一致的、复杂的方式整合自己的过去、现在和未来(Habermas & De Silveira, 2008;Shiner, 2010)。夏纳(Shiner, 2009)提出同一性发展导致人格障碍的两条问题路径:第一条路径是不能以建设性和适应性的方式将消极生活事件整合到生活故事中,第二条路径是不能保持生活故事的发展一致性。关于第一条路径,运用积极的和适应性的方式将消极生活事件整合到生活故事中的策略包含运用积极的解释框架和应对方式(Pals, 2006)。与此相反,有些人的生活故事中包含了许多糟糕的叙述方式,比如,说完了一个积极事件,紧跟着又说一个消极事件,消极事件会破坏积极事件给人带来的愉悦体验(McAdams, 2009)。关于第二条路径,有些青少年可能不能专注于自我同一性发展的特定路径,还有些青少年可能倾向于回忆少量具体事件,或只关注一些离散的、普通的记忆,这都不利于发展统一的生活故事,可能会导致消极的或适应不良的后果。同一性整合程度是存在人格障碍的青少年与普通青少年的根本差异(Feenstra, Hutsebaut, Verheul, & Van Limbeek, 2014)。

5.1.2 人格障碍的形成机制：特质—激活理论

在探讨气质、特质与人格障碍的可能关系时，谱系模型、心理弹性模型和易感模型都是部分适用的。由此说明，气质、特质与人格障碍之间并不存在线性的因果关系，还有许多情境因素在其中起着调节作用，共同影响人格的适应性功能，以及是否达到临床诊断界限。泰特和伯内特（Tett & Burnett, 2003）在工业和组织行为领域提出的基于人格特质的交互作用模型，能够将人格障碍在儿童青少年时期的预测因子整合起来。这个理论模型有三个核心假设可以用于解释人格障碍的形成机制（Fruyt & De Clercq, 2014）：第一，先天特质和成长环境对个性表现具有重要的影响。第二，这些个性表现是否具有适应性，评估依据就在于儿童青少年所处的发展阶段，以及他们在所处的发展阶段是否能够顺利地完成三大领域（家庭、学校和社会交往）的发展任务。第三，环境因素可能会触发或激活潜在的人格倾向，并表现出特定的行为、情感和认知。因此，这些环境因素在特质倾向和个性表现之间起着调节作用。

根据特质—激活理论路径图（见图 5-2），特质是具有生物学基础的个性倾向（路径 1），它会直接影响个体的行为、情感和认知方式（路径 2），与此同时，根据所处的发展阶段，个体的家庭、学校和社会交往

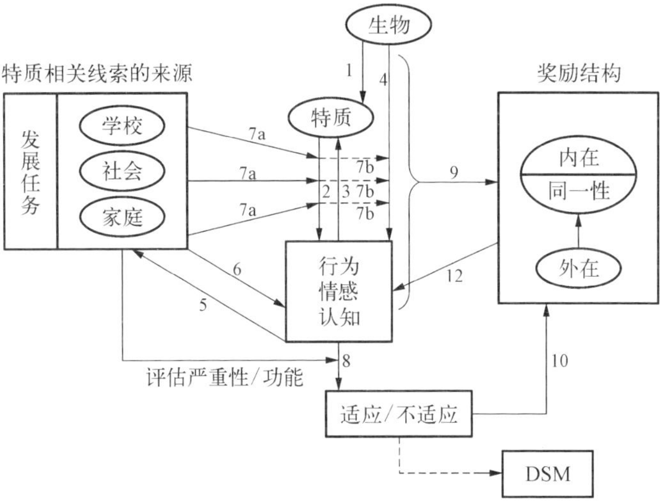

图 5-2 特质—激活理论路径图

状况会调节特质(倾向)与个性(表现)之间的关系(路径 7a 和 7b)。例如,有研究者(Van Leeuwen et al., 2004)发现,父母行为能够调节儿童人格和问题行为之间的关系,随和性低的儿童通常具有更高的风险发展问题行为,倘若父母通过消极控制的方式管教儿童,他们发展问题行为的可能性就更大。以上内容是特质—激活理论的核心,也类似于差别易感理论模型的观点,即个体会因为生物敏感性不同而对环境的影响作出不同的反应,对积极气质类型的个体来说,不论是顺境还是逆境,他们都能够按照自己的意志蓬勃发展;对消极气质类型的个体来说,好的环境能够让他们成长得更好,糟糕的环境能够让他们发展出病理问题(Ellis et al., 2011)。

除此之外,特质—激活理论模型还提出,个性表现与发展任务的完成情况还存在着相互作用的关系,家庭、学校和社会交往状况会影响儿童青少年的行为、情感和认知方式(路径 6)。比如,成长于社会经济地位低的家庭和充满暴力的高危社区的青少年可能会表现出更低水平的自我控制力(Conger & Donnellan, 2007;Evans & Kim, 2013)。科恩等人(Cohen et al., 2005)在研究中发现,低水平的家庭社会经济地位和父母支持、单亲家庭、养育冲突、父母的反社会人格、父母生病和死亡,每一个变量都与人格障碍症状有关。人格障碍最强有力的长期预测因素有早期人格障碍、破坏行为、抑郁症状、智商低、学业成就低、休学或退学等(Cohen & Patricia, 1996;Cohen et al., 2005)。控制儿童早期困难行为和精神疾病症状后,适应不良的养育行为能够显著提高个体在成年早期患任何一种人格障碍的风险(Johnson et al., 2001)。父母的精神疾病也能够预测子女成年早期的人格障碍,但这种预测作用通常与适应不良的养育行为交互在一起。排除父母心理障碍的影响,早期虐待经历仍然能够显著预测儿童青少年的人格障碍。

反过来,儿童青少年的行为、情感和认知方式也会影响他们的家人、老师和同伴给予他们的支持(路径 5),比如,情感抑制型的儿童青少年可能更容易被家人、老师和同伴忽视,行事冲动莽撞的儿童青少年会给家长和老师带来管教上的困难,也有更高的风险被同伴拒斥。综合儿童青少年表现出来的行为、情感和认知方式(人格障碍类型),以及他们完成特定发展阶段的发展任务时表现出来的适应状况(人格功能),就可以对他们进行全面的人格障碍诊断(路径 8)(Fruyt et al., 2014)。

以上所有路径还会形成个体内在奖励机制(路径 9),如果外部环境因素支持特定个性的表达,就会强化这种个性品质;如果外部环境因素不支持特定个性的表达,就会抑制这种个性品质。个体在完成发展任务的过程中表现出来的适应结果又构成了外在奖励机制(路径 10),适应性的反馈是正向的外在奖励,会进一步影响内在奖励系统,共同影响儿童青少年行为、情感和认知方式的发展(路径 12)(Fruyt et al., 2014)。

5.1.3 人格障碍在儿童青少年时期的具体表现

尽管人格障碍的发展病理学分析支持儿童青少年时期存在人格障碍的可能性,但这个阶段的人格障碍流行病学分析非常少。迄今为止,社区儿童研究(Children in the Community Study,简称 CICS;Cohen et al., 2005)为人格障碍在儿童青少年时期的表现提供了宝贵的数据支持,帮助研究者更好地理解儿童青少年人格障碍的发展轨迹等相关问题。这个项目始于 1975 年,历时 20 年之久。最初的目的并不是研究人格障碍,而是评估纽约州 100 多个社区 1～10 岁孩子是否需要心理服务。到 1983 年,研究目的转变为探讨青少年早期患轴 I 心理障碍的预测因素(被试平均年龄为 14 岁)。经过追踪测查,科恩开始对儿童青少年时期的人格障碍感兴趣,当时研究者猜测人格障碍可追溯到生命早期,但 DSM-III 的人格障碍诊断还是要求患者年满 18 岁。科恩及其同事并没有直接采用诊断成人人格障碍的标准,而是选择了与被试年龄相匹配的测量工具,分别在青少年中期(平均年龄 16 岁)、成年早期(平均年龄 22 岁)、成年中期(平均年龄 33 岁)三个阶段进行人格障碍的测评和临床访谈(Cohen et al., 2005)。

这项研究的主要发现包括:人格障碍在 14 岁青少年群体中的患病率为 14.60%,在 16 岁青少年群体中的患病率为 12.70%,在 22 岁成年早期组的患病率为 13.90%,在 33 岁成年中期组的患病率为 12.70%。

由此可以看出，人格障碍症状在青少年早期就非常明显了，接着会有所缓解。这种症状消退的现象一方面是发展性的，比如，冲动、注意寻求和依赖等特质会随着年龄增长而减弱，人际交往能力以及与目标相关的自控能力则有所增强。但并不是所有人都会表现出人格障碍症状随年龄而下降的趋势，21%的被试的人格障碍症状呈现出总体上升的趋势(Johnson, Cohen, Kasen et al., 2000)。不论是在青春期还是在成年期，个体人格障碍症状的稳定性系数在不同类型的人格障碍和不同发展阶段上都高度相似。母亲和青少年的报告结果表明，A簇、B簇、C簇人格障碍的稳定性系数在0.42(平均年龄13～16岁)到0.65(平均年龄16～22岁)之间(Johnson et al., 2000)。青春期的人格障碍症状稳定性与成年期的人格障碍症状稳定性相似。

在上述研究中，A簇人格障碍症状的稳定性在13～16岁之间是0.57，16～22岁之间下降到0.49，22～33岁之间自我报告的人格障碍症状的稳定性为0.56。总体而言，青少年期偏执症状比其他症状更为稳定，成年期偏执和分裂样症状比精神分裂症状更为稳定。B簇人格障碍症状的稳定性在14～16岁之间是0.65，16～22岁之间下降到0.50，22～33岁之间人格障碍症状(排除了反社会性症状)的稳定性为0.55。有研究者(Crawford, Cohen, & Brook, 2001)运用潜变量结构方程分析考察B簇人格障碍症状在10～14岁青少年群体中的稳定性，结果发现，这一阶段人格障碍症状的稳定性更高。9年时间内，男孩和女孩人格障碍症状的稳定性分别为0.63和0.69。与内化问题症状(抑郁、焦虑)和外化问题症状(注意缺陷、对立违抗、行为障碍)相比，B簇人格障碍症状稳定性更高。由此也支持一个观点，即人格障碍症状应该比轴I的心理障碍症状更为稳定、持久。C簇人格障碍症状的稳定性在13～16岁之间是0.48，16～22岁之间下降到0.42，22～33岁之间为0.54。回避型和依赖型人格障碍症状从青春期到成年早期呈下降趋势，但表现出跨时间的相对稳定性。相反，强迫型人格障碍症状并不会随着年龄而消退，稳定性水平要比其他人格障碍低。回避型和依赖型人格障碍症状在成人被试中表现出更高水平的稳定性，如果同时有轴I的心理障碍诊断，那么他们的人格障碍症状甚至会有所提升。

总体而言,在有限的实证研究基础之上,我们可以看出,人格障碍在儿童青少年时期的流行率和成年期并没有明显的不同,但在表现形式上,儿童青少年患有 B 簇人格障碍的概率要高于成年人,患有 C 簇人格障碍的概率要低于成年人(Shiner et al., 2014)。在临床儿童青少年样本中,人格障碍是普遍存在的问题。

5.1.4 儿童青少年时期的人格障碍诊断

人格障碍在儿童青少年时期的表现会直接影响儿童青少年当下的心理健康、学业成就和社会适应,也会影响他们长远的自我功能和人际功能。因此,及时识别和诊断人格障碍,对儿童青少年的短期和长期发展都大有裨益。然而,已有的人格障碍诊断工具并不能直接运用于儿童青少年群体。有些研究者意识到这个问题,并发展了适合儿童青少年的病理性人格维度测评工具,比如 SNAP－Y。但是,这些儿童青少年人格病理问题测评工具也并不完善,它们大都从成人人格病理问题测评工具中修订而来,未必能够准确地代表人格障碍在儿童青少年时期的早期征兆。成年人的人格障碍症状在儿童青少年时期的表现可能是多样的,儿童青少年时期表现出来的适应不良的人格特质并不会必然导致人格障碍。为了克服这个问题,今后还需要采用自下而上的方式收集和筛选病理性人格诊断项目,直接从儿童青少年群体中获取能够区分正常人格表现和异常人格表现的潜在特质。

更为重要的是,儿童青少年的人格正处于发展和变化阶段,如果过早给他们贴上人格障碍的诊断标签,可能会使他们遭受精神疾病的污名化影响;如果未能及时发现人格障碍的预兆,则会错失帮助他们的良好时机。因此,这个阶段的人格障碍诊断面临着巨大的挑战,研究者和临床工作者都需要具备远见卓识来作出准确判断。夏纳和艾伦(Shiner & Allen, 2013)根据人格障碍在儿童青少年时期的表现、影响和长期发展轨迹等相关研究结论,提出了儿童青少年时期人格障碍诊断的七条指导原则。

第一，人格障碍在儿童青少年时期就已经普遍存在，不能忽视儿童青少年表现出来的人格障碍早期症状。由于儿童青少年的人格还处于发展变化阶段，因此 DSM 诊断系统中关于部分人格障碍的诊断标准有一条是“年龄在 18 周岁以上”，很多研究者将这条诊断标准误解为不能对儿童青少年作人格障碍诊断（Laurenssen et al.，2013）。更为合理的解读应该是，对儿童青少年作人格障碍诊断要十分谨慎，因为他们的人格还处于发展状态，有一些符合人格障碍诊断标准的人格特征可能仅仅是特定发展阶段的表现，随着年龄增长和经验的修正会逐渐转变为适应良好的人格特征。然而，如果在儿童青少年阶段就已经表现出广泛且稳定持久的适应不良的人格特质，这种表现不能通过年龄发展特征或者其他心理障碍来解释，那么可以对儿童青少年作人格障碍诊断。如前所述，人格障碍在儿童青少年阶段的诊断率并不比成年期低（Johnson，Cohen，Kasen，Skodol，& Oldham，2008）。

第二，对儿童青少年作人格障碍诊断时，尽量采用维度模型的诊断方式，而不是分类模型的诊断方式。这种做法能够让临床工作者把重点放在帮助儿童青少年发展健康人格，而不是给他们贴上一个负面标签。DSM－5 第三部分的人格障碍维度诊断模型提出，要从人格功能受损程度以及病理性人格特质两个核心角度共同界定人格障碍，由此可以克服分类诊断方式信效度低的问题，同时能够帮助临床工作者更为准确地区分特定发展阶段的正常变异，以及人格障碍患者特有的病理症状，发展个性化的早期干预方案。例如，DSM－5 提出要先评估人格功能，即儿童青少年是否在自我同一性、自我指导能力、同理心和亲密感四个维度上表现出中等以上水平的功能不良（APA，2013）。广泛探索自我的各种可能性，难以选择在哪个领域作出持续努力的承诺，这是青少年自我同一性发展的可接受状态，而在自我同一性发展过程中过度依赖他人，自尊心十分脆弱，过分依赖外部评价和他人认可，自尊心一旦受到威胁就会表现出愤怒或羞耻等强烈的负面情绪，这就属于自我同一性功能中等水平受损，需要额外的帮助和干预。

第三，既要关注儿童青少年阶段的急性症状，也要关注长期潜在的人格模式，以及与发展阶段相匹配的功能受损情况。人格障碍既包括急性的短期症状，也包括稳定的长期适应不良的人格模式(Clark，2007)。由于儿童青少年处于人格发展的特殊阶段，因此临床工作者需要尽量避免将短期的、急性的问题行为看作稳定的、广泛的人格功能受损。儿童青少年会受到来自学业和家庭的负面因素的影响而表现出一些急性症状，比如自我伤害行为，但是人格障碍诊断还需要考察是否存在稳定且持久的适应不良的人格模式，比如怪异的思维方式、易怒特质(Shiner & Allen，2013)。

第四，尽量全面地评估儿童青少年过去和现在成长的环境，包括近端环境(家庭、学校和同伴群体)和远端环境(社区、文化)。儿童青少年阶段的人格障碍诊断重在预防和尽早干预，儿童青少年与环境的互动结果既能够作为评估人格功能的重要指标，也能够帮助临床工作者更为准确地预测儿童青少年人格障碍症状的形成原因和发展轨迹，并在此基础上发展个性化的治疗方案。

第五，通过多种渠道收集儿童青少年人格发展状况的信息，克服单一信息来源的局限性，这在儿童青少年阶段显得尤其重要。首先，儿童青少年的自我报告可能并不准确，特别是具有潜在人格障碍的儿童青少年，他们的自我认知本身就存在偏差；其次，父母和老师也只能报告儿童青少年在家庭和学校的表现，并不能够反映他们人格发展的全貌；最后，父母可能会为了避免孩子被贴上心理障碍的标签而掩盖儿童青少年存在的问题行为，老师可能会因为不愿意面对自己不恰当的教学方式而将学生的学习问题解释为人格问题。由此可见，任何一种报告方式都是不完美的，综合不同渠道的信息才能描绘出儿童青少年更为完整的人格特征和适应功能。

第六，重点评估行为、思维方式和情绪表达的问题模式，而不仅仅是给出一个特定的人格障碍诊断结果。人格障碍诊断并不是最终目的，它服务于人格障碍治疗。在儿童青少年阶段，临床工作者更需要放下人格障碍的诊断标签，关注每一位患者的具体症状、行为、思维方式，以及情绪表达模式存在的问题，在治疗过程中重点处理这些有问题的人格模式

(Kazdin，2005)。这种做法更符合儿童青少年的发展需要，既能够避免过早贴上人格障碍的标签导致自我实现预言，也能够及时发现需要干预的对象，不放任那些有问题的人格模式持续对儿童青少年的社会功能产生负面影响。

第七，既要诊断人格问题，也要肯定人格的优势和有助于人格改变的资源。由于儿童青少年人格发展具有很大的弹性空间，因此对他们进行人格障碍诊断时，不能只关注他们存在的问题以及问题的根源，还需要进一步评估他们具有的个性优势以及可利用的资源。后半部分的工作能够帮助儿童青少年自身，以及他们的家人发展出积极的治疗态度和对于人格障碍的乐观预后。

5.2 成年期：人格障碍的动态发展

人格障碍的实证研究主要集中在成年早期和成年中期。根据埃里克森心理社会发展理论，青少年时期完成自我同一性之后，就要开始承担社会责任，包括建立亲密关系、抚养后代、实现职业追求，等等。人格的结构在成年早期基本已经清晰、稳定，人格的功能在成年早期也会反映在人际、职场、社会适应各大领域。从静态的角度来看，成年早期和成年中期的人格障碍研究为我们提供了人格障碍流行病学的大量证据。从动态发展的角度来看，尽管人格结构相对稳定，但是人格仍旧会在与情境互动的过程中不断变化，表现为人格功能更完善或更糟糕。成年期的人格障碍纵向研究为我们提供了更为可靠的发展动态图景。

5.2.1 流行病学分析

患病率。人格障碍流行病学分析研究较多，且主要集中在欧美地区。表5-1选取了8项来自不同国家、不同类型人格障碍的患病率的实证研究(Coid et al.，2006；Dereboy et al.，2014；Gerhardt et al.，2011；Johnson et al.，2008；Newton-Howes et al.，2010；Quirk et al.，

表 5-1 人格障碍的流行病学研究数据比较

流行病学研究	Torgersen et al., 2001	Quirk et al., 2017	Dereboy et al., 2014	Gerhardt et al., 2011	Johnson et al., 2008	Coid et al., 2006	Zimmerman et al., 2005	Newton-Howes et al., 2010
样本来源	挪威奥斯陆，普通群体	澳大利亚，普通群体	土耳其，普通群体	德国海德堡，普通群体	美国纽约，普通群体	英国苏格兰，普通群体	美国罗得岛州，临床样本	英国，临床样本
样本量	2053	768(女性)	774	110	568	626	859	400
年龄	18～65	>25	33.4±12.5	48±13.3	33.1±2.8	16～74	37±12.2	40.5±11.5
诊断工具	SIDP-R	SCID-II	DIP-Q (DSM-IV)	SCID-II	SCID-II (DSM-IV)	SCID-II (DSM-IV)	SCID-II SIDP-R	PAS-Q
回避型	2.4	3.9	11.7	2.7	1.4	0.7	4.2	5.0
分裂样	1.7	1.0	7.9	0	1.6	0.8	1.4	2.8
精神分裂型	0.6	1.7	15.1	0	0.9	0.06	0.6	—
反社会型	0.7	—	5.3	0	1.8	0.6	3.6	3.2
边缘型	0.7	2.7	13.5	3.6	2.6	0.7	9.3	8.5
表演型	2.0	—	6.7	0	1.2	—	1.0	3.2
自恋型	0.8	—	7.1	0.9	1.4	—	2.3	—
回避型	5.0	9.3	6.2	4.5	4.9	0.8	14.7	6.7
依赖型	1.5	0.8	5.2	0	0.4	0.1	1.4	16.0
强迫型	2.0	10.3	14.1	4.5	2.3	1.9	8.7	16.3
未定型	—	—	—	0	—	5.7	14.1	—
A 簇	—	5.3	18.3	2.7	—	1.6	5.6	7.8
B 簇	4.1	3.2	16.6	4.5	—	1.2	13.0	18.4
C 簇	3.1	17.5	16.4	9.1	—	2.6	21.8	25.5
任一类	13.4	21.8	20.0	15.5	12.7	4.4	45.5	39.4

2017;Torgersen et al., 2001;Zimmerman et al., 2005)。就每一种人格障碍而言,在普通群体中的患病率为 0～15.1%,至少符合一种人格障碍诊断的概率为 4.4%～21.8%;在临床样本中,人格障碍的患病率普遍较高,每一种特定人格障碍的患病率为 0～16.3%,至少符合一种人格障碍诊断的概率为 39.4%～45.5%。这些数据表明,不同人格障碍之间存在共病现象,因此某一种人格障碍的患病率要高于不同类型人格障碍患病率的总和。由于不同的研究者采用的人格障碍诊断方式不同,因此人格障碍患病率存在较大的偏差。总体来说,采用自我报告的方式评估人格障碍的患病率要显著高于采用结构化和半结构化临床访谈评估人格障碍的患病率。土耳其的数据要明显高于欧美其他国家的数据,原因可能是多方面的,但其中一个重要的原因就在于它采用了自我报告评估法(Ekselius, LinstrÖm, Von Knorring, Bodlund, & Kullgren, 1994)。比较 A 簇、B 簇和 C 簇人格障碍的患病率可知,不论是在普通群体中还是在临床样本中,A 簇人格障碍都不常见,B 簇和 C 簇人格障碍相对更普遍。

性别与人格障碍。总体而言,虽然人格障碍的患病率并不存在性别差异(e.g., Newton-Howes et al., 2010),但男性和女性患特定人格障碍的概率存在差异(e.g., Coid et al., 2006;Samuels et al., 2002)。研究者关于哪些人格障碍类型存在性别差异尚未达成共识。相对没有争议的结论是,男性患有分裂样、自恋型和反社会型人格障碍的风险要高于女性,女性患有回避型、依赖型和偏执型人格障碍的风险要高于男性(Grant et al., 2004;Torgersen et al., 2001)。与我们常识相悖的是,多项研究都支持女性患有边缘型人格障碍的概率并没有比男性更高,甚至有研究支持边缘型人格障碍在男性群体中的患病率更高(Carter et al., 1999)。从人格障碍聚类结果的性别差异来看,男性患有 A 簇人格障碍的风险是女性的 4 倍,患有 B 簇人格障碍的风险大约是女性的 5 倍,但在 C 簇人格障碍上不存在性别差异(Samuels et al., 2002)。有研究(Coid et al., 2006)只发现 B 簇人格障碍上的性别差异,表现为男性患病率显著高于女性,但在 A 簇和 C 簇人格障碍上并未发现显著的性别差异。

婚姻状况与人格障碍。人格障碍患者在人际功能上存在中等以上水平的功能受损，他们难以建立和维持有质量的亲密关系。流行病学研究也证明了这个观点，符合任何一项人格障碍诊断标准的成人，他们处于独居或离异状态的概率要远远高于没有人格障碍的成人。具体而言，没有伴侣共同生活的状态与偏执型、分裂样、反社会型、边缘型和自我攻击型人格障碍都有关系（Torgersen et al.，2001）。A 簇人格障碍患者可能从未结过婚，一直处于单身或独居状态；B 簇人格障碍患者也是如此，即便结过婚，在接受访谈期间也处于离异或分居状态；C 簇人格障碍患者也可能从未结过婚，或者正处于分居和离异状态（Zimmerman & Coryell，1989）。美国人成年晚期离婚率与人格障碍的关系研究也发现，偏执型和表演型人格障碍与离婚次数呈显著正相关，这两种人格障碍表现出来的特质更适合多次建立短期的婚姻关系；回避型人格障碍患者可能更偏好维持表面的和谐，回避冲突，使得他们更容易维持长期的婚姻关系，因此回避型人格障碍与离婚次数呈显著负相关（Disney，Weinstein，& Oltmanns，2012）。

5.2.2 稳定性与可变性

人格障碍是一种稳定的认知、情感和行为模式。评估人格障碍的稳定性与可变性具有多重视角。从诊断结果来看，一旦个体被诊断为人格障碍患者，是否就会终生表现出人格障碍？从诊断的具体内容来看，人格障碍既包含病理性人格特质，也包含心理社会功能损害，两者之间的稳定性是否有差异？此外，人格障碍还有急性症状和慢性症状之分，它们的稳定性与可变性是否会有所不同？迄今为止，已有多项成人人格障碍的纵向追踪研究探讨这些问题，研究结论的复杂性也反映了人格障碍本身的复杂性。

成人发展的麦克莱恩研究（the McLean Study of Adult Development，简称 MSAD；Zanarini et al.，2005）。MSAD 是美国国家精神卫生研究所（National institute of Mental Health，简称 NIMH）首次资助的边缘型

人格障碍发展过程和影响结果的纵向追踪研究，也是第一项采用严谨的追踪设计来考察边缘型人格障碍的短期、中期和长期动态发展过程的大样本研究。所有被试的年龄都在 18～35 岁之间，且智商在 71 分及以上，没有精神分裂症谱系障碍和双相障碍，也不存在影响精神状态的器质性病变。通过初次诊断排查，一共有 290 名被试符合 DSM－III－R 的边缘型人格障碍诊断，72 名被试符合边缘型人格障碍之外的其他人格障碍诊断，其中 4%的被试属于 A 簇人格障碍，33%的被试属于 C 簇人格障碍，18%的被试属于边缘型人格障碍之外的 C 簇人格障碍，53%的被试属于没有特定分类的人格障碍。这项研究始于 1992 年，每隔 2 年进行一次单盲设计的追踪评估，研究者不知道以往的评估结果，评估内容包括边缘型人格障碍随访提纲等半结构化访谈，以及人格评估量表等自我报告项目。除此之外，研究者还会关注患者的家族史、童年经历、被虐待经历等因素。

人格障碍的合作纵向研究（the Collaborative Longitudinal Personality Disorders Study，简称 CLPS；Gunderson et al.，2000）。CLPS 历时 10 年，在帮助我们理解人格障碍的本质、发展过程，以及影响方面起了重要作用。尽管这项研究没有囊括所有的人格障碍分类，但它选取了最具有代表性的四种人格障碍，分别是 A 簇人格障碍中的分裂型人格障碍、B 簇人格障碍中的边缘型人格障碍、C 簇人格障碍中的回避型人格障碍和强迫型人格障碍。之所以选择这四种人格障碍，一方面是因为大多数寻求治疗帮助的患者都属于这四种人格障碍中的一种或多种；另一方面是因为对 DSM 人格障碍类别进行因素分析时，可以提取出 A、B、C 三簇人格障碍，每一簇人格障碍都具有相似的病理性人格特质。值得一提的是，强迫型人格障碍仅仅是名义上归属于 C 簇人格障碍，因素分析结果显示它是和其他人格障碍都不一样的独立存在（Kass，Skodol，Charles，Spitzer，& Williams，1985）。

这项研究的被试都正在接受心理治疗或者不久前接受过专业的精神卫生帮助，没有精神分裂症谱系障碍，当前没有药物中毒或其他与人格障碍混淆的医学状况。经过 DSM－IV 人格障碍临床诊断访谈，以及适应不良和适应良好的人格特质自我报告、临床医生评定的人格评估量表的综合分析，668名被试分别被筛选到最突出的人格障碍诊断分组中，分裂型人格障碍患者86人，边缘型人格障碍患者175人，回避型人格障碍患者158人，强迫型人格障碍患者154人，对照组95人，对照组被试是不符合任何一种人格障碍两条以上的诊断标准，总共不满足15条人格障碍诊断标准的重度抑郁症患者。在追踪期间，被试反复接受人格障碍、轴I心理障碍，以及功能受损情况的全面评估，分别在研究开始阶段，以及研究开始后6个月、12个月、2年、4年、6年、8年、10年接受人格障碍诊断访谈，以及轴I心理障碍、轴V全面功能评定。经过10年的连续追踪，研究者获得了人格障碍稳定性，以及人格障碍对个体社会适应功能的影响的丰富证据。

人格障碍诊断结果的稳定性。从人格障碍分类诊断的角度来看，人格障碍的稳定性要高于重度抑郁症。CLPS 12个月的追踪研究发现，44%的人格障碍患者仍旧满足人格障碍诊断的最低条件，但只有4%的重度抑郁症患者在12个月内仍旧符合重度抑郁症的诊断标准(Shea et al., 2002)。回避型人格障碍患者的稳定性最高，12个月内仍旧符合全部诊断标准的比例达到了56%，分裂型人格障碍、边缘型人格障碍和强迫型人格障碍的诊断结果保持不变的比例分别是34%、41%和42%。冈德森等人(Gunderson et al., 2003)聚焦于CLPS边缘型人格障碍的消退，在前6个月每个月都评估边缘型人格障碍的症状，每周都评估药物使用情况、生活事件，以及心理治疗效果。结果发现，18名边缘型人格障碍患者在前6个月表现出引人注目的改变，不再符合边缘型人格障碍的诊断标准，并且只有1名患者在2年内复发了。影响他们人格障碍改变的重要因素包括情境的变化，比如结束了充满压力的关系(10人)，以及轴I心理障碍的缓解(7人)，而心理治疗对他们建设性地处理情境变化，以及应对轴I心理障碍都起到了积极的作用。10年的追踪研究也支持边缘型人格障碍的高消退率和低复发率(Gunderson et al., 2011)。在那些最初被诊断为边缘型人格障碍的患者中，有85%的患者在10年内不再符合边缘型人格障碍的诊断，12%的患者在10年内复发过，但这个比率远远低于重度抑郁症和其他人格障碍的复发率。这个结论与MSAD关于边缘型人格障碍的纵向追踪研究结论较为一致。MSAD第一次追踪研究发现，34.60%的边缘型人格障碍患者康复了，不再满足DSM－III－R的诊断标准。4年后，49.50%的边缘型人格障碍患者康复了。6年后，68.60%的边缘型人格障碍患者康复了。10年后，93%的边缘型人格障碍患者满足2年的康复期（Zanarini et al.，2010）。

心理社会功能的稳定性。人格障碍患者的心理社会功能随年龄增长而变化的情况并不乐观。冈德森等人（Gunderson et al.，2011）发现，在职业领域，边缘型人格障碍患者有0.30个标准差的改善，回避型人格障碍患者和强迫型人格障碍患者有0.18个标准差的改善，没有人格障碍的重度抑郁症患者有0.08个标准差的改善。边缘型人格障碍患者改善最明显可能是因为他们的起点低，总体的工作状态比其他心理障碍患者更为糟糕。10年的时间里，仅有33.33%的边缘型人格障碍患者报告了全职工作。相比于其他人格障碍患者和重度抑郁症患者，边缘型人格障碍患者在行为层面始终表现得适应不良（Gunderson et al.，2011）。扎纳里尼等人在MSAD中也发现，不再满足边缘型人格障碍诊断标准并不意味着完全康复。在10年的追踪过程中，真正满足2年内都没有表现出边缘型人格障碍症状，且心理社会功能良好的被试仅占50%，接近33.33%的被试要么复发了，要么人际功能或职业功能减弱（Zanarini，Frankenburg，Reich，& Fitzmaurice，2010）。因此也可以说，从分类诊断标准的角度来看，边缘型人格障碍患者的康复率更高，然而，从心理社会功能水平来看，很多边缘型人格障碍患者还达不到康复的标准，恢复起来更为缓慢。

有研究者（Skodol et al.，2005）分析了CLPS的四种人格障碍患者在职业、社交、娱乐和整体心理社会功能上的稳定性与可变性。研究者一共追踪了2年，结果发现：第一，只有重度抑郁症患者和没有任何一种人格障碍的被试表现出心理社会功能随年龄增长而得到显著改善的发展趋势，尤其是在与伴侣的关系、娱乐和整体社会适应三个领域。人格障碍患者的心理社会功能改善状况远不如诊断结果那么乐观。不同人格障碍患者在心理社会功能受损程度上仍旧维持着 2 年前的基线评估水平，分裂型人格障碍患者或边缘型人格障碍患者的功能受损情况要比强迫型人格障碍患者或重度抑郁症患者更严重，回避型人格障碍患者处于中间水平。这可能是因为，人格障碍患者长期处于没有伴侣、没有工作的状态，缺乏提高心理社会功能所需的机会和经验。第二，人格障碍病理症状的改善与心理社会功能的改善存在相互影响的关系。对边缘型和分裂型这两类较为严重的人格障碍来说，病理症状的改善对患者心理社会功能的影响比回避型和强迫型更为明显。回避型人格障碍患者的心理社会功能变化非常缓慢，但是边缘型人格障碍患者在职场功能、总体社会适应和整体功能评定上都表现出明显进步，分裂型人格障碍患者在与朋友的关系方面也有明显进步（Skodol et al.，2005）。

病理性人格特质的稳定性。病理性人格特质随时间而发生变化的规律与大五人格特质具有相似性。研究者通常采用等级稳定性和均值稳定性来描述正常人格特质的发展动态。等级稳定性是指，个体的某一人格特质在其所属群体中保持跨时间稳定性的程度。如果一个人能够在某一特质上保持与其他人比较的相对位置（即便所属的群体在这个特质上总体水平提高或降低了），那么说明这种人格特质的等级稳定性高。均值稳定性是指一个群体平均特质水平的变化，也就是说，在生命的不同阶段，人们在某个特质或症状上的平均水平会提高或降低（McAdams & Olson，2010）。

弗格森（Ferguson，2010）就正常人格和病理性人格在生命全程的稳定性进行了元分析，结果支持正常人格和病理性人格跨时间的稳定性系数并没有差异，所有人格特质在儿童期都表现出中等水平的稳定性，随着年龄增长，人格的等级稳定性越来越高，到 30 岁左右达到稳定性峰值。在 CLPS 中，每隔 2 年就会评估适应不良和适应良好的人格特质，这些特质之间的跨时间稳定性高度相关，不同类型的人格特质自我报告的结果也高度相关，由此也支持病理性人格特质具有高水平的个体间稳定性（Skodol et al.，2005）。在社区儿童纵向研究中，被诊断为人格障碍患者的青少年会在成年早期持续表现出高水平的人格障碍特质

(Johnson, Cohen, Kasen et al., 2000),并且有20%的青少年表现出人格障碍症状越来越明显的趋势(Cohen, Crawford et al., 2005)。在短期纵向研究中,先前具有病理性人格特质的儿童,比其他儿童表现出更高水平的稳定性(Clercq et al., 2009)。

正常人格特质均值稳定性的研究结论也较为一致,到青少年晚期和成年早期,大多数人的人格特质都会表现得更为成熟,比如,神经质在成年早期会有所下降,随和性和尽责性在成年早期和成年中期会有所提高(Roberts, Walton, & Viechtbauer, 2006)。这种均值稳定性建立在基因和大脑神经发育正常,并且具有正常的社会经验的基础之上(Roberts, Wood, & Caspi, 2008)。对于那些人格障碍基因易感性较高的个体,或者缺乏与成人、同伴之间互动经验的个体,他们的人格特质就会越来越偏离同伴群体的均值水平,从而发展为人格障碍(Shiner et al., 2014)。因此,病理性人格特质的均值稳定性也会在青少年时期达到顶峰,在青少年晚期和成年早期开始下降(Cohen et al., 2005),比如,自恋和情绪不稳定性从青少年期到青年期下降得最为明显,强迫症状则基本上不会下降(Cohen et al., 2005)。

综合以上研究结论可知,从不同视角看待人格障碍,它随年龄增长而表现出的稳定性是存在差异的。心理社会功能和病理性人格特质始终保持中等以上水平的稳定性,但人格障碍诊断结果会表现出逐渐下降的发展趋势(Cohen, Crawford et al., 2005;Clark, 2007, 2009)。这也正是人格障碍本质和研究现状的如实反映。以往研究常用的诊断方式是DSM分类诊断方式,每一种人格障碍都具有多项诊断标准,患者从符合某种人格障碍诊断到不再符合某种人格障碍诊断可能只是因为他们的某些症状随年龄增长而消失了。这种诊断方式本身混合了人格障碍的急性症状和慢性症状,急性症状通常都是一些激进的行为,是引起他人注意和寻求专业帮助的信号,例如,边缘型人格障碍患者的自我伤害行为,以及为了避免被抛弃而表现出的疯狂举动,都很容易随情境而变化,稳定性低;而那些在不同情境下都会表现出来的认知、情感和行为模式的稳定性就很高,例如,边缘型人格障碍患者的情绪不稳定性、回避型人格障碍患者与社会格格不入的感觉。因此，人格障碍诊断结果随时间而下降的趋势主要与急性症状的消退有关，但这并不能囊括人格障碍的全部内容。很多人格障碍患者不再符合人格障碍诊断标准后，仍旧表现出明显不适宜的社会行为（Gunderson et al.，2011）。为了更充分地体现人格障碍的本质，DSM－5 第三部分的人格障碍混合诊断模型提出，由病理性人格特质和人格功能这两种跨时间稳定性不同的因素共同界定人格障碍。病理性人格特质会表现出中等水平的等级稳定性和均值稳定性，人格功能比病理性人格特质的跨时间稳定性更高。因此，不能简单地推论人格障碍会随年龄增长而逐渐消退。

5.2.3 人格障碍在成年晚期的表现

人格和人格障碍在生命全程具有相对稳定性。个体到成年晚期后，个性和行为表现都会随角色和情境改变而发生相应的变化，使得人格障碍在成年晚期的表现不容易被鉴别，研究者对成年晚期人格障碍的研究受到了多重挑战，而人格障碍又是影响成年晚期生活质量的重要因素。研究者很难区分人格病理问题和老化带来的痛苦（Abram & Bromberg，2006）。对于一些失去了生活自理能力的老人，我们很难区分他们的依赖性是一种人格特质还是特殊需要。因此，正视人格障碍在成年晚期的特殊表现，发展相对可靠的有效诊断策略，能够减轻人格障碍对成年晚期个体及其身边照料者的伤害。

对老年人的人格障碍研究比较少，已有研究使用的研究方法、诊断工具各不相同，因此人格障碍在成年晚期的流行病学数据差异也比较大。总体而言，至少符合一类人格障碍诊断标准的老年人的比率在3%～13%之间（Van Alphen，Derksen，Sadavoy，& Rosowsky，2012），那些生活不能自理和有身体疾病或精神疾病的老年人符合人格障碍诊断标准的概率非常高（Schuster，Hoertel，Le Strat，Manetti，& Limoson，2013）。在接受心理健康门诊服务的老年人群体中，人格障碍患病率在 5%～33%之间，在接受精神疾病住院治疗的老年人群体中，人格障碍患病率在 7%～80%之间（Schuster et al.，2013）。

人格障碍在成年晚期的表现明显不同于在成年早期和中期的表现。随着年龄的增长,个体进入成年晚期后,生理特征和社会互动都会发生明显的变化,因此也就不难理解他们的人格障碍表达方式会有所改变。以边缘型人格障碍患者为例,他们在成年早期和中期的冲动性症状表现为难以忍受孤独,为了留住亲密他人而采取激烈的行为相威胁。到了老年期,他们可能会表现出焦虑的依附行为,比如,给家人频繁地打电话、发消息,或者通过身体的痛苦来获取他人的关心(Sadavoy, 1987)。他们的冲动和攻击行为并没有像其他研究者报告的那样呈现下降趋势,只不过是换了一种不一样的表达方式。他们可能不会像年轻的时候那样,采用自杀威胁、自我伤害、飙车等激烈的表达方式,而是会表现出老年生活特有的冲动行为,比如,药物滥用、冲动地更换照料人、擅自离开医院、违背医嘱等(Van Alphen, Derksen, Sadavoy, & Rosowsky, 2012)。

5.2.4 成年晚期人格障碍的影响

选择—优化—补偿模型。人格障碍会影响个体的身心健康、职业成就和人际关系,但这方面的实证研究主要集中在成年早期和中期,成年晚期的相关研究非常匮乏。选择—优化—补偿模型是理解老年人如何面对老化挑战的理论框架(Baltes & Baltes, 1990),可以作为我们理解成年晚期人格障碍如何影响老年人生活质量的重要依据。选择—优化—补偿模型认为,人到老年之后,会更清晰地体会到时间和精力的有限性,因此会调整自己的应对策略,更有选择性地安排日常活动,尤其是那些需要投入个人情感的活动,同时会最优化个人的强项,更聚焦于智力和创造性活动而不是体育活动,从而弥补老化带来的身体、认知等相关功能的退化(Baltes et al., 1990)。人格健康的老年人能够通过选择—优化—补偿模型更好地应对老化带来的挑战,然而那些成年晚期存在人格障碍,或者曾经被诊断为人格障碍患者的老年人,他们既没有太多可选择的资源,也没有足够的个人优势来面对老化现象,因此人格障碍可能会使得他们的老年生活质量变得更糟糕(Segal, Zweig, & Molinari, 2012)。

以自恋型人格障碍患者为例，他们始终以自我为中心，渴望成为他人生活的焦点。他们在成年期可能会通过在某个领域的卓越工作表现来满足自己成为焦点人物的需求。迈入成年晚期后，随着个人职业价值的衰减，他们想要得到他人认可的需求难以满足。他们的目标群体可能会从同事转变为家人，一旦家人不能像他们期望的那样欣赏、崇拜他们，他们狂妄又脆弱的自我就会受到伤害，从而表现出暴怒、悲伤等消极情绪。同时，他们的家人或其他照料者也会因为不堪其扰而选择远离他们。由此可以看出，自恋型人格障碍患者将他们的注意都集中在如何成为众人关注的焦点上，当他们没有了工作，失去了表现自我价值的固定平台，就不知道如何调整策略以弥补自我价值感的缺失（Segal, Zweig, & Molinari, 2012）。

生活压力事件。为了检验人格障碍对老年人生活的可能影响，有研究追踪了 1 234 位 55～64 岁的老年人，以他们感受到的生活压力事件的频次和强度作为评估老年人生活质量的重要指标（Gleason, Powers, & Oltmanns, 2012）。研究结果支持边缘型人格障碍会增加老年人在人际领域的压力事件，尤其是不稳定的人际关系、冲动性，以及长期的空虚感这三种边缘型人格特质，对老年人的人际功能有着特别显著的负面影响（Powers, Gleason, & Oltmanns, 2013）。更有意思的是，边缘型人格障碍的个体会表现出更高水平的伴侣攻击行为，人际功能持续受损，然而，反社会型人格障碍在成年晚期对人际关系的影响会减弱（Weinstein, Gleason, & Oltmanns, 2012）。

身体健康。身体健康作为老年生活最核心的主题，是评估成年晚期人格障碍的最合适的指标。尽管没有研究直接检验两者之间的关系，但是不论在人生的哪一个阶段，人格障碍都可能会增加主动自我破坏行为，从而对身体健康带来不利的影响。有研究者（Chen et al., 2009）通过 20 年的追踪研究证实了青少年时期的人格障碍会影响成年后的身体健康。如果不考虑人格障碍，那么轴 I 心理障碍与身体健康之间的负相关会被严重低估。那些同时符合轴 I 心理障碍和轴 II 人格障碍的青少年，成长的过程中会体会到更高水平的疼痛、身体疾病和更糟糕的身体健康状况。成年晚期的人格障碍对身体健康的影响也会通过一系列适应不良的认知、情感和行为模式起作用。例如，依赖型人格障碍患者可能会在情感上过度依赖配偶，选择忍受配偶的家庭暴力行为，从而增加身体受伤的风险；回避型人格障碍患者可能会因为害怕向他人求助而错过了疾病治疗的关键期，导致身体健康严重恶化（Chen et al.，2009）。

5.2.5 成年晚期人格障碍诊断的测量学问题

根据米歇尔的人格不具有跨情境一致性的理论观点，同一种人格特质在不同情境下会有不同的表现形式（Mischel，1969，2004）。成年晚期会出现不同于其他发展阶段的一些特征，比如，丧偶、退休、性欲下降、生活自理能力减弱，等等。因此，通过方便取样而发展的人格障碍评估方法并不完全适用于成年晚期的个体，它面临的一个重要问题就是表面效度低。比如，回避型人格障碍的一条诊断标准是"回避职场活动……"，这对退休老人而言，是一种生活常态，不能作为评估人格障碍的标准（Segal，Coolidge，& Rosowsky，2006）。精神分裂型人格障碍的诊断标准之一是"不享受，也没有性关系"，然而老年人的性生活在数量和质量上下降是受到生理特征的影响，即便符合这一诊断标准，也不能将其作为评估精神分裂型人格障碍的诊断依据（Zweig，2008）。

评估工具表面效度低会直接影响内容效度和评估的可靠性等一系列测量学问题。以回避型人格障碍为例，它有 7 条诊断标准（APA，2000，2013）：回避一些涉及较多人际接触的职业活动，因为害怕被别人批评、拒绝或反对；不愿意与别人打交道，除非肯定别人喜欢自己；回避与别人有亲密的关系，因为害羞或担心被取笑；经常担心在社交场合被批评或拒绝；不参加新的人际交往，因为觉得自己能力不足；认为自己在社交方面没有能力，没有吸引力或比别人差；特别不愿意参与新活动，因为可能招致难堪。以上内容都是为活跃在职场和社交场合的中青年设计的，如果采用这些诊断标准来评估老年人的人格，就可能会出现两种情况：一种情况是，老年人长期离群索居，在以上项目上都报告没有，容易漏报老年人的回避型人格障碍；另一种情况是，老年人离开职场回归家庭后，参与新的人际交往时并不像年轻人一样应对自如，从而在以上项目上都报告有，但事实上这可能是老年人的一种生活常态，由此出现虚报老年人回避型人格障碍的问题。不论是漏报还是虚报，都表明采用现有的回避型人格障碍诊断标准评估老年人人格障碍会存在内容效度低的问题(Segal et al.，2006，2012)。

此外，由于人格障碍评估工具表面效度低，因此不同的临床工作者或研究者会作出不同的解读和决策，使得人格障碍的诊断信度低。有些研究者可能会选择性运用表面效度好的项目，放弃表面效度不好的项目；有些研究者可能会根据自己的理解修改表面效度不好的项目，然后继续使用；还有些研究者可能会选择放弃这种诊断方式(Balsis et al.，2007)。研究者或临床工作者这种个性化的处理方式会增加研究者或临床工作者之间的评估误差，从而导致评分者一致性信度低。

评估工具的有效性和可靠性是研究成年晚期人格障碍的重要前提，以上测量误差的存在会与人格障碍随年龄而发生改变的可能性相混淆，从而歪曲人格障碍在老年人群体中的真实发生率。例如，有研究者(Black，Baumgard，& Bell，1995)追踪了 21 名年轻时被诊断为反社会型人格障碍患者的老人，只有 2 人还符合反社会型人格障碍的诊断标准。从研究数据来看，反社会型人格障碍的特征随时间而消退了。然而，根据研究者的质性观察，这些不再符合诊断标准的被试，他们在日常生活中仍然是糟糕的伴侣、不合格的员工、不可靠的朋友，有着大量的人际功能问题。因此，即便他们不再符合人格障碍的诊断标准，他们仍然保留着大量的人格病理问题。

因此，要解决老年期人格障碍研究过少的问题，首先需要发展适合老年人阶段特征的人格障碍诊断工具。根据老年人在生理、人际和职业等方面的变化，在已有成人量表的基础上修改相关项目的表述方式或不适宜老年人作答的内容，使它们能够准确反映病理性人格特质在成年晚期的表现。已有研究者在这方面开展探索性工作。比如，有研究者(Van Alphen et al.，2006)发展出一套广泛评估老年人人格病理问题的工具，包含自我报告项目和他人报告项目，两者都包含 7 个评估习惯性行为的条目，以及 9 个评估个人基本信息的条目。这套评估工具在接受心理健康服务的老年人群体中表现出良好的灵敏性和特异性，也就是说，它能够很好地筛查人格障碍的老年患者。与此同时，它的内部一致性和重测信度都更为理想。

5.3 简评与展望

毕生发展视角下的人格障碍研究能够让我们清晰地看到人格障碍形成和发展的轨迹，有助于研究者和临床工作者准确识别生命不同阶段的人格障碍，提供与年龄发展需求相匹配的干预和治疗。但是，已有的研究仍旧以横断研究和不同发展阶段的纵向研究为主，缺乏贯穿生命全程的纵向追踪研究。这种研究现状主要是因为研究者长期不重视儿童青少年时期和老年期两个阶段的人格障碍，导致现有的人格障碍诊断方式并不适用于诊断这两个发展阶段的人格障碍，使得我们不能全面、准确地理解人格障碍的前因后果。今后的研究还需要在以下两个方面继续努力。

第一，发展适合儿童青少年和老年人的人格障碍诊断工具，或者适合所有年龄段人群的诊断工具，而不仅仅将人格障碍视为成年早期和中期的发展问题。人格障碍是任何阶段都可能存在的一种心理疾病，会影响到个体整体的社会适应功能和总体生活质量。研究工具本身的信效度过低，会导致人格障碍诊断出现漏报和虚报两种错误，从漏报的角度来看，我们将失去帮助人格障碍患者的恰当时机；从虚报的角度来看，可能会提高虚报对象被污名化的可能性。

为了解决现有的人格障碍诊断系统在儿童青少年时期和成年晚期不适用的问题，塔克特等人（Tackett et al., 2009）提出了两种选择方案：发展适合不同年龄段的诊断系统，以及发展适合任何年龄段的诊断系统。发展与年龄阶段特征相匹配的诊断系统最适合解决人格表现的情境依赖性问题。然而，不同年龄阶段采用不同的人格障碍诊断工具并不利于研究者进行比较研究和纵向追踪研究(Balsis, Gleason, Woods, & Oltmanns, 2007)。为了更好地比较人格障碍在成年早期、中期和晚期的发展变化,适合不同年龄段的同一种评估工具才是更理想的选择。这种不受特定年龄影响的评估工具有助于研究者探究人格障碍的年龄发展特征,也能够帮助临床工作者更为自信地作出人格障碍诊断,而不必考虑自己的诊断方式是否符合来访者的年龄(Zweig, 2008)。

DSM-5第三部分人格障碍混合诊断模型被认为是适用于任何年龄段的潜在评估方式。德巴等人(Debast, Rossi, & Van Alphen, 2018)分别检验了人格功能受损严重程度量表和病理性人格特质量表在年轻人和老年人群体中的项目功能区分度。虽然结果并不支持这两种测评工具的年龄中立性,但是可以看出,人格功能受损严重程度量表的年龄中立性要优于病理性人格特质量表的年龄中立性,前者只有一个维度表现出测试功能的年龄差异性,后者在四个领域表现出测试功能的年龄差异性。然而,在筛查老年人群体中的人格障碍患者时,病理性人格特质量表的有效性和可靠性要优于人格功能受损严重程度量表,同时,两种测评工具都是适合老年人群体的人格障碍诊断工具。

第二,从维度视角重新认识人格障碍,揭示适应性人格特质和适应不良的人格特质共有的人格特质维度结构,以及人格障碍的界定维度在毕生发展过程中的变化规律。当前人格障碍研究集中于那些表现出急性症状的人格障碍,比如边缘型人格障碍和反社会型人格障碍,对于那些适应功能受损,但尚未表现出急性症状的人格障碍患者缺少相应的研究和治疗,并由此推断出人格障碍没有有效的治疗方法,或人格障碍是最难诊断、最难治疗的一类心理问题(Newton-Howes, Clark, & Chanen, 2015)。然而,从生命全程发展的视角和人格障碍的特质维度模型来看,人格障碍是个体与环境交互作用的阶段性表现,当我们将治疗重点转向基于人格特质持续改变的有效方法,而不仅仅是消除应激症状的治疗方法时,就能够提升人格障碍治疗的效能感,减少临床工作者对人格障碍患者的污名化效应。

当研究者和临床工作者将人格障碍诊断设定在青少年晚期和青年

早期时，就很容易忽视从人格层面帮助儿童青少年健康发展，事实上，诸多实证研究表明，儿童青少年时期的人格特质是成年后应对挑战和困境时表现出心理复原力或适应不良的主要预测指标（Shiner & Masten, 2012）。但是，由于我们认为儿童青少年人格特质处于发展变化过程中因而采取被动等待的态度，对儿童青少年的心理问题采用“头痛医头，脚痛医脚”的片面视角，较少从人格特质这个更深层次的根源上去想办法应对，从而提高了人格障碍的治疗难度，以及儿童青少年成年后被诊断为人格障碍患者的风险。到了老年阶段，如果我们持续关注个体的人格健康问题，就有可能发展出适合老年人人格完善的方法，对他们的成长可能性保持积极的期待，从而提升老年人的生活质量和身体健康水平。

6 依恋与人格障碍

生命早期的依恋关系是我们每个人看待自我和世界的窗口。当我们还是婴儿的时候，我们完全依赖于抚养人的照料才能生存下来。如果主要抚养人能够敏感地觉察到婴儿的生理和情感需求，并作出及时的、准确的回应，婴儿就会内隐地形成“我是可爱的，他人值得信赖”的内隐思维模式。相反，如果婴儿发出的求助信号总是得不到回应，主要抚养人无法与婴儿产生情感共鸣，这种挫折感就会使婴儿形成“我不可爱，他人不可靠”的内隐思维模式。这种关于自我和他人的认知图式会持续反映在个体的人格功能中。具有安全依恋的孩子，他们对自我和世界的认识都是积极的，因此他们既敢于活出真实的自我，又有能力与他人发展稳定的亲密关系。但是，对于未能形成安全依恋的孩子，他们要么觉得自己是好的、他人是不好的，要么觉得自己和他人都不好，从而导致他们在追求自我价值和人际情感联结时陷入持续的冲突矛盾之中，或是过于关注自我的需求，回避或惧怕亲密关系；或是过于关注人际需求，不惜牺牲自我的真实需求，否定自我的价值。

在《情感依附：为何家会影响我的一生》这本书中，精神科医生记录了 76 名婴儿从出生起到 30 岁的成长过程，根据这些孩子不同的生活路径可将他们分为五组：成功者、童年痛苦外化组、童年痛苦内化组、未按照预期发展组，以及超出预期组。获得成功并不单纯是指职业成就，还包括拥有坚强、健康的人格和高尚的道德价值感。虽然他们的成长环境各不相同，但是他们的父母都有一个相似的信念，即父母能够给予孩子最重要的东西就是被爱的感觉和家庭中的安全感，无论世道如何变化，父母对孩子的态度和行为都应保持稳定和一致，并给予孩子爱和支持。那些成年之后表现出内化情绪问题和外化行为问题的孩子，他们的父母也存在一些共同的特征，比如，父母在他们小时候就难以理解他们的内心需求和情绪感受，将他们看作没有独立意志的、依附父母而存在的客体，从而导致这些孩子从小就未能与父母建立情感联结和安全的依恋关系。超出预期组的孩子只在职业成就上突破了家庭的局限性，但在情感和人际领域仍旧表现得非常笨拙，对情感表达和人际交流始终感到不舒服，沉浸于科学或技术类的工作，避免卷入人际互动，他们爱的能力就如同一个人的第二语言，因为起步晚、学习机会少而始终不能自然、流畅地运用。

本章将依次从人格障碍分类和人格障碍维度的视角探讨依恋与人格障碍的关系，并详细介绍依恋理论指导下的人格障碍治疗方法及其效果。从已有人格障碍的发展病理学研究可以看出，依恋关系（即个体在生命早期与主要抚养人的情感联结）是被研究证明的最普遍而深入的一个诱发因素，对人格障碍的形成、表现及治疗都起着关键作用（Fonagy, Target, Gergely, Allen, & Bateman, 2003）。从人格障碍的成因来看，个体生命早期与主要抚养人建立的依恋关系的质量是预测成年后人格障碍的重要因素，不安全型依恋的个体患有人格障碍的风险要显著高于安全型依恋的个体（e. g., Westen, Nakash, Thomas, & Bradley, 2006）。从人格障碍的具体表现来看，不安全型依恋的个体表现出来的个性特征和行为问题与人格障碍患者的症状在很大程度上存在重叠。从人格障碍的治疗方法来看，基于实证研究的人格障碍治疗方法通常都是直接或间接地运用依恋理论，依恋理论不仅帮助研究者和治疗师实施人格障碍治疗，而且是研究者和治疗师理解人格障碍患者参与治疗的过程和预后的重要依据（Levy, Johnson, & Scala, 2015）。

6.1 依恋与人格障碍类型的关系

许多研究者都热衷于考察人格障碍患者的依恋模式，发现不同类型的人格障碍患者都会表现出某种程度上的不安全型依恋，安全型依恋的个体患人格障碍的风险非常小（Van IJzendoorn & Bakermans-Kranenburg, 1996）。根据依恋类型的划分方法，不安全型依恋包括焦虑型、回避型和混乱型。焦虑型依恋风格的个体对拒绝信号特别敏感，表现出亲密焦虑/愤怒的情感图式，在表演型、回避型、边缘型和依赖型人格障碍患者中较为常见；回避型依恋风格的个体不信任他人，强迫自己独自承担所有事情，始终和他人保持距离感，在精神分裂型、自恋型、反社会型和偏执型人格障碍患者中更为常见（Levy, 2005；Lorenzini & Fonagy, 2013）。然而，大多数依恋类型与人格障碍诊断类别之间关系的研究都聚焦于边缘型人格障碍患者，这主要是因为他们的症状和不安全型依恋风格的特征具有更高的重叠性，而且早期依恋关系对边缘型人格障碍的形成具有特别重要的意义，对应关系也比其他人格障碍更复杂。

已有理论和实证研究认为，边缘型人格障碍与焦虑/矛盾型依恋风格有关。边缘型人格障碍患者在生命早期经历过的人际攻击、忽视和被抛弃威胁会导致他们既想要寻求人际温暖和支持，不能忍受孤独，又常常将当前的关系感知为具有攻击性的和被忽视的，害怕被伤害和抛弃。反复验证亲密感，通过请求或其他引人注意的方式和无原则的帮助行为维持亲密感，是边缘型人格障碍与焦虑/矛盾型依恋风格共有的特征。因此，边缘型人格障碍患者具有焦虑/矛盾型依恋风格的可能性最大（Levy, 2005）。

混乱型依恋风格在边缘型人格障碍患者中也较为常见。有研究者（Fonagy et al., 2016；Holmes, 2003, 2004）认为，边缘型人格障碍的根源在于童年期混乱的依恋模式。霍姆斯（Holmes, 2004）甚至认为，混乱型依恋风格和边缘型人格障碍其实是一回事，这个结论也得到了不少实证研究的支持。大量证据表明，混乱型婴儿的抚养者通常以敌意的或无助的、分离的或混乱的、恐吓的或惊吓的行为回应婴儿的痛苦，这就意味着婴儿的情绪表达暂告失败。于是，这些婴儿开始将他们内部的情绪唤起看作被抛弃的危险信号，这会导致他们发展出糟糕的自我表征，使得他们对往后的创伤经历更为敏感，由此也导致糟糕的人际关系和情绪调节能力(Fonagy et al., 1996; Patrick et al., 1994; Stalker & Davies, 1995)。混乱型依恋会导致混乱的自我。个体独处时,一种不可逃避的,从自我内部体验到的痛苦的破坏性表征会接近他,这会令他感到不安和脆弱。如果人际关系不允许外化,那么个体会体验到自我消失、心理融合,以及所有关系的边界瓦解的危险(Fonagy, Target, & Gergely, 2000)。

如果同时考虑人格障碍与轴 I 心理障碍的共病情况,那么我们能够更好地理解依恋与边缘型人格障碍的复杂关系。当患者既符合边缘型人格障碍的诊断,也符合焦虑或情绪障碍的诊断,那么他们更可能属于焦虑型依恋风格;如果患者既符合边缘型人格障碍诊断,也符合物质滥用诊断,那么他们更可能属于回避型依恋风格(Lorenzini et al., 2013)。这也是为什么边缘型人格障碍与混乱型依恋风格得到较多研究者关注的原因。边缘型人格障碍的表现形式比较复杂多样,不安全型依恋的各种表现能够解释不同的症状。但是,由于人格障碍分类诊断的局限性,即一个患者可能同时符合多种人格障碍或其他心理障碍诊断标准,符合同一种人格障碍或心理障碍诊断标准的不同个体之间也存在表现形式的差异,若要从发展的视角理解依恋与人格障碍之间的关系,就必须考虑以维度诊断替代分类诊断,关注每个个体表现出来的依恋风格与人格障碍表现形式之间的关系,而不是只关注人为诊断标签下的特定关系。

6.2 依恋与人格障碍维度的关系

DSM - 5 主体部分继续沿用 DSM - IV - TR 的分类诊断模型,同时将 DSM - 5 人格障碍修订小组力推的人格障碍维度诊断模型纳入 DSM - 5 第三部分(Krueger & Markon, 2014)。新的诊断方式:先通过人格功能受损程度来判定是否要作人格障碍诊断,包括自我功能和人际功能;然后通过病理性人格特质来判断属于哪一种类型的人格障碍,分别有消极情绪性、分离感、对立违抗、去抑制和精神质5大病理性人格特质领域(Skodol, Bender, & Oldham, 2014);将10种类型的人格障碍简化为6种,且每一种人格障碍都由人格功能受损程度以及有代表性的病理性人格特质共同界定;由人格障碍具体特质来解释所有人格障碍的表现(APA, 2013)。这种新的诊断方式得到大多数人格障碍研究者和临床工作者的认可,被认为是取代分类诊断方式的最理想方式,能够很好地处理分类诊断模型始终无法解决的信效度过低等问题(Bernstein, Iscan, & Maser, 2007)。接下来将从DSM-5第三部分的人格障碍维度诊断模型的视角出发,全面解析并澄清依恋与人格障碍的关系。

6.2.1 依恋与人格功能

布拉特和利维(Blatt & Levy, 2003)在依恋理论和实践研究中提出依恋的两极观:依恋和分离。依恋的两极也是人格发展的两条基本路径:人际联结和自我概念。健康人格是以上两条基本发展路径以一种互惠的、辩证的交互作用不断达到动态平衡的结果。人格发展问题则是个体过于投入其中一条发展路径而牺牲了另一条发展路径的不平衡结果,表现为情感依附型和内在投射型两大人格病理问题(Blatt et al., 2003)。情感依附型人格病理问题是过于关注与人际联结相关的发展需求,从而牺牲了自我的正常发展,包括依赖型人格障碍、歇斯底里型人格障碍,患者常常采用回避型防御机制(退缩、否定、压抑)来应对心理冲突和压力。内在投射型人格病理问题是过于关注如何建立、保护和维持自我概念和自我价值,常常以牺牲良好的人际联结为代价成全自我的发展需求,包括偏执型人格障碍、强迫型人格障碍,以及抑郁型人格障碍,患者常常采用反向作用的防御机制(投射、合理化、过度补偿等)来应对心理冲突和压力(Blatt & Levy, 2003)。人格发展病理问题的两种表现形式和两种不安全型依恋的具体表现具有内在连续性,焦虑型依恋的个体过于追求人际联结而不能忍受独处,回避型依恋的个体则过于保护自尊而否定人际联结的需要(Blatt et al., 2003)。相比而言,安全型依恋的个体会同时表现出建立情感联结的能力,以及容忍和享受分离的能力,他们能够整合人际联结和自我概念两条发展路径，建立良好的人际关系，以及积极的、真实的自我同一性。

DSM－5第三部分将自我和人际功能作为评定人格障碍的首要标准正是以布拉特等人的依恋和人格发展两极理论为依据。人格障碍的实证研究也支持不同人格障碍都存在自我和人际功能缺陷。例如，自恋型人格障碍，特别是浮夸型自恋，主要特征就是高估自我的重要性，总是对他人充满愤怒，追求人际控制感和特权感，轻视他人的感受和价值，不能与他人共情(Russ, Shedler, Bradley, & Westen, 2008)。边缘型人格障碍患者自我和人际功能受损状况最为严重，他们的自我概念极其不稳定，情绪调节功能严重受损，对他人的认识非黑即白，导致他们总是处于人际联结的两个极端，要么过度依赖，要么与社会分离(Cheavens, Strunk, & Chriki, 2012)。有研究者(Morey, Bender, & Skodol, 2013)通过对比研究检验DSM－5将自我和人际功能受损作为人格障碍评定标准的敏感性和特异性，结果发现，自我和人际功能受损中等以上水平具有最理想的敏感性和特异性。

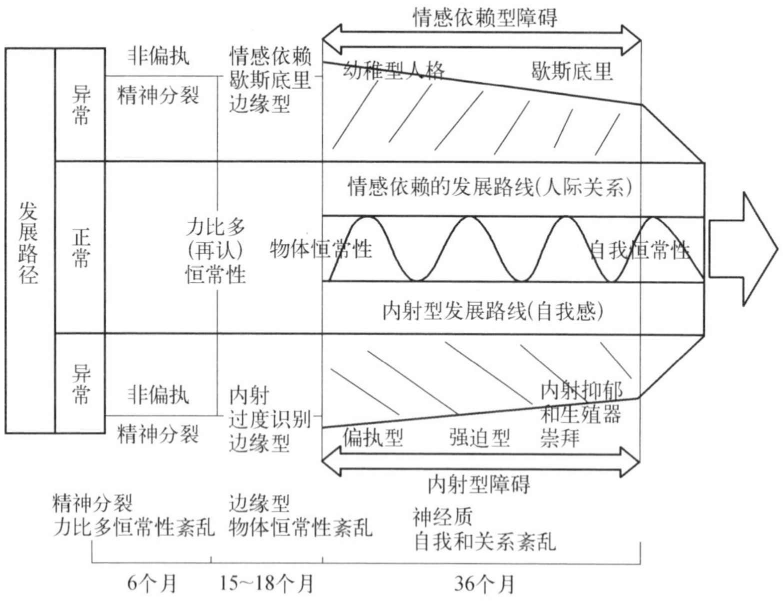

图6－1　依恋和人格发展两极理论

依恋与自我功能的关系

在 DSM-5 精神疾病诊断手册中，自我功能由自我同一性和自我指导能力两个子维度共同评定。自我同一性不良的评估标准包括自我和他人之间界限不清晰、自我概念扭曲，以及情感表达与情境或内在经验不一致（APA, 2013）。自我指导是指追求稳定的、有意义的生活目标，采用建设性的、亲社会的行为标准，能够建设性地自我反思（APA, 2013）。自我同一性和自我指导能力表现出中等以上的受损程度，即可以考虑人格障碍诊断的可能性。依恋与自我同一性、自我指导能力之间关系的直接或间接证据，能够更为清晰地揭示不安全型依恋对于人格障碍形成的重要作用。

依恋与自我同一性。自我同一性是青少年阶段才正式完成的自我发展任务，在完成自我同一性之前，衡量自我概念的一个重要指标是自尊。依恋与自尊的关系得到了大量研究的支持（e. g., Shaver, Mikulincer, Sahdra, & Gross, 2016）。和父母或同伴建立了安全型依恋的个体，具有更高水平的自尊；焦虑型依恋风格的个体自尊水平更低，回避型依恋风格的个体会表现出外显自尊显著高于内隐自尊的认知偏差（Dentale, Vecchione, DeCoro, & Barbaranelli, 2012）。安全型依恋也会直接影响青少年阶段自我同一性的完成情况（Zimmermann & Becker-Stoll, 2002）。自我同一性完成是基于自主探索和主动承诺两个维度的组合。安全型依恋能够为个体提供自主探索的安全基地，并促进青少年作出主动承诺。

以性别角色同一性为例，青少年最重要的发展任务就是探索男性化和女性化，并且将两者整合为一种成熟的、灵活的、适应性的性别角色同一性（Bem, 1981）。焦虑型依恋的个体总是怀疑自己的效能感和掌控感，这会妨碍他们男性化角色的形成；回避型依恋的个体更偏好人际距离，倾向于压抑自己的情感，这会妨碍他们女性化角色的形成（Alonso-Arbiol, Shaver, & Yárnoz, 2002；Mikulincer et al., 2013）。不安全型依恋个体的认知闭合特点，以及对刻板思维的依赖性可能会支持他们认同传统的性别角色，从而不鼓励与传统观念不一致的性别角色探索，因此通常不会发展出高水平的心理双性化特征(Mikulincer et al.，2013)。

依恋与自我指导能力。依恋风格对个体如何确定自我的人生目标，以及在实现目标的过程中采用哪种应对方式都具有重要的预测作用(Mikulincer et al.，2013;Mikulincer & Shaver，2008)。

埃蒙斯(Emmons，1997)将个人努力追求目标的过程具体化为三个维度：承诺程度、预期结果、追求目标可能遇到的威胁评估。安全型依恋的个体具有更高的成就动机，对失败的恐惧水平更低，同时会采用更为积极的态度趋近个人成就目标，比如，他们会采用掌握—趋近策略达成目标，而较少采用表现—回避策略达成目标(Elliot & Reis，2003)。但是，不安全型依恋的个体，不论是回避型还是焦虑型，都缺乏一个安全基地，由此导致他们不敢趋近目标，表现出更低水平的成就需求和掌握目标(Elliot et al.，2003)。回避型依恋的个体更倾向于弱化获取成就的活动带来的兴奋感，哪怕只是很小的困难，他们也会过早地逃避这些活动。焦虑型依恋的个体更害怕失败，他们会夸大与成就相关的威胁，对追求目标可能遇到的困难作出更高水平的预估，低估成功的可能性，从而选择回避有挑战性的目标(Elliot et al.，2003)。

实现目标的过程并不是一蹴而就的，需要个体具备良好的自我调节能力。根据卡弗等人(Carver & Scheier，1990)的反馈控制理论，成功的、适应良好的自我调节取决于个体能够准确地评估实现目标的机会和限制。当有机会时，安全型依恋的个体能够排除困难，坚持实现目标；当外在或内在的困难使目标变得不可实现时，他们能够从目标中抽离出来。通过这样明智的策略，安全型依恋的个体很少错过实现目标的机会，同时能够在目标不可实现时避免反复失败。但是，两种类型的不安全型依恋依赖的过度激活和去钝化策略导致个体在涉及继续坚持目标还是从目标中抽离出来的选择中作出糟糕的决策。回避型依恋的个体常常会对困难作出防御性反应，过早中断目标追求行为。相反，焦虑型依恋的个体会难以放弃对不可实现的目标的追求(Mikulincer et al.，2008)。

依恋与人际功能的关系

人际功能由共情和亲密感两个指标共同评定。健康人格表现出来的共情包括：大多数情况下都能够准确理解他人的经验和动机，即便在自己不同意的情况下，也能够理解和欣赏他人的观点；能够意识到自己的行为对他人的影响（APA，2013）。亲密感的正常表现包括：能够与他人建立有深度的长期关系，想要且有能力与他人亲近，在人际交往行为中具备相互关心的能力（APA，2013）。在共情和亲密感两项指标上表现出中等以上水平的功能不良即可考虑存在人格障碍的可能性。

依恋与共情。已有研究支持依恋与共情以及亲社会行为的关系。共情可以分为情感共情和认知共情，情感共情包括对他人的痛苦感同身受，认知共情包括观点采择和移情关怀（Davis，Hull，Young，& Warren，1987）。当他人有所需要时，回避型依恋的个体在情感共情方面比安全型依恋的个体要差，看见他人的痛苦并不会引发自身的痛苦，但实际上他们能够识别诱发他人痛苦的信息（Monin，Schulz，Feeney，& Clark，2010）。焦虑型依恋的个体会表现出高水平的情感共情和低水平的认知共情，他们会过度卷入痛苦承受者的内心世界，看到他人的痛苦也会表现出高水平的自我痛苦，甚至会过高评估诱发他人痛苦的外部信息（Monin et al.，2010；Vilchinsky，Findler，& Werner，2010）。即便如此，他们仍旧难以像安全型依恋的个体那样，将共情感受转化为亲社会行为，因为他们不能真正从需要帮助者的视角考虑问题（Vilchinsky et al.，2010）。

依恋与亲社会行为的关系更为复杂。有研究者（Kogut & Kogut，2013）通过一系列实验研究发现，不同依恋风格的个体在接收他人需要帮助的信息时，会依据信息是否准确，以及需要帮助的他人与自己的相似程度而作出不同的选择。安全型依恋个体的帮助行为不容易受到外部信息的干扰。焦虑型依恋的个体更愿意帮助那些清楚呈现个人信息的人，因为这些个人信息有助于焦虑型依恋的个体在需要帮助的他人与自己之间建立特殊联结。回避型依恋的个体在大多数情境下都表现出一致的、较低水平的亲社会行为（e.g.，Tsilika，Parpa，Zygogianni，Kouloulias，& Mystakidou，2015），这可能是因为他们害怕与他人建立亲密联结。有研究者（Richman，DeWall，& Wolff，2015）试图降低亲社会行为与情感亲密性之间的联结水平，结果发现，当回避型依恋的个体相信帮助行为不会增强他们与被帮助者的亲密感时，他们的帮助意愿与回避型依恋水平低的个体不相上下。

依恋与亲密感。在亲密关系形成前和形成后的各个阶段，都有研究支持依恋类型的重要作用。从情感交流和自我表露的角度来看，焦虑型依恋的个体和回避型依恋的个体一样，他们对亲密对象的积极回应和情感支持都很少（Collins & Feeney, 2000）。回避型依恋个体的人际目标是维持安全的情感距离，最小化人际依赖。因此，他们对于温暖的、情感丰富的人际交流会感到不舒服。他们的自我表露意愿也非常弱，表现出强制性封闭的姿态（Mikulincer & Nachshon, 1991）。这使得他们不能准确识别人际交往的亲密信号，从而降低他们的亲密关系满意度（Schachner, Shaver, & Mikulincer, 2005）。焦虑型依恋的个体虽然愿意自我表露，但他们的自我表露以自我为中心，将自我表露看作缓解被抛弃焦虑以及索求他人关心的手段，并不利于促进双向的关系满意度和主观幸福感（Mikulincer et al., 1991）。

照顾行为，即我们如何照顾重要他人，也会影响亲密感（Shaver, Mikulincer, Gross, Stern, & Cassidy, 2016）。根据科林斯等人（Collins, Guichard, Ford, & Feeney, 2006）的观点，最优照顾行为需要的心理资源大多来源于安全型依恋，不安全型依恋最有可能破坏反应式的照顾行为。焦虑型依恋导致人们过于关心自己的痛苦和未满足的依恋需要，从而未能将心理资源分配到帮助对象的真实需要上。此外，焦虑型依恋的个体对亲近感、支持和爱的强烈需要可能会污染他们的照顾动机，使后者带有强烈的自我中心倾向。这种自我中心倾向会导致侵入式的照顾行为，使个体对照顾对象传递的信息很不敏感，在他人不需要帮助的时候过分沉浸在帮助他人的自我满足状态中，由此导致人际愤怒和不满（Collins et al., 2006）。回避型依恋个体的消极他人工作表征会妨碍最优照顾行为，他们不喜欢表达需要和依赖他人的人际交往模式可能会导致他们远离那些真正需要帮助的人，较少表现出照顾行为（Mikulincer et al., 2008）。

6.2.2 依恋与病理性人格特质

在新的诊断模式中，人格功能是评估所有人格障碍的核心维度，由此确定个体患有人格障碍的可能性。但是，人格功能受损并不能区分不同类型的人格障碍，为了作出更为精确的诊断，还需要进一步评估人格功能受损的个体表现出来的典型的病理性人格特质，从而确定他们属于哪一种类型的人格障碍（APA，2013）。DSM－5 人格障碍修订小组在整合人格五因素模型，以及其他适应不良的人格维度模型基础之上发展出病理性人格特质模型和 DSM－5 人格问卷，包括消极情绪性（对应神经质维度）、分离感（对应外向性维度）、对立违抗（对应随和性维度）、去抑制（对应尽责性维度），以及精神质（对应开放性维度）五个维度（Krueger & Markon，2014）。莱维斯（Levis，2016）在其博士论文中全面检验了五大病理性人格特质与依恋风格的关系，结果发现，焦虑型和回避型依恋水平越高，五大病理性人格特质的得分也越高，它们之间存在一致的、中等以上水平的显著正相关。但就每一个病理性人格特质的概念界定和评估范畴来看，也有大量实证研究支持依恋在病理性人格特质形成过程中所起的重要作用。

依恋与消极情绪性。不安全型依恋与消极情绪性的相关证据最为丰富。焦虑型依恋个体具有的消极自我表征和积极他人表征会使他们表现出与人际问题相关的高水平消极情绪。他们对人际拒绝的负面线索很敏感，且容易沉浸在这类事件的反刍状态中，在害怕没有他人自己活不下去，以及担心他人无法满足自己的亲密需求的矛盾心态之间左右摇摆。脑功能成像技术研究也支持焦虑型依恋的个体会对社会排斥情境过度敏感，由此会过度激活与社交痛苦相关的脑区，包括背侧前扣带回和前侧脑回（DeWall，Masten，Powell，Combs，Schurtz，& Eisenberger，2012）。但是，在遭遇社会排斥的同时，向被试呈现安全型依恋对象的相关信息，能够有效减弱与社交痛苦相关的脑区的激活（Karremans，Heslenfeld，Dillen，& Van Lange，2011）。

表面上看，回避型依恋与消极情绪性并不存在显著相关，但是生理指标能够揭示回避型依恋的个体外在表现与内在感受之间的分离。从生理指标可以看出，他们在回忆和应对压力事件时会表现出明显的消极情绪相关指标，比如，心率下降（Maunder, Lancee, Nolan, Hunter, & Tannenbaum, 2006）、血压恢复能力受损（Ehrenthal, Friederich, & Schauenburg, 2011），等等。但由于他们对外运用了认知距离和情绪分离等自我防御机制，因此自我报告和他人观察无法反映他们真实的消极情绪性水平。

依恋与分离感。分离感可以被看作一种防御性的认知策略（Liotti, 2006）。许多研究都发现，早期依恋关系对以后分离症状的发展具有重要作用。当个体相信安全型依恋对象会及时出现时，他们就会体验到较低水平的依恋焦虑和回避，就有能力采用恰当的情绪调节策略，而焦虑型依恋、回避型依恋或混乱型依恋的个体常常需要发展分离的认知防御策略来逃避消极的自我和他人内部工作模式（Liotti, 2006）。分离感是不安全型依恋的个体暂时回避消极自我和他人工作表征导致的糟糕内心体验的一种有效防御策略。早期创伤经历与分离感之间的显著正相关也间接支持不安全型依恋会提高分离的风险，相反，安全型依恋和强大的社会支持网络能够在一定程度上缓解创伤经历带来的负面效应，降低个体发展出病理性分离感的风险（Nilsson, Holmqvist, & Jonson, 2011）。

依恋与对立违抗。以外化问题为主的人格障碍患者会表现出更高水平的回避型依恋和焦虑型依恋（Bakermans-Kranenburg & IJzendoorn, 2009）。早在学龄前期，幼儿对同伴的敌意攻击行为就主要受到早期母婴依恋质量的影响，具有对立违抗行为的学龄前儿童中有71%的儿童属于混乱型亲子依恋类型（Drake, Williamson, & Rabin, 1993）。对犯罪人群与普通人群的对照研究也支持回避型依恋风格与对立违抗行为之间的关系，那些在生命早期经历过虐待和忽视的个体，更有可能发展出回避型依恋模式来处理早期创伤，这种依恋风格同时会损害他们的心理表征功能，从而使他们缺少抑制对立违抗行为的心理能力（Levinson & Fonagy, 2004）。

依恋与去抑制。去抑制是指需要立刻得到满足的倾向，会导致个体受当下想法、感受和外部刺激的驱动表现出冲动的行为,而不考虑过去学习到的经验或者将来可能导致的后果。对非临床样本的调查研究表明,精神病态的去抑制维度与不安全型依恋存在显著的相关(Mack, Hackney, & Pyle, 2011)。精神病态人格的形成源于早期未建立正常的依恋系统,精神病态患者表现出的冷漠无情和不计后果的冲动都源于害怕被依恋对象拒绝。由于缺乏安全的依恋对象,他们处理这种依恋恐惧的方式要么是过度激活策略,比如冲动、不负责任,甚至是反社会行为,以获取重要他人的注意和认可;要么是去激活策略,比如冷漠无情,以避免负面情绪的干扰(Conradi, Boertien, Cavus, & Verschuere, 2016)。

依恋与精神质。精神质是指不寻常的认知过程或经验,以及不寻常的行为或信念。尽管精神质的子维度看上去与焦虑型依恋之间没有明显的重叠,但研究结果显示了两者之间的强相关(Levis, 2016)。有关依恋创伤与精神质之间关系的研究能部分解释这一现象。精神质的具体表现与童年创伤之间的关系得到了许多理论和实证研究的支持。比如,幻想被看作创伤经历的变体,个体为了回避创伤而采用的分离策略也会诱发不切实际的幻想;错觉被看作由童年创伤导致的有偏差的威胁信念,或者由消极的自我和他人表征导致的对现实的歪曲认知(Bentall, De Sousa, Varese et al., 2014;Garety, Kuipers, Fowler, Freeman, & Bebbington, 2001)。对这一类实证研究的系统元分析也显示,在那些深受精神质困扰的人群中,童年创伤与幻想和错觉的严重程度之间存在显著正相关(Bailey et al., 2018)。创伤的本质是早期依恋关系被破坏,由此影响了个体的内在工作模式,使得个体更容易受到不符合现实的经验的影响。

6.3 基于依恋关系的人格障碍疗法

6.3.1 人格障碍的心智疗法

理解人格障碍的心智理论。心智能力是一种通过自我和他人的想法、感受、愿望和需求来理解行为的能力。没有心智能力，就没有强烈的自我感；没有建设性的社会互动和互惠关系，就没有个体安全感（Fonagy，Gergely，Jurist，& Target，2002）。心智能力起源于早期的依恋关系，是发展自我管理能力和情绪调节能力的关键因素。父母作为"读心"专家，有责任和孩子交流心理状态的概念，以及叙述这些概念的方式。心智化是在人际互动过程中发展起来的，我们理解其他人的深度和准确性取决于周围的人如何理解我们的心理状态，以及其他人如何理解周围的人的心理状态。我们会内化其他人理解我们的方式，从而发展我们理解自己和其他人的方式，更好地参与社交互动；与之相反的是，如果我们在早期的互动关系中没有恰当地心智化，我们的心智能力就会比较差。父母不仅要教孩子描述心理状态的术语，而且要为孩子创造一种传递心理状态概念的情感和语言环境，比如，"想"是什么意思？"感觉"是一种怎样的体验？"快乐"是什么意思？当一个人被"怀疑"的时候，他会怎么做？父母通过与孩子的互动，为孩子提供了如何表达心理状态的范本。情绪调节、注意控制和自我控制问题都来自功能不良的依恋关系，而这种关系更为本质的原因又在于没有获得良好的心智能力。从这个角度来看，心理障碍通常可以被看作我们的大脑误解了自己和其他人的经验，我们关于其他人的心智图像是通过我们关于自己的认识经验推断出来的（Bateman & Fonagy，2010）。

心智能力由四个两极维度组成，心智能力良好的个体能够在两极之间找到平衡点，并根据情境需求恰当地运用心智能力的不同方面。相反，过度偏向于任何一极都会导致对自我和他人心理状态的非真实理解，从而陷入非心智化的不健康状态。四个两极维度分别是：自动化和有意控制、自我视角和他人视角、关注内部线索和关注外部线索，以及认知层面和情感层面（Bateman & Fonagy，2016；Lieberman，2007）。

对自我和他人心理状态的推断是一个自动化的、无意识参与的过程，还是启动更高级的执行功能之后的有意识调控过程，这是衡量心智能力的最基本维度（Apperly，2011；McGeer，2007）。在有些情境下，为了节约认知资源，减小认知负载，我们可以依赖自动化的心智加工过程，比如，和安全的、值得信赖的依恋对象玩游戏时，没有必要对他们的心理过程作出深思熟虑的分析。但是，当情境发生变化，安全的依恋对象突然中止游戏，并表现出痛苦情绪时，就需要从自动化心智加工模式灵活切换到有意控制的心智加工模式，调动自己的认知资源，询问、倾听对方的言语和非言语表达，争取在情感和认知层面与对方共情。

自我视角和他人视角维度是指我们能否如实地理解自己心理状态和他人心理状态的共性和差异。在生命早期，每个人都会经历以自我为中心的阶段，认为自己的视角就是唯一的视角，别人看到的世界应该和自己看到的世界一模一样。心智能力的健康发展过程是能够逐渐从自我的视角中分化出他人的视角，看见他人的想法和自己的想法的不一致之处，并逐渐接纳这种分化和差异，理解自己的视角既可能和他人的视角一致，也可能不一致。从自己的视角理解他人，或从他人的视角看待自己，都是心智功能不健康的表现。

关注内部线索和关注外部线索是指我们推断自我和他人心理状态的依据，外部线索包括面部表情、身体姿态等可视化的，能够投射个人内在感受的所有线索；内部线索包括个人的内在感受、已有经验，并结合逻辑推理整合而成的不可见的抽象线索。心智功能健康的个体既能够敏锐地觉察外部线索隐含的心理信号，也能够灵活运用已有的心理知识整合外部线索，对自我和他人作出不偏不倚的心理状态推理。但是，在关注内部线索和外部线索维度上不平衡的人，要么表现出对外部线索的过度依赖和敏感化反应，比如，看到自己或他人腿在发抖就觉得自己或他人一定感到焦虑，或者只有当自己或他人通过直接语言或肢体语言表达特定的情绪感受，才明白自己或他人的心理感受；要么表现出对内部线索的过度反刍，忽视外部线索传递出来的真实信号，比如，一个有着消极自我图式的人，总是沉浸在自己是不好的，别人不会喜欢自己的内心挣扎中，哪怕别人很明确地表达了对他的喜欢，也选择性地屏蔽这些友好的外部线索（Bateman et al.，2016）。

认知层面和情感层面也需要达到平衡才称得上心智功能健康。这源自共情的双过程模型，即情感共情和认知共情。我们一出生就具备情感共情的能力，随着我们大脑的成熟和认知功能的发展，认知共情的能力也会不断提高。前者只需要在情感层面理解自己和他人的心理状态，后者还需要对自己和他人的心理状态进行高级的认知加工，包括心理状态的命名、因果推理等。认知层面和情感层面的心智化不均衡也会导致个体陷入情感风暴或过度心智化的状态中。情感风暴型的个体对情感线索特别敏感，并由此损害了认知功能，导致他们不能有效地调节情绪，也难以和他人在认知层面产生共情，从而体会到更高频率的人际痛苦和挫败。过度心智化的个体则很容易让人产生误解，认为他们是高度心智化的，因为他们总是滔滔不绝地与人谈论大量关乎心理状态的内容，但深入了解之后不难发现，他们的想法脱离现实情境，缺乏情感内核，他们甚至会出于自我服务的目的而利用这种认知优势操控他人，即便伤害了他人的情感，也毫无愧疚感（Bateman et al.，2016）。

人格障碍患者至少在心智化四个维度的某一个维度上失去了平衡。不同类型的人格障碍可以通过心智化四个维度功能受损的不同组合予以区分，也就是依据不同的心智化图像区分人格障碍。以边缘型人格障碍为例，心智理论认为，边缘型人格障碍患者主要表现出三个维度上心智能力的失衡：自动化和有意控制失衡，他们倾向于毫无益处的自动化或内隐的心智加工，特别是在亲密关系中，一旦某种情绪状态被触发，他们就会快速地启动自动化的心智模式，对自己的情绪状态和本能反应缺乏调控力。内部线索和外部线索的失衡，他们的社会认知能力过度依赖外部线索，而对内部线索缺乏洞察力。因此，他们在理解他人的深层心理状态上存在较为严重的缺陷，总是将自己和他人的外在表现等同于自己和他人的内心状态，对外部线索之外的其他任何信号都缺乏敏感性和警觉性。认知层面和情感层面的失衡，他们常常被自动化的、情感驱动的心智过程淹没，无法在认知层面和情感层面达到恰当的平衡。因此，边缘型人格障碍患者通常会给人一种情绪化的印象，他们的情感风暴严重限制了他们的认知共情能力，虽然在他人痛苦的时候能感受到痛苦情绪，但这种感同身受更多是自我导向的痛苦，而不是设身处地为他人着想的情感体验（Bateman et al.，2016）。

反社会型人格障碍患者在心智能力的四个维度上都存在明显的失衡(Levinson & Fonagy, 2004)。首先,他们在自动化和有意控制维度上表现出过度控制,缺乏对自己和他人的自动化情感体验。他们不能与他人产生情感共鸣,即便意识到自己的行为给他人带来了伤害和痛苦,他们也丝毫体会不到愧疚感,也不会因此而调整自己的伤害行为。其次,他们在自我视角和他人视角维度上也是失衡的。为了有效地操控他人,反社会型人格障碍患者通常很擅长从认知层面解读他人的内心状态,但是他们不能真正共情式地理解他人的心理状态,并对他人的境遇表达理解或同情。因此,反社会型人格障碍患者常常是过度自我服务的利己主义者,并因此而忽视他人的基本权利。再次,他们对内部线索和外部线索的关注也是失衡的。与边缘型人格障碍患者不同,反社会型人格障碍患者通常不太关注他人心理状态的外部线索,而过度聚焦于琢磨他人的内在心理状态。最后,反社会型人格障碍患者的认知和情感也是失衡的。他们对心理状态具有功能相对良好的理解力,但是不能触及自己和他人心理状态的情感内核。

心智疗法的治疗策略。心智疗法的特色就是集中注意力将患者的心理状态看作仔细审查的对象。心智疗法咨询师必须持续在脑海中建构与重建患者的心智图像,以帮助自己理解患者在想什么,以及为什么患者会经历某些事情。患者要在咨询师的头脑中找到自己,同时咨询师也要在患者的头脑中理解患者,如果两个人共同努力发展心智能力,那么双方都能体会到一个头脑被另一个头脑改变。在治疗实践中,咨询师必须确保他的主要关注点就是患者的心理状态,而不是患者的行为。为了实现这个目标,心智疗法发展了自己的治疗策略,包括反移情策略和反面策略(Bateman et al., 2016)。

反移情是心智疗法的核心,咨询过程中常常会用“咨询师对来访者的感受”这种说法,而不是反移情。咨询师需要对这样一个事实保持觉察,即咨询师的心理状态可能会过度歪曲咨询师对来访者心理状态的理解,咨询师倾向于将自己的心理状态与来访者的心理状态等同起来。这种做法是非心智化的,咨询师必须对自己的观点开诚布公,而不是从自己的视角去理解来访者的经验。咨询师运用语言表达对立关系的经验对治疗很重要，但是在表达过程中，一定要标记（marking）这是咨询师的想法，而不是来访者的想法，即便这种感受是由来访者引起的。标记的行为本质上就是关于我们在谈论谁的想法的问题：这是咨询师的想法，还是咨询师为来访者的想法代言，或者两种情况都有？由于咨询师以一种开放的态度探索共享经验，即便失败也有安全感，以一种适宜的方式质疑自己的观点，因此来访者能够打开心扉，尝试质疑自己对于自我和他人的刻板的操作图式，就像咨询师那样。分离的、疏远的、防御性的咨询师不可能与来访者建立良好的关系，从而难以帮助来访者在咨询师的头脑中找到自己。

反面策略旨在帮助来访者发展或重建心智能力四个维度上的平衡。当来访者固着于某一个极端时，比如，过于关注自己而不考虑其他人的感受，咨询师会有技巧地尝试让来访者向外看，多关注他人。当来访者过度外化或关注其他人时，咨询师会有技巧地尝试让来访者向内看，多关注自己。被情绪淹没的来访者需要思考和理解当前问题，因此咨询师需要激发来访者作出更为理性的反应。过于理性的来访者需要利用一些问题相关的情感经验，因此咨询师会努力激发他们对于问题的情感反应。从这个意义上讲，咨询师和来访者之间会始终围绕心智能力的维度进行持续的双向对话，不论在哪种情境中，咨询师都试图给来访者的内在心智化过程带来灵活性。

心智疗法的治疗效果。有研究者（Bateman & Fonagy，1999，2001）对住院情境下的边缘型人格障碍患者进行心智疗法的临床对照研究，结果发现，患者在情绪状态和人际功能上发生了显著的、持久的改变。治疗结果的测验包括：自杀尝试的频率、自我伤害的行为、住院的次数、咨询服务使用率、自我报告的抑郁和焦虑、一般的痛苦症状、人际功能，以及社会适应。患者从心智疗法中的获益要比常规治疗组更大。此外，后续 18 个月的追踪研究还发现，这种获益在不断增加。5 年后再对这些结束治疗的边缘型人格障碍患者进行追踪，对比接受心智疗法以及常规治疗的患者，接受心智疗法的患者积极效果保持得更好。患者在自杀水平、咨询服务使用，以及药物使用、整体功能和职业状态等方面进步最为明显(Bateman & Fonagy, 2008)。

还有两个控制良好的单盲实验，其中一个实验的被试是患有边缘型人格障碍的成人(Bateman & Fonagy, 2009)，另一个实验的被试是具有自我伤害行为而被推荐到咨询中心的青少年(Rossouw & Fonagy, 2012)。在这两个实验中，心智疗法在减少自我伤害行为(包括自杀)和抑郁症状方面显著优于常规疗法。更为重要的是，在成人被试中，控制组被试接受的是操作性强、高度有效的治疗，以及结构化的临床管理(Bateman & Fonagy, 2009)，心智疗法要优于这种干预，特别是从长期效果来看(Bateman & Fonagy, 2013)。在青少年被试中，心智疗法的治疗效果主要通过心智化水平的提高，以及依恋回避行为的减少起中介作用；接受心智疗法的患者康复率达到了 44%，而控制组的康复率为 17%(Rossouw & Fonagy, 2012)。

边缘型人格障碍患者接受心智疗法或支持性治疗的对照研究也支持心智疗法的优越性(Jørgensen et al., 2013)。患者被随机分配到心智疗法组(n = 58)或支持性治疗组(n = 27)。每一种干预方式都同时包含心理教育和药物治疗。两组患者都表现出明显的进步，边缘型人格障碍诊断症状的数量也下降了。在整体功能评定量表上，心智疗法组被试要优于支持性治疗组被试。18 个月之后的追踪研究发现，治疗结束之后，治疗效果一直保持了 18 个月(Jørgensen et al., 2014)。心智疗法组有 50%的被试在追踪过程中符合功能改善的标准，但是符合功能改善标准的支持性治疗组的被试不到 20%，两组被试都有 75%的人达到了诊断性缓解的标准。这项研究的不足之处就是两组被试的治疗师相同，这可能会提高治疗溢出效应的风险。在丹麦的一项研究(Petersen et al., 2010)中，一群接受住院治疗的患者接受了群体心智疗法，2 年之后显示出显著的治疗效果，患者在整体功能评定、住院状况、职业地位上都表现更好，2 年后的追踪又表现出进一步的改善。

有研究者(Kvarstein et al., 2015)对比了边缘型人格障碍患者接受心智疗法和正式的心理动力学治疗的效果，345 名边缘型人格障碍患者接受治疗，281 人接受正式的心理动力学治疗，64 人接受心智疗法。两组被试都测了基线水平，包括边缘型人格障碍的严重程度以及整体功能。结果变量包括人际问题、整体功能、自杀/自我伤害行为、入院次数、药物使用情况，以及职业状况。在这项研究中，患者可以感受到心理动力学治疗到心智疗法的改变。患者在痛苦症状、人际功能、整体功能和职业功能方面都有显著提高。尽管这种改变与心智疗法的介入有关，但很难通过这项研究就得出特定因果关系的推论。

荷兰有一项自然观察的研究（Bales et al.，2012）调查了 45 名严重边缘型人格障碍患者接受 18 个月心智疗法的效果。结果显示，治疗对于缓解痛苦症状、促进社会和人际功能，以及改善人格病理问题都具有积极的效果，统计效应值在中等以上水平（d＝0.70～1.70）。这项研究没有控制组，因此也限制了研究推论心智疗法有效性的能力。研究者（Bales et al.，2015）还开展了另一项研究，在 175 名接受其他心理治疗的患者中，运用倾向性得分选取了最为匹配的 29 名接受心智疗法的患者。其他治疗组的患者在各个层面都有进步，但统计效应值只有中等水平；而接受心智疗法的患者前后测变化效应值更高，精神疾病症状下降得更明显，人格功能的变化水平在 0.81～2.08 之间。由于这项研究不是随机分配设计，治疗方法发生了改变，因此需要谨慎解释组间差异的效应值。

在一项多层面的随机试验研究（Laurenssen，Westra，Kikkert et al.，2014）中，边缘型人格障碍患者被随机分配到心智疗法组或普通治疗组。心智疗法项目包含 18 个月的高强度治疗，以及 18 个月的效果维持治疗。普通治疗组则接受阿姆斯特丹城市危机中心的治疗服务，专门治疗人格障碍，治疗方法包括家庭干预、社会技能培训，以及药物治疗等非心智疗法，没有时间限制。患者接受了一次基线水平测试，以及每 6 个月一次的追踪调查，持续到第 36 个月。研究主要考察边缘型人格障碍的表现及严重程度、姿态性自杀行为、症状痛苦性、社会和人际功能、人格功能、依恋、心智能力和生活质量。花费的有效性通过每年生活质量调整需要付出的代价来评定。结果支持心智疗法的有效性和花费的有效性。

6.3.2 人格障碍的移情焦点疗法

理论依据：结构化客体关系理论。客体关系理论主要从三个角度评估人格发展(Siefert & Porcerelli, 2016)：(1) 人格结构，包括基本功能、困难的严重性，以及内部表征的品质；(2) 心理能力，包括建立和维持关系的能力、共情能力、忍受焦虑的能力，等等；(3) 防御功能，是否具有成熟的、灵活的防御策略。生命早期的依恋关系对以上三个方面起着决定性的作用。足够好的早期发展环境能够为个体发展均衡一致的自我感(人格结构)、完整的现实检验能力(防御功能)，以及自我—他人分化能力(心理能力)奠定良好的基础(Siefert & Porcerelli, 2016)。个体会不断整合外部经验，形成自我心理表征和他人心理表征。这些心理表征类似于个体理解外部世界的心理地图，可以帮助个体判断所处的位置，以及在特定情境下应该采取的行动。当个体的自我表征积极、稳定，且与现实相符时，个体对外部世界的感知就会更为稳定，即便外部经验有所偏离，个体也能够保持一定程度的接纳，而不至于失去自我。当个体的他人表征积极、稳定时，个体也会更为接纳他人的小缺点，容忍与自己期望有所偏差的行为，并妥善管理指向他人的消极情绪。

相反，如果个体早期经验比较糟糕，不具备形成积极自我表征和他人表征的安全依恋对象，其人格发展就可能会偏离正常的轨道而演变为人格障碍。首先，他们会内化他人对自己的消极态度，包括敌意、攻击、厌烦，形成自己是不可爱的、令人厌烦的心理表征，并像专制型、忽视型父母对待自己那样处理人际关系(Benjamin, 1996; Masterson, 1976; McWilliams, 1998)。其次，他们难以形成现实的、平衡的自我观来应对随时会发生的失败或来自他人的批评，他们没有能力启动一种基于爱和宽慰的人际互动策略来帮助他们面对失败、挫折，或威胁到安全和自尊的处境(e.g., Adler & Buie, 1979)。最后，当在现实中碰壁，并产生负面情绪时，他们没有成熟的防御机制保护自己免受伤害，无法拓展自己的应对能力。他们可能更倾向于扭曲现实来保护自己，由此导致现实检验能力不足。

克恩伯格接受了克莱因学派精神分析训练，他在整合自我心理学和客体关系取向的基础之上发展了结构化客体关系理论，对理解人格障碍，以及评估人格障碍和人格障碍治疗都产生了重大影响（Kernberg, 1976, 1996, 2012, 2016）。基于结构化客体关系的理论观点，克恩伯格首次提出人格障碍评估需要同时考虑患者的人格结构和人格动力过程，因为这两部分是相互影响的。患者的人格结构可以通过三个水平的连续体来评估：正常/神经质、边缘型、精神病。这三个水平在心理表征的稳定性、现实检验能力和常用的防御机制上存在差异。正常人格或神经质人格具有相对完整的现实检验能力、合理且稳定的心理表征，以及适应良好的防御机制。精神病人格则处于另一个极端，现实检验能力有限，心理表征过于刻板且极其不稳定，频繁使用那些无效的低水平的防御机制。边缘型人格包含相对合理的现实检验能力，但在个体情绪不好的时候会有暂时性的问题，边缘型人格的个体非常依赖原始的防御机制。通过对人格结构的评估，临床工作者可以看出患者典型功能上的局限性，评估他们患有人格障碍的风险（Kernberg, 1996）。

接下来要评估心理能力（包括本我和超我能力），以及基本气质（例如，内向/内化问题 vs. 外向/外化问题），以便更清晰地判断心理问题的本质。由于本我和超我都难以直接分析，因此克恩伯格提议对其功能进行评估，包括攻击管理能力、焦虑容忍力、道德标准的内化程度，以及对自我和他人的适应性认知能力。对内向或外向的评估是因为过高水平的内向或外向都是人格障碍的风险指标，比如，有些人格障碍就表现为过高水平的外向性和外化问题，如反社会型人格障碍；有些人格障碍就表现为过高水平的内向性和内化问题，如精神分裂型人格障碍（Kernberg, 1996）。

以边缘型人格障碍为例，它的人格结构和动力过程主要体现在以下五点：（1）本我虚弱（情绪容忍能力差、冲动控制能力差、升华能力差），边缘型人格障碍患者在消极情绪上得分特别高，但在努力控制上得分非常低。这表明，努力控制能力差（本我虚弱）可能是消极情绪的一个危险因素。(2) 偏向于使用原始防御，包括分离法，边缘型人格障碍患者普遍存在的投射认同就是自我—客体分化不足的产物。大量使用原始的否定机制会使人们忽视自己对客体的好感。他们的意识被不良的感觉操控。(3) 自我同一性扩散。(4) 有完整的现实检验能力，但会转换到做梦一样的思考过程中。(5) 病态的内在客体关系(Fonagy & Luyten, 2012)。在克恩伯格看来，边缘型人格障碍患者不能将好的客体—自我表征和坏的客观—自我表征整合为一个心理表征，对自我、他人的体验总是不一致，总是感到剑拔弩张、问题重重。

移情焦点疗法的操作要点。移情焦点疗法是以结构化客体关系理论为核心发展起来的治疗技术，主要治疗人格障碍，特别是边缘型人格障碍。移情焦点疗法的主要目标是减少病理性人格障碍症状和自我破坏行为，方法是整合自我表征和他人表征，解决自我同一性混乱问题或实现自我同一性(Levy & Scala, 2012)。这种治疗方法不同于支持性治疗或认知行为疗法，更着眼于触及患者深层次的人格结构，最终实现人格组织由混乱到有序的结构性改变。支持性治疗或认知行为疗法提供的支持性技术或指导技术，比如，认知支持、情感支持、直接干预患者的环境等，对治疗师和患者移情关系的建立，以及解释移情很不利，而移情关系是移情焦点疗法唯一可依托的治疗背景(Clarkin, Yeomans, & Kernberg, 2006)。

为了实现治疗目标，克拉金及其同事(Clarkin et al., 2006)分别发展了移情焦点疗法的治疗战术和治疗技术，其中战术是技术的基础，起着指导治疗师在不同阶段采用最合适的治疗技术的作用。比如，什么时候使用解释，解释深度在哪个水平更为合适，哪些问题要优先处理。第一个战术是在治疗开始阶段，必须签订治疗合同，确定治疗过程中患者和治疗师各自的权利和义务，保证治疗的正常开展，同时要设定一些限制条件，约束对治疗有明显威胁的事件发生，比如，自杀和自我损害行为、物质滥用、同时见好几个治疗师，等等。第二个战术是确定治疗的优先顺序并锁定各个阶段的核心目标。比如，首先要处理阻碍移情探索的主题，然后观察明显的移情表现，最后考察非移情的蕴含情感的主题。

第三个战术是要在扩展患者和治疗师的现实不一致与共享现实之间维持平衡，也就是说，治疗师既要准确地察觉患者所思所想与现实之间的差异，也要采用策略来挑战患者这种歪曲的想法，并尝试和患者建立共享现实。第四个战术是治疗师要根据患者的情感状态调整自己的情感卷入强度。当患者表现出强烈的负面情感时，治疗师能够将自己的情感强度调整到与之匹配的程度，同时不带负面的情绪效价，这样就更容易对患者施加影响；相反，如果患者表现出情感淡漠，那么治疗师应该将自己的情感强度调整到较高的水平，向患者表达积极的同理式关心，提高患者的情感强度，推进治疗进展和移情关系。移情焦点疗法运用的治疗技术和传统的精神分析治疗技术很相似，包括中立立场、保持治疗框架、移情分析和解释过程（例如澄清、对质和解释）。在治疗战术思想指导下，根据治疗进程灵活选择恰当的治疗技术。

移情焦点疗法治疗人格障碍的效果。移情焦点疗法对边缘型人格障碍的治疗效果存在一些争议，有研究者认为，移情焦点疗法的效果远不如图式治疗（Van Asselt et al., 2008），在改善边缘型人格障碍患者的症状和整体功能方面也不如图式治疗（Giesen-Boo et al., 2006）。也有研究者认为，移情分析是高风险—高回报的治疗技术（Gabbard et al., 1994）。多项相关研究发现，移情分析与糟糕的治疗效果相关，尤其是对那些存在人际困难，或客体关系质量处于中低水平的患者而言（e.g., Connolly, Crits-Cristoph, Shelton et al., 1999）。但是，移情分析只是移情焦点疗法的一种治疗技术，并不能将其效果等同于移情焦点疗法的效果。对客体关系质量水平比较低的患者来说，他们只能忍受中低水平的移情分析，但即便如此，只要这种移情分析是准确的，患者就会从中受益，并且可能会通过促进治疗同盟关系而最终改善治疗效果和患者的适应功能（Høglend et al., 2011）。

利维等人（Levy et al., 2006）对 90 名边缘型人格障碍患者进行了三种不同治疗方法的效果比较，这三种不同的治疗方法为：移情焦点疗法、辩证行为疗法，以及心理动力学的支持疗法。这些患者还存在其他复杂的心理问题，如有严重的自我伤害历史，或者受过严重创伤。接受移情焦点疗法的患者会表现出自杀行为、愤怒冲动行为、攻击行为和烦躁不安感的显著改善，但是辩证行为疗法没有改善愤怒冲动行为，心理动力学的支持疗法没有改善自杀行为。此外，三种治疗方法都能够改善患者的抑郁、焦虑、社会适应能力，以及整体功能，并不存在治疗方法上的差异。这说明，移情焦点疗法在处理比较棘手的攻击行为、愤怒冲动行为和烦躁不安感方面效果更好。它的独特优势还在于，不仅能够直接治疗患者的临床症状，而且能够改善患者深层次的元认知能力、社会认知能力和反思能力。

多林等人（Doering et al.，2010）的研究也支持移情焦点疗法的优势。他们对比了104名患有边缘型人格障碍的女性分别接受为期一年的移情焦点疗法和有经验的治疗师治疗的效果。结果发现，移情焦点治疗组被试的边缘型人格障碍症状显著减少，包括自杀行为和自杀尝试，整体功能显著提升。移情焦点治疗组被试会表现出人格组织层面的显著优化，他们变得更擅长调节自我和他人的心理表征，研究支持移情焦点疗法在人格深层改变上的独特优势。这也能够解释移情焦点疗法对于人格障碍患者的长期效果。约翰松等人（Johansson et al.，2010）开展了为期3年的追踪研究，发现移情焦点疗法中的移情解释能够通过改善患者的洞察力，进而提高患者3年后的人际功能。一旦控制了人格障碍患者在洞察力方面的改变，运用移情焦点疗法中的移情解释技能与人际功能改善之间相关就不显著了。

6.3.3 依恋风格与治疗效果的关系

依恋风格会影响治疗师和来访者的关系。依恋风格会影响治疗师和来访者的同盟关系，这是治疗能否起作用的关键因素。安全型依恋风格的来访者能够感受到治疗师正在积极地回应自己，相信自己一旦表露出情感需要，就能够得到治疗师的关注和支持。但是，回避型和恐惧型依恋风格的来访者就会表现出一贯的人际不信任感，从而不愿意向治疗师表露自己的真实感受，认为治疗师会否定自己，让自己失望。焦虑型依恋风格的来访者则过度依赖治疗师，期望和治疗师有更频繁、更亲密的交流，甚至要在治疗关系之外建立亲密关系，这不利于他们在治疗过程中发展自我的力量和健康的人际边界（Bachelor, Meunier, Laverdiére, & Gamache, 2010；Saypol & Farber, 2010）。

不仅如此，治疗师本身的依恋风格也会影响治疗同盟关系。焦虑型依恋风格的治疗师能够和来访者建立坚固的治疗同盟关系，但是随着时间的推移，这种同盟关系的质量会随着来访者自我表露的增加而下降，治疗师可能无力处理来访者真实的个人痛苦和人际痛苦（Dinger, Strack, Sachsse, & Schauenburg, 2009；Sauer, Lopez, & Gormley, 2003）。回避型依恋风格的治疗师很难和来访者，尤其是焦虑型依恋风格的来访者，建立有意义的、深度的同盟关系，亲密回避和亲密索取的需求冲突会使得双方都难以从同盟关系中获益（Romano, Fitzpatrick, & Janzen, 2008）。

依恋风格会影响治疗的参与性。回避型依恋风格的人格障碍患者更不愿意寻求专业治疗，即便选择心理治疗，也有极高的风险提前中止治疗，他们的内部工作模式使得他们无法完全投入治疗关系中，也没有办法和治疗师建立依恋关系。他们甚至会将心理咨询看作对他们回避防御的一种威胁，并提高他们消极移情的可能性（Levy, Meehan, Weber, Reynoso, & Clarkin, 2005；Marmarosh, Gelso, Markin, Majors, Mallery, & Choi, 2009）。焦虑型依恋风格的来访者则相反，他们很容易对治疗师产生过度移情，全身心地投入治疗关系中，一旦治疗师没有像他们期望的那样给出积极的回应，或是治疗师由于客观原因不得不改变治疗时间安排或临时取消治疗，就会被焦虑型依恋风格的来访者解读为治疗师不喜欢自己，或者治疗师要放弃自己了，为了避免受到进一步的伤害，他们会主动选择放弃治疗。

心理治疗能够改善依恋风格。通过心理动力学治疗方法，40%的边缘型人格障碍患者的依恋风格从治疗前的不安全型转变为安全型（Fonagy, Steele, Steele, Leigh, Kennedy, Mattoon, & Target, 1995）。还有一些边缘型人格障碍女性患者经过短期心理治疗，依恋风格从矛盾型转变为回避型，也在一定程度上减轻了人格障碍的症状，这是一个良好的转变(Strauss, Mestel, & Kirchmann, 2011)。对10名边缘型人格障碍患者进行为期一年的移情焦点治疗,患者的依恋风格得到显著改善(Levy et al., 2005)。比较不同治疗方法对于人格障碍患者依恋风格改变的贡献,结果发现,接受移情焦点治疗的边缘型人格障碍患者的依恋风格明显由不安全型转变为安全型,但是辩证行为疗法和支持疗法的改变效果并不明显。

6.4 简评与展望

通过对依恋与人格障碍不同诊断视角下的相关证据、基于依恋理论的人格障碍治疗方法,以及依恋与人格障碍治疗的相互促进关系的全面分析,我们可以清晰地认识到依恋在人格障碍的形成、治疗和预后方面的重要作用。首先,依恋关系不仅会影响边缘型人格障碍,而且是解释所有人格病理问题的重要理论框架。然而,由于人格障碍的混合诊断模型尚未成为实证研究领域公认的一种方法,因此基于混合诊断模型的人格障碍与依恋关系的实证研究还有待进一步发展。

其次,在考察依恋与人格障碍关系的研究中,越来越多的研究倾向于采用成人依恋访谈或依恋自我报告的方法,并按照一定的标准对依恋进行分类。但是,已有研究发现,维度取向具有多项优势,比如,能够提高统计检验力,也就是说能比分类模型解释更多的个体差异;能够克服分类模型的解释偏差,将依恋看作连续的心理策略,而不是截然分开的不同类型;能够将情感经验的质量看作一个具有内在一致性的维度。对比依恋的分类模型和维度模型,可以发现依恋的分类模型与人格障碍几乎不存在显著相关,但是依恋的维度模型显示出与人格障碍较强的相关。依恋的维度模型能够更好地抓住依恋过程与人格病理问题之间关系的本质(Chiesa, Cirasola, Williams, Nassisi, & Fonagy, 2017)。因此,未来研究依恋与人格障碍的关系时,从维度视角评估这两个变量,更有利于揭示关系背后的动态过程。

最后，相比于依恋与人格障碍的对应关系，依恋对于理解不同人格障碍的形成过程，以及指导人格障碍治疗具有更重要的作用。

不同于其他心理动力学取向的研究者不重视心理疾病分类诊断，克恩伯格认为心理疾病分类诊断有助于选择更为合适的治疗方法，促进治疗效果。诊断严重的人格病理问题，传统的精神分析法并不适用，因此发展出移情焦点疗法，对患者进行每周两次的表达性心理治疗，而不仅仅是支持性治疗，将客体关系理论转化为现实的、操作性强的治疗技术，这在世界范围内产生了广泛且深远的影响。克恩伯格的工作不仅为人格障碍的精神分析取向提供了新的理论视角，而且改变了人们对于精神分析理论取向的认知，因为克恩伯格在整个职业生涯中都不满足于解释人格障碍的产生机制，而是一直通过实证研究检验自己的理论观点和治疗方法的临床效果。心智疗法则聚焦于早期依恋关系与心智能力的关系，试图通过心智能力这一深层次的人格动力解决人格障碍的治疗难题。

人格障碍的心智疗法和移情焦点疗法各有优势，但是，由于两种治疗方法对治疗师的心智能力和精神分析技术都有很高的要求，因此只有经过专业训练的治疗师才能开展相应的治疗工作，此外，比较治疗效果的实证研究会进一步缩减，因为精神分析取向的治疗师大多不属于实证研究取向的治疗师。在有限的随机对照研究中，也存在治疗师的自我证实偏差，即每一种治疗方法的使用者都倾向于对自己发展的治疗技术给予更高的评价，并在实证研究中检验出更突出的治疗优势。未来研究有待进一步推广和培训基于依恋关系的人格障碍治疗方法，并通过第三方实证研究者系统检验不同治疗方法的效果和各自独有的贡献。

7 认知—情感系统与人格障碍

心理治疗师谈论人格障碍时，常常会悲观地说，人格障碍患者的求助意愿很弱，极少有来访者因为人格问题来寻求帮助，只有那些表现出外显的急性症状，或者严重的社会功能受损的人格障碍患者才可能在家人和朋友的鼓励下寻求专业治疗师的帮助，但短程心理治疗并不能很好地处理深层次人格模式紊乱的问题。如果没有认识到人格层面的问题，而只是把来访者的问题当作情绪障碍、焦虑障碍或社交障碍来治疗，那么治疗效果也并不理想。

华盛顿大学心理学家林纳涵(Marsha Linehan)在她68周岁时面向公众讲述了她自己从一名边缘型人格障碍患者成长为治疗边缘型人格障碍的著名学者、治疗师的心路历程。她出生于俄克拉何马州塔尔萨，有六个兄弟姐妹，虽然学业优秀，且有弹钢琴的天赋，但她的行为表现总是与环境格格不入，她的内心深处涌动着绵绵不绝的痛苦，可没有任何人过多关注到她，直到她高三的时候因为头痛而卧床，在任何她能够找到的地方撞墙，自我伤害。家人都不知道她到底怎么了，医生诊断她患有精神分裂症，给她开了药，安排她住在封锁的隔离病房。正是这一段地狱一般的住院经历，让她下定决心帮助那些非常极端的个案，因为她认为他们是这个世界上最痛苦的人，他们觉得自己是罪恶的，而且很坏。但实际上，他们只是找不到痛苦的出口。

林纳涵在芝加哥一个小教堂祈祷时，实现了自己的人格转变。“在一个晚上，我双膝跪着，看着十字架，整个教堂都变得闪闪发亮。突然之间，我觉得有某种东西在向我靠近，正是由于这次不平凡的经历，我跑回房间，对自己说‘我爱我自己’。这是我第一次以第一人称的方式对自己说话。我蜕变了。”这种兴奋的状态持续了大概一年，随后因为一段亲密关系的结束，她又回到那种崩溃的边缘状态。但某些东西已经改变。她能够忍受自己情绪上的“狂风暴雨”，不会伤害自己了。她开始系统地学习心理学，并开创了治疗人格障碍的新方法：辩证行为疗法。她认为，任何有效的治疗都必须依据事实而不是理论，是什么情绪导致了有偏差的想法，然后演变成可怕的行为。治疗必须打破这个链条，并教会人们新的行为。她的方法帮助了无数人格障碍患者做到她自己所描述的那样，“尽管情绪还会起起伏伏，但任何人都是如此，我并没有什么不一样”。

由此可见，理解和治疗人格障碍需要深入人格的认知—情感系统，静态的特质理论并不适合指导人格障碍的治疗，因为人格是特质和不同情境之间交互作用而生成的个体动态轮廓图（Mischel & Shoda，1995）。人格表现会随情境变化而变化，但潜在的人格系统，即由许多心理表征组成的认知—情感加工系统是稳定的，要矫正人格表现于外的不适宜行为，就要改变人格潜在的认知—情感系统。本章将从认知方式和情绪发展的视角探讨人格障碍的发病机制、治疗方法，以及治疗效果，分析人格的认知—情感系统理论作为人格障碍诊断和治疗的整合理论的可能性。

7.1 理解人格障碍的认知视角

当我们头脑中建构的世界和真实的外部世界之间存在较为严重的不一致，并且我们的头脑不能根据外部反馈调整自己的认知表征时，我们的人格就会或多或少表现出病理症状。认知方式是我们理解人格障碍的重要维度之一。例如，自恋型人格障碍患者认为自己是世界的中心，是最重要的人物，和其他人都不一样，别人都应该仰慕、崇拜自己，在自己面前感到自卑，自己可以享有特权，任何人都不能超越自己。他们无法在认知层面接受人人平等的基本现实，既看不清楚自己身为人类一员的平凡之处，也无法欣赏其他人的闪光点，由此导致自己总是体会到挫败感，难以和他人建立友好、互惠、稳定的长期关系。偏执型人格障碍患者则认为，自己是正直的、高尚的，但并不傻，别人总是心怀恶意，会想方设法利用自己，不惜伤害自己的感情，窃取属于自己的东西。因此，他们总是保持高度警觉，为了守护好自己的领地，避免受到其他人的伤害，从而选择不相信任何人，把自己隔绝于人际圈外。

人格障碍的认知社会理论是首个替代心理动力学理论理解人格的综合性理论，其理论观点从行为主义和认知心理学两个理论流派中发展而来，也常称为社会学习理论、认知社会学习理论、社会认知理论和认知行为理论。由于认知社会理论根植于行为主义的理论观点，认为人格是由相对离散的、习得的过程形成的，这不同于人格障碍对人格发展的常规界定方式，因此直到近十几年，这一理论流派才开始关注人格障碍这一领域(Linehan, 1993)。根据认知社会理论的观点，人格是环境要求与个体加工过程持续互动的体现。认知社会理论提出了一些理解人格障碍的重要变量，包括图式、期望、目标、技能和倾向性、自我调节(Bandura, 1986, 1999; Cantor & Kihlstrom, 1987; Mischel & Shoda, 1995)。比如，人格障碍患者常常有一些功能不良的图式，以一种有偏差的方式编码信息，或者把自己看作很坏、很无能的人。和这些图式相关的是有问题的期望，比如，对世界的悲观期望、对他人存有恶意的信念，以及害怕被嘲笑等。自我调节对个体来说是尤为重要的一项技能。健康的自我调节能力包括树立长期目标和短期目标，评估自己实现目标的可能性，并根据外部反馈及时调整自己的行为。边缘型人格障碍患者的核心特征就是情绪自我调节功能失调(Linehan, 1993)，不能抑制强烈情绪冲动诱发的不适宜行为，受到情绪刺激时，不能集中注意力。接下来详细阐述人格障碍的认知机制，以及认知疗法的基本原理和效果。

7.1.1 贝克的认知理论

贝克最初的训练和咨询取向是心理动力学。他接受了心理动力学的观点，认为抑郁、焦虑障碍和其他心理障碍都是潜在人格缺陷或人格障碍的表现形式，是“指向自我的愤怒感”。贝克最初也想检验抑郁症患者的想法和梦境，期望可以发现抑郁症患者指向自我内部的敌意的象征，为精神分析理论提供实证支持。但他发现，抗争、被剥夺感和绝望比指向自我内部的敌意更常见。进一步的实证研究和临床观察都发现，理解抑郁症患者对情境和事件的评价能够更好地解释他们的情绪和行为，他们通常表现出一种消极的、有偏差的信息加工方式（Pretzer & Beck，2005）。因此，贝克发展了心境障碍的认知模型，以解释心境障碍患者在信息加工过程中表现出来的偏差和扭曲，后来发展为所有精神疾病的解释模型。该理论模型认为，个体会对他们面临的生活情景进行感知、回忆、解释和存储。这些持续的、自动的加工过程会诱发个体对事件作出认知、情感和行为反应。对经验的感知和解释存在偏差、扭曲或缺陷就会导致适应不良的反应，信息加工方面持久的、系统的偏差在精神疾病的形成过程中起着重要的作用（Pretzer & Beck，2005）。

在通过认知理论解释精神疾病的过程中，贝克特别强调三种认知因素的作用：自动化思维、人际互动策略和认知歪曲（Beck，2015）。自动化思维是指个体对情境作出即时的、自动化的评价，它在诱发和塑造个体对情境的情感和行为反应方面起着核心作用。它是个体对于“事情是什么”的信念和假设，个体还会有关于一个人应该做什么的信念和假设，即人际互动策略。比如，如果你假设其他人都是坏人，那么对应的人际互动策略可能就是：我应该保持高度的警惕，时刻防备其他人对我的伤害。认知歪曲是指对情境持久的错误感知会成为推理的系统误差，包括非黑即白的思维、过度概化、灾难化，等等。根据以上观点，贝克及其同事对 DSM－IV 中的每一种人格障碍都描绘了一个独特的认知轮廓，包括对自我和他人的关键信念、“如果……，就……”的预言式信念和命令式信念，以及过度发展和发展不足的行为策略（见表 7－1）（Beck，2015）。

表 7-1 人格障碍的认知特征(Beck, 2015)

人格障碍	关键信念—自我	关键信念—他人	“如果……,就……”的预言式信念和命令式信念	过度发展的行为策略	发展不足的行为策略
依赖型	大量需求;脆弱、没有支持就没有胜任力;害怕被抛弃。“我需求很多。”“我很无助。”“我不可爱。”	理想化;培育者;支持;有能力。“他们很强大,能够帮助我。”“他们能够处理这件事情。”	“如果没有人可以依赖,我就会迷失自己。”“如果有人在我身边,我就会感到安全和快乐。”“我会做任何事情来维持关系。”“不要独自冒险。”	强烈依恋他人;寻求帮助;黏人;自制;依赖他人;取悦他人。	健康的分离;自我表达;能力和兴趣;发展;自立。
分裂型	孤独者;容易受到异己力量的影响;与众不同;相信超自然的力量。“我是独一无二的。”“我有独特的天赋。”	不友好;充满敌意。“他们不关心我,可能会伤害我。”“他们不理解强大的力量。”	“如果我与众不同,其他人就会仰慕我或远离我。”“如果我运用超自然的力量,这种力量就会保护我。”“做一个不同寻常的人。”“远离人群。”“保护好你的天赋。”“不要让任何人靠你太近。”	戴着面具生活;与人保持距离;感知超自然的力量;培养不同寻常的表象;运用魔法和护身符。	发展个人关系;与其他人聚在一起;遵守社会规则。
反社会型	强大;聪明;自主;无坚不摧。“我制定我的规则。”“我很聪明。”“我有特权。”“我需要刺激。”	弱者;愚蠢;脆弱;受规则制约。“只有傻瓜才遵守规则。”“他人的弱点就是我的机会。”	“如果你能够利用体系,你就不用像傻瓜一样去工作了。”“如果我不卖毒品,还有其他人会卖。”“如果我碰巧伤害了别人,那也没什么可担心的。”“利用机会。”“去获取你想要的东西。”“享受快乐。”	操控;欺骗;机会主义;掠夺;追求刺激。	责任感;同理心;遵守规则;行为抑制。

7.1.2 扬的图式理论

在贝克认知理论的基础上,扬及其同事新增了第四种认知因素——

早期适应不良的图式（early maladaptive schemas，简称 EMSs），即在儿童期发展的关于自我，以及自我和他人关系的普遍深入的图式，并在个人生活中不断精细化（Young，Klosko，& Weishaar，2003）。他们总结出 18 种 EMSs，每一种都包含认知、情感和行为成分（见表 7－2）。他们提出界定人格障碍关键特征与图式有关的三种认知过程：维持图式，即适应不良的图式总是得到僵化的支持；回避图式，即个体会通过认知、情感和行为调节，回避与图式有关的负面情感；补偿图式，即对适应不良的图式过度补偿，比如，工作狂就是对“我是个失败者”这个图式的过度补偿（Young et al.，2003）。表 7－3 呈现了不同人格障碍类型早期适应不良的图式。

表 7－2　早期适应不良的 18 种图式（Young et al.，2003）

领　域	早期适应不良的图式	描　　述
分离/拒绝	被抛弃	认为别人会抛弃自己
	不信任	认为别人会伤害自己
	情感剥夺	认为别人不会在情感上支持自己
	缺陷	觉得自己会失败
	社会隔离	觉得自己和别人不一样，有隔离感
自主性/执行力受损	依赖	认为自己不能照顾自己，或自己能力不行
	容易受伤害	认为自己会受伤害或生病
	纠葛	自己和其他人过度纠缠在一起
	失败	觉得自己不可爱、有缺陷
界限感受损	特权感	觉得自己值得被特殊对待
	自我控制不足	难以为了长远目标而延迟满足
以他人为导向	克制	因为感受到其他人的控制而压抑自己的需要
	自我牺牲	以牺牲自己的利益为代价关注其他人的需要
	寻求认可	以牺牲自我发展来获取他人的认可
过于警惕/压抑	消极	过于关注消极面
	情感压抑	认为有必要抑制自己的情感
	无情的标准	必须达到高标准才能避免被批评
	惩罚	认为人们应该为错误而受到惩罚

表 7－3 不同人格障碍类型早期适应不良的图式
(Lobbestael & Arntz，2012)

人格障碍	早期适应不良的图式
偏执型	被抛弃；不信任；情感剥夺；缺陷；社会隔离；依赖性；失败感；容易受伤害
分裂型	社会隔离
精神分裂型	情感压抑
表演型	社会隔离；特权感；情感压抑
自恋型	不信任；社会隔离；容易受伤害；特权感；情感压抑
边缘型	被抛弃；不信任/虐待；情感剥夺；缺陷；社会隔离；依赖性；容易受伤害；放纵；纠葛；失败；自我控制不足；克制；情感压抑
反社会型	不信任；社会隔离；容易受伤害；自我控制不足；情感压抑
回避型	被抛弃；不信任；社会隔离；失败；特权感；克制；情感压抑
依赖型	被抛弃；不信任；缺陷；社会隔离；依赖性；纠葛；失败；克制；自我牺牲
强迫型	缺陷；社会隔离；纠葛；特权感；自我控制不足；情感压抑；无情的标准

7.1.3 人格障碍的认知疗法

认知行为疗法。认知取向的人格障碍治疗最早期的代表是认知行为疗法，它是以贝克的认知理论为基础而发展的改变歪曲认知的治疗方法，同时整合了行为主义的治疗技术。认知行为疗法对人格障碍的治疗主要包括四个部分(Beck，Freeman，& Davis，2015)：第一，要对患者进行评估，评估方式从最早期的分类诊断逐渐转变为分类和维度相结合的诊断方式，同时考虑通过多种渠道获取患者的信息，确保全面了解和准确评估患者。第二，要以多渠道获取的患者信息为基础，为患者建立认知轮廓，包括对自我和他人的典型关键信念、条件假设和命令式信念、过度发展和发展不足的行为策略，以及其他可能干扰治疗效果的信念和行为。通过对患者认知方面的深层次探索，治疗师和患者都可以更好地理解过去经历如何演变为当前的适应问题，以便在治疗过程中更直接地面对这些问题。

第三，运用治疗技术。为了帮助患者运用理性的认知取代歪曲的认知，认知行为治疗师发展了多种多样的有效的认知策略和技巧，比如，最常用的技巧是采用想法记录、工作表、认知关联图表等可视化的方式帮助患者更好地观察和理解诱发事件、想法、感受、行为和后果之间的联系。为了帮助患者认识自己刻板的、功能不良的内在信念，治疗师可能会采用苏格拉底式对话，通过认知探测方法收集患者信息，帮助他们思考更深层次的认知偏差。以偏执型人格障碍患者为例，当他进入治疗关系中，他可能会告诉治疗师："你并不是真心想要帮助我，我把自己的感受告诉你，你会嘲笑我。你愿意倾听我说话，只不过是为了获取报酬，感受你自己的成就罢了。"这就需要治疗师帮助他通过练习法识别这个反应与条件信念之间的关系，比如，"如果我保持警觉，就可以保护自己免受伤害"，或者识别核心信念"不要相信任何人"。然后，治疗师和患者会设计一个行为实验，收集一些新的信息，行为实验可能会包含挑战患者核心信念的内容，比如，让患者尝试寻求其他人的帮助，并如实地记录帮助者的言语和行为。干预过程可能会包含进一步的行为实验，反复检验功能不良的信念，为更具适应性的态度转变奠定基础。新的态度可能包括"哪怕没有任何利益可图，别人也愿意帮助我""并不是所有人都不值得信任"。

第四，重视治疗关系。人格障碍患者在认知、情感和行为模式上的不良功能在人际领域表现得特别突出。因此，治疗关系尤为重要。在建立治疗关系阶段，治疗师需要根据患者的具体情况调整自己的行为，比如，对依赖型人格障碍患者来说，他们可能希望治疗师能够完全帮助自己解决问题，此时治疗师可以满足这类患者对于治疗师的期望，表现出治疗师的领导才能，为患者提供处理问题的每日建议。但是，对偏执型人格障碍患者而言，治疗师就需要尽可能少地干预患者的日常生活，让患者更多感受到治疗师的友善。在治疗开始之后，治疗师还需要观察治疗关系中的怪异之处，敏锐觉察治疗关系中偏离常态的地方蕴含的诊断意义。同时，治疗师要以一种开诚布公的方式处理治疗关系中的移情，邀请患者和治疗师一起探索这种治疗关系背后的意义和人际信念，而不仅仅是给出专家视角的解释，或者单纯满足患者的人际需求。当治疗关系进入稳固阶段，治疗师就可以帮助患者学习新的人际互动经验，拓展人际互动范围，为患者走出治疗室，适应社会提供试错和调整的安全试验基地。

治疗效果的随机对照研究也支持认知行为疗法能够直接减轻人格障碍的病理症状，同时有助于改善人格障碍患者的自我和社会认知偏差，提高整体适应能力。戴维森及其同事（Davidson et al.，2006）追踪了106名符合边缘型人格障碍诊断标准的患者，将他们随机分配到两种条件下治疗，其中一组接受常规治疗（即国家健康服务中心提供的免费心理危机帮助），另一组既接受常规治疗，也接受认知行为治疗。研究过程中，平均每年为患者提供27次治疗，患者实际接受的治疗次数平均为16次。两年后的追踪结果支持认知行为治疗对于减少边缘型人格障碍患者的自杀行为和意外事故、缓解焦虑和抑郁情绪，以及改善功能不良的认知信念都存在显著优势。有研究者（Emmelkamp et al.，2006）比较了认知行为疗法和简明精神分析疗法对于回避型人格障碍患者的治疗效果。62名符合回避型人格障碍诊断标准的患者被随机分为认知行为治疗组、简明精神分析治疗组和等待治疗组。随机对照的追踪结果支持认知行为治疗组在人格障碍病理症状、焦虑、社交恐惧等指标上都要显著优于简明精神分析治疗组和等待治疗组。认知行为疗法改善人格障碍患者的症状和社会适应状况的关键因素之一是，治疗同盟关系的建立，以及关系破裂后得以修复（Strauss et al.，2006）。由于人格障碍是复杂的慢性心理问题，短期治疗并不能取得预期的效果，由此要让患者主动接受长期治疗。早期的治疗同盟关系，以及治疗过程中治疗师如何处理与患者之间的冲突会直接决定患者坚持治疗的意愿，从而影响患者的受益程度。

图式疗法。传统的认知行为疗法被质疑并不适合治疗人格障碍。人格障碍患者的认知顽固性、情绪不敏感性，以及问题表现形式的多样性，使得认知行为疗法以问题解决为中心的治疗技术无法发挥优势，认知行为治疗师可能在治疗关系建立初期就会遇到大量难以克服的困难。因此，图式疗法在认知行为疗法基础之上指出早期适应不良的图式如何影响人格障碍患者达到自我和人际上的和谐，并将治疗技术聚焦于改变早期适应不良的图式，具体的治疗技术比认知行为疗法更为灵活，更重视情绪的作用，包括认知技术、体验技术、人际技术和行为技术（Young et al.，2003）。

与传统的认知行为疗法相似，认知技术从图式的分离过程开始，这样它就不会被当作一个先验的真理接受。认知重建用于识别和修正关于自己和他人的适应不良的认知，并缓慢地打破这些认知图式，强化健康的成人模式。体验技术是通过想象练习法，让患者在治疗过程中回忆痛苦的事件，治疗师帮助他们体验和忍受情感痛苦，鼓励他们修正自己的想象。比如，在想象中质问情感剥夺的母亲就可能帮助患者认识到母亲在自己情感剥夺图式的形成过程中所起的作用。人际技术是治疗师尝试通过为患者提供儿童期缺失的情感经验以建立一种反击他们图式的咨询关系，但这只是一种有限的重塑，治疗师既不是重新扮演患者的父母，也不是试图帮助患者回归依赖的儿童状态。治疗师要运用共情式面质的方法识别和修正患者在治疗关系中可能产生的人际图式。通过反复的共情式面质，治疗师帮助患者理解图式在维持自己的想法、期望，以及与他人功能不良的关系中的作用。治疗师需要帮助患者挑战和修正自己的想法和行为，形成更为健康的、令人满意的关系。行为技术很多，包括社会技能培训、自信心培训、系统暴露、反应阻断、行为修正，以及类似的可能改变那些强化图式的行为技术。

不同的治疗技术会产生交互作用，认知技术可能会促进行为的改变，行为的改变可能会促进人际关系的改变。图式疗法治疗人格障碍最有效的就是体验技术，比如重现童年事件、想象术、模式间对话或者表达练习。这种戏剧性的技术打开了学习新经验的阀门。整合所有技术的核心就在于发展新的图式，修正旧的图式，降低不适应图式的效价，提高更具有适应性的图式的强度（Young et al.，2003）。当然，认知技术的改变解释率可能最高。值得注意的是，即便已经发展出更具有适应性的图式，人格障碍患者原有的认知图式会持续发挥功能不良的作用，因此通常需要更多样和更持久的认知再造工作。除了标准的治疗技术，治疗师本人的风格也很重要。治疗的艺术在于，在结构化的治疗框架下，治疗师懂得什么时候追问敏感的话题，什么时候再拉回来；如果患者抗拒自我表露，治疗师能够通过提问方式、幽默感和恰当的自我表露，打破来访者的防御机制，让标准化的治疗技术发挥实质性的作用。

图式疗法的长期治疗通常要持续 1～4 年，治疗效果也得到了一些临床随机对照研究的支持。有研究者（Giesen-Bloo et al.，2006）对边缘型人格障碍患者的图式疗法（44 名患者）和移情焦点疗法（42 名患者）进行了为期 3 年的对照研究。两种治疗方法都显示出积极的治疗效果。所有参与治疗的边缘型人格障碍患者的边缘型人格障碍症状都有显著消退，而且表现出生活质量和内在人格结构的改善，说明两种方法都不是简单地治疗人格障碍的表面症状，而是深入深层次的人格结构。相比较而言，图式疗法在改善边缘型人格障碍症状、一般性心理病理失调方面要优于移情焦点疗法，同时接受图式疗法的患者对人格概念的认知也要优于接受移情焦点疗法的患者，在治疗关系中的退出率也更低，但在改善生活质量方面，图式疗法并没有表现出相对于移情焦点疗法的显著优势。由于人格障碍治疗需要耗费大量社会资源，因此有研究者关心哪一种治疗方法的投入产出比相对更优。以图式疗法和移情焦点疗法这两种旨在改善功能受损最为严重的边缘型人格障碍患者的所有症状，并恢复患者正常社会功能的治疗方法为例，采用图式疗法治疗边缘型人格障碍患者，4 年的平均花费是 37 826 欧元，而移情焦点疗法 4 年的平均花费是 46 795 欧元。此外，在持续 4 年的治疗过程中，接受图示疗法的边缘型人格障碍患者生命质量得到调整的平均年份是 2.15 年，接受移情焦点疗法的边缘型人格障碍患者生命质量得到调整的平均年份是 2.27 年，两者之间存在微弱的差别，但康复率分别是 52% 和 29%，图式疗法比移情焦点疗法的康复率更高。因此，成本收益分析支持图式疗法的性价比更高，达到同等程度治疗效果需要投入的物质和人力成本更少（Van Asselt et al.，2008）。

7.2 理解人格障碍的情绪视角

7.2.1 情绪分化理论

根据情绪分化理论，每一种情绪都有不同的动机属性和适应性功能，且每一种具体情绪的内在结构或潜能都是在进化过程中预设好的，它们负责提供处理人生任务的统一脚本，包括抚养婴儿、形成社会联结、维持社会秩序、逃避风险、应对威胁和处理损失等（Abe & Izard, 1999; Izard, 2009）。在情绪分化理论包含的一系列零散概念和原则的大框架下，基本情绪和情绪图式是该理论所有观点形成的基础（Izard, 2007; Izard, 2009; Izard, 2011）。情绪知识、情绪调节和情绪运用是该理论研究者认为的影响个体健康发展的必要条件（Izard et al., 2011）。

基本情绪和情绪图式。许多研究者认可情绪存在两种类型，它们分别是基本情绪和情绪图式。伊扎德认为，基本情绪和情绪图式的区分至关重要，没有区分这两种情绪类型是当前情绪科学被误解和错误界定的最主要原因（Izard, 2009; Izard et al., 2001; Gross, 2002）。基本情绪是指进化中的大脑系统感知到生态环境中的有效刺激之后产生的情绪过程，这个过程通常是快速的、自动的和无意识的，包括一系列生理的肢体表达和感觉唤起（Izard, 2007）。情绪图式包含更为高级和复杂的情绪现象（Izard, 2011）。

基本情绪是情绪图式的基础，高级认知过程与基本情绪体验之间的联结过程是丰富情绪图式的方式之一（Izard, 2009; Izard et al., 2001; Gross, 2002）。如果没有基本情绪作为基石，情绪图式的发展以及由此产生的动机和调节功能都会受到影响。情绪图式会影响我们关注的内容以及这些内容如何被加工，加工过程中会犯哪些错误。适应不良的情绪信息加工，以及情绪图式与情绪调节之间的动态交互作用是心理病理问题产生的主要原因（Youngstrom, 2015）。

情绪分化理论假设，每一种基本情绪都以模块化系统的方式存在，它们可以独立于大脑皮层加工和更高级的认知过程而起作用。情绪的发展主要是系统之间产生联结的过程，尤其是情绪、图像与想法之间的联结（Izard，2007；Izard，2011）。

图 7－1 和图 7－2 分别显示了情绪与认知系统联结形成稳定的情感—认知结构的初级过程和高级过程（Izard et al.，2002）。图 7－1 显示了情绪—认知联结形成的初级过程。这个过程始于当前的情绪，当前的情绪与幼儿的气质有关，或者受到近期情绪诱发情境的影响。接下来处理非认知或认知刺激以激活一种新的情绪。随后形成情绪—认知联结，对年幼的儿童来说，这个联结通常包括标识和表达这种新的情绪和它对应的情境。图 7－2 显示了当前情绪与评价过程的交互作用激活情绪感受，以及与事件相一致的情绪记忆。情绪记忆可能与感知相似的事件有关，这种情绪记忆可能会增强新激活的情绪，形成更强的情感—认知结构和更为详细的情绪记忆。提高情绪—认知联结的适应性，以及在意识层面表征情绪的能力对个体人格的正常发展具有非常重要的意义。

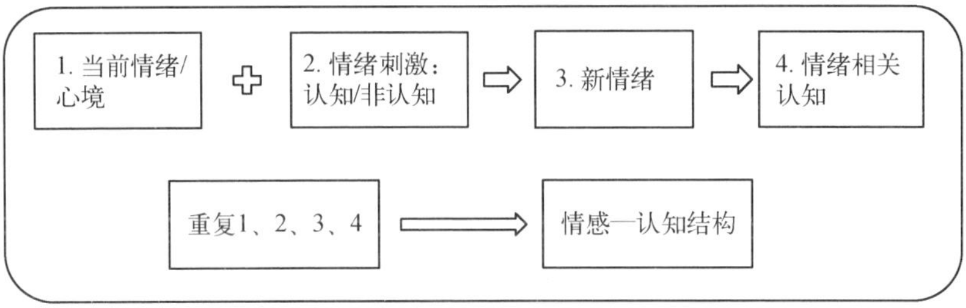

图 7－1　情绪—认知联结和情感—认知结构的形成过程

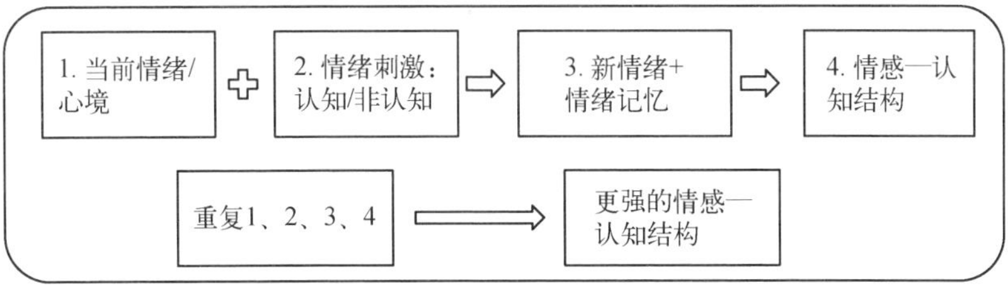

图 7－2　情绪记忆和情感—认知结构

情绪知识。伊扎德非常强调识别和标记情绪的面部表情在促进社会和情绪功能方面的核心作用。通过对面部表情的感知和对他人行为的预测,婴儿能够发展出关于情绪和社会互动的知识。随着符号和语言能力的发展,学步儿童能够将语言、符号与面部表情、内在唤起状态、行为和情境线索联系起来。这就是情绪知识包含的内容,即准确理解和表述面部表情、行为线索和社会情境中包含的情绪的能力(Izard et al., 2011)。学龄前掌握的情绪知识能够预测小学三年级的学业水平、社交能力和行为问题(Izard et al., 2002;Izard et al., 2001)。

情绪调节。情绪调节是指个体对具有什么样的情绪、情绪什么时候发生,以及如何体验和表达情绪施加影响的过程(Gross, 2002)。它不同于以往研究探讨的对情绪或情绪相关行为的直接调节,即维持、增强或削弱情绪唤起,以及与之相关的感受、动机、认知和行为倾向(Izard et al., 2011)。**情绪运用**同时包含自发的和有计划的建设性行为和创造性努力。比如,悲伤的适应性功能是寻求社会支持。擅长运用情绪的儿童能够利用悲伤情绪的能量和动机去寻求同伴或家庭的社会支持,而不是从诱发悲伤的情境中退缩。

情绪知识、情绪调节和情绪运用这三种能力各不相同但又紧密相关。增进情绪知识能够促进儿童情绪调节能力的发展,情绪知识和情绪调节能力的发展又能够提升情绪运用的能力,从而对社会能力的发展产生积极影响(Izard, Stark, Trentacosta, & Schultz, 2008;Izard, King, Trentacosta et al., 2008)。情绪运用和情绪调节有显著不同,但它们之间也存在动态的相互作用,不同形式的情绪调节方法能够促进情绪运用,情绪运用也可以被看作情绪调节的最优方式(Izard, 2009)。

情绪运用具有适应性优势。一个多世纪以来,许多领域的科学家都认识到情绪具有内在适应性,力图证明情绪在个人和社会行为中的生存适应价值(Izard et al., 2001)。当代生活的复杂性使得情绪和对情绪的有效运用变得比以往任何时候都更为重要。许多理论和经验研究都支持情绪具有适应性功能的观点(Campos, Mumme, Kermoian, & Campos, 1994;Cacioppo & Gardner, 1999)。尽管情绪一旦失控就会产生不良后果，但所有情绪，包括负面情绪，都能够对行为、心理健康和适应性产生积极的影响。比如，喜悦是对成功的奖励，能够促进创造性和特定类型问题的解决能力；悲伤激励我们追溯困难的源头，寻求社会支持，加强与家庭和社会的联系。因此，如果我们接受情绪具有内在适应性功能，对我们的生存和发展起着重要作用，那么我们需要在发展预防性干预办法时付出更多努力以提升儿童理解和调节情绪的能力，以及运用情绪的适应性优势（Izard et al., 2002）。

情绪中心项目的预防效果。情绪中心项目课程始终围绕八大主题。（1）情绪识别（emotion recognition）：提高儿童对自己内在情绪信号和他人情绪表达行为中的信号的觉察能力。（2）情绪标记（emotion labeling）：帮助儿童掌握情绪词汇，当需要谈论自己的情绪感受时，能够恰当地表达。（3）情绪交流（emotion communication）：帮助儿童练习表达自己的感受，以及与其他儿童谈论情绪感受，可以通过木偶游戏、假装游戏等方式开展。（4）情绪故事时光（emotion story time）：让儿童参与符合他们年龄的故事阅读，这些故事包含了具体的情绪，能够提高对事件、情绪和行为之间关系的理解。（5）情绪激活（emotion activation）：教会儿童一系列诱发基本情绪的内在事件和外在事件，帮助他们理解有些冲突产生是因为不同的儿童对某个事件或情境的感受不同。（6）情绪—行为关系（emotion-behavior relations）：帮助儿童理解他们的感受、想法和行为之间的关系，理解他们在情绪产生原因和应对方法上存在哪些相似和不同。（7）情绪调节和情绪运用（emotion regulation and emotion utilization）：让儿童练习调节情绪表达、具有调节功能的工具行为、以情绪为中心的应对技能，帮助儿童学会以建设性的方法运用情绪动机。（8）亲社会行为中的共情和情绪运用（empathy and emotion utilization in fair play and prosocial behavior）：帮助儿童学会回应由情绪产生的动机，包括亲社会行为中的共情或同情。以共情或同情为基础的亲社会行为是最高级形式的情绪运用（Izard et al., 2002; Izard, Trentacosta, King, & Mostow, 2004）。

情绪中心项目比其他任何项目都更加重视每一种基本情绪的内在

适应性功能,项目的最终目标是促进情绪运用,而不再局限于情绪调节。它强调调节情绪唤起和表达的重要性,而不是简单地实现情绪调节或愤怒控制,后者是其他项目的主要关注点。情绪中心项目把情绪运用作为适应性功能的关键要素,而情绪调节是最终实现情绪运用的中介手段(见图 7-3)(Izard et al., 2008)。情绪中心项目包含的技巧是为了帮助儿童获得与每一种具体情绪相关的动机中具有适应性价值的部分。比如,龟壳技术(turtle technique)和情绪中心项目的抱紧(hold tight)技术存在明显的区别。两种技术都包括深呼吸以减轻压力,但是龟壳技术强调将儿童从情绪诱发情境中抽离出来,直到他们完全平静。抱紧技术则鼓励儿童将情绪感受中的调节能量作为解决问题的方法,运用语言或其他形式的情绪交流表达自己的情绪。抱紧技术符合情绪中心项目强调的有效利用情绪动机的观点(Trentacosta & Schultz, 2015)。

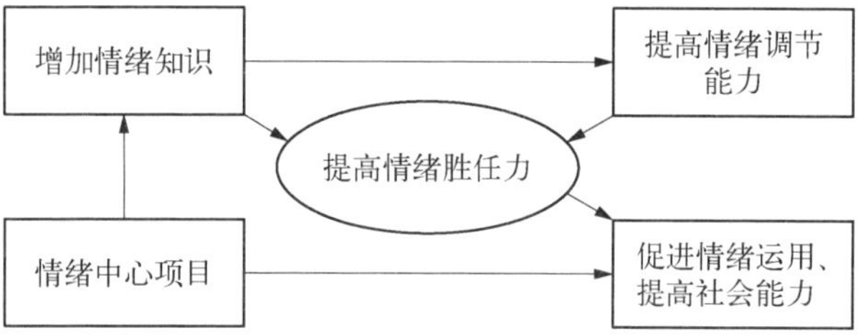

图 7-3　情绪中心项目(Izard et al., 2008)

注:情绪中心项目能够增加情绪知识,情绪知识又可以促进情绪调节;情绪干预促进情绪胜任力(情绪知识和情绪调节能力的整合)的提高,情绪胜任力在干预项目和社会能力之间起中介作用;社会能力的提高表现为情绪运用能力的提高。

对情绪中心项目效果的最初评估是在美国农村地区开端计划中心(Head Start Centers,这是迄今为止美国联邦政府规模最大的儿童早期发展项目,通过关注儿童的早期发展,增加弱势群体受教育机会,消除贫困的恶性循环)实施的(Izard et al., 2004)。9 个班级实施了开端计划常规课程,7 个班级实施了常规课程以及情绪中心课程。到学期末,实施情绪中心课程能够预测儿童情绪知识的增加,以及较低水平的消极情绪表达。第二年,在相同地区又开展了一次更为全面的情绪中心项目评估,采用和之前相同的设计,增加了对情绪中心课程教师的额外指导,并邀请家长也参与此项目。这次评估支持情绪中心项目对4岁以上儿童情绪知识的促进作用,而且情绪中心项目能够改善教师评估的儿童易感性/消极情绪性、攻击性和焦虑、抑郁行为,以及独立观察者评估的儿童消极行为和消极情绪(Izard et al., 2008)。

情绪中心项目也与城市开端计划合作。最初的有效性试验随机加入了6个开端计划中心,对照组包括常规的开端计划,以及开端计划系统正在执行的社会认知项目人际认知问题解决(Interpersonal Cognitive Problem Solving)。有趣的是,与农村地区相比,城市情绪中心项目只在促进积极结果方面有显著作用,但在减少消极结果方面效果不显著。此外,情绪中心项目主要通过改变儿童情绪胜任力来影响他们的社会能力(Izard et al., 2008)。

两年之后,研究者又在相同的开端计划系统中进一步考察了情绪中心项目的有效性。与对照组儿童相比,接受情绪中心项目干预的儿童拥有更多情绪知识,在消极情绪表达和内在问题行为方面表现出显著下降的趋势。此外,教师的忠诚度、父母的抑郁症状,以及班级氛围能够调节干预效果(Finlon et al., 2015)。教师对项目执行的忠诚度越高,学生在情绪知识和行为调节技能方面的进步就越大。这可能是因为,教师对一个项目能够在多大程度上促进学生成长的信念会影响教师遵循项目理念和项目操作方法的动机。情绪中心项目对面临多种情境危险性因素的儿童帮助更大,对这类儿童来说,接受情绪中心项目干预能有效减少其外在问题行为。对于父母报告有更多抑郁症状的儿童,情绪中心项目能够促进其情绪调节能力的大幅度提高(Slatcher & Trentacosta, 2011)。情绪中心项目还能够为情感支持水平低的班级提供缓冲,促进班级同学之间的社会互动。这可能是因为,情绪中心项目为教师提供了可以促进其支持性行为的理念和可行性措施。

7.2.2 人格障碍的情绪中心疗法

情绪中心疗法认为,情绪图式是行为改变、自我组织和意义重建的核心动力(Pos, 2014)。在心理治疗过程中,情绪图式又被进一步划分为四种:初级适应性情绪图式,是指保证生存和安全的健康的情绪反应;初级适应不良的情绪图式,是指在创伤事件中习得的过度情绪反应;次级情绪图式,是指对初级情绪体验作出的情绪反应,比如,对自己愤怒情绪的恐惧;工具性情绪图式,是指为了达到特定目的而表达出来的情绪,比如,对他人进行情感绑架而表现出来的悲伤。这四种情绪图式会出现在三个情绪加工问题领域:第一,有些个体会自动屏蔽所有的情绪体验,完全体会不到任何具有适应性价值的情绪反应;第二,当个体忍受不了初级情绪图式时,会持续激活次级情绪图式,比如,个体无法接受自己对他人的恨意,从而频繁地体会到愧疚感;第三,初级适应不良的情绪图式会导致错误警报和过度反应,并由此诱发适应不良的人际互动,比如,因为害怕人际交往而选择回避所有的人际交往(Greenberg & Pascual-Leone, 2006)。

格林伯格及其同事(Greenberg, 2002, 2004;Greenberg & Watson, 2005)认为,情绪中心疗法就是要区分初级情绪和次级情绪,适应性的情绪反应和适应不良的情绪反应。在治疗过程中要根据以下四项原则开展情绪工作,从而改善治疗关系和促进来访者的个人成长。首先,改善情绪觉察。情绪觉察包括接近情绪和接纳情绪,而不是回避情绪,尤其是初级情绪。这是治疗师帮助来访者运用情绪力量的第一步。其次,调节情绪。来访者可能处于情绪调节过度或者缺乏情绪调节能力的状态,治疗师可以通过创设有效反馈的共情式人际氛围支持来访者学会适宜的情绪调节策略,既可以抑制适应不良的情绪表达,也可以保持和促进适应良好的情绪表达。再次,反思情绪。通过给情绪命名或解释情绪体验将情绪意识化,赋予不同种类的情绪以适应性价值,建构对自我和外部世界的概念化理解,从而促进自我的连续性和同一性。最后,转化情绪。适应不良的情绪状态可以转化为更具有适应性的情绪,通过给情绪找原因,或者换一个思考角度看待情绪,从而改变适应不良的情绪。比如,当你感到愤怒,并为这种愤怒情绪而感到焦虑、烦躁、无助时,你可以在治疗师的帮助下重新体验这一系列情绪,并逐步释放由愤怒引起的焦虑、烦躁、无助等不良感受，从而将这种愤怒情绪转化为适应良好的初级愤怒情绪。

虽然还没有系统的随机对照研究检验情绪中心疗法治疗人格障碍的效果，但是那些聚焦于情绪症状的治疗方法在改善患者的情感质量方面要显著优于其他治疗方法。和认知疗法相比，聚焦于情绪层面的短程动力疗法能够更为持久地改善C簇人格障碍患者的情感痛苦症状，患者的整体复原水平也更高（Svartberg, Stiles, & Seltzer, 2004）。和支持性心理治疗相比，在更看重情感对峙和情感诱发治疗策略的短程心理动力疗法中，C簇人格障碍患者与治疗师的治疗同盟关系更为稳定（Hellerstein et al., 1998）。情绪中心疗法对回避型人格障碍和边缘型人格障碍的个案治疗也显示出它的独特优势。

情绪中心疗法的“两椅”（或“空椅”）技术对回避型和边缘型人格障碍患者具有一定的实施难度，然而一旦治疗师能够在安全的治疗同盟关系下克服这些困难，患者就会极大地受益于这种治疗技术（Pos & Greenberg, 2012; Pos, 2014）。这是因为，人格障碍患者存在各种各样的自我冲突和人际冲突，每一种自我冲突和人际冲突的具体表征都需要一次“双椅”技术的干预。在“双椅”干预技术操作程序中，两种不同的自我组织对应的情绪图式都会被激活，然后借助双椅的形式进行双向对话和深度交流。一张空椅代表一种自我需求或自我叙事风格，患者在治疗师的帮助下切换两种不同的需求和叙事风格。交流过程可能很艰难，甚至剑拔弩张，但如果出现了更高级的、整合双向自我需求的适应性关系，或者其中一个自我能够体会和协调两者之间看似矛盾的需求，就意味着这种冲突找到了合理的解决办法，自我功能更具有适应性。要想达到这样理想的效果，需要患者在一定程度上已经获得情绪觉察、情绪调节和情绪反思的能力。咨询师也需要为此做大量的准备工作，为患者接受“双椅”干预创设共情式的抱持环境，并搭建好帮助患者发展上述情绪能力的脚手架。

对回避型人格障碍患者而言，他们存在人际互动模式异常、情绪加工困难和元认知功能缺陷三大核心问题（Pos, 2014）。具体表现为，他们总觉得别人会批评自己、嘲笑自己，为了保护自己免受伤害，他们选择与他人保持较远的人际距离，同时发展出抑制自己情绪感受的多种方法，比如，否认自己的依恋需求，回避任何可能会诱发强烈情绪感受的相关情境。治疗师如何与回避型人格障碍患者建立治疗同盟关系？如何帮助他们感受自己真实的情绪？如何帮助他们发展适应性的人际互动策略和元认知能力？“两椅”或“空椅”技术可以帮助回避型人格障碍患者不同层面的自我之间，以及自我和主要他人之间开展对话，在深度的关系探索、情感反馈，以及治疗师的指导下，逐渐接近自己的初级情绪感受，发展适应性的情绪图式。此外，情绪中心疗法的治疗师还会运用治疗关系和体验原则进一步帮助回避型人格障碍患者向内体验自己的初级情绪感受。比如，治疗师可能会直接运用一些治疗话术激发患者觉察情绪的动力：“如果你总是回避恐惧情绪，你可能会陷入巨大的麻烦中。恐惧是你生活的一部分，在有些情境中，特别是陌生的情境，连狮子都会感到恐惧。这并不是因为你有什么不好，而是因为你是一个活生生的人。恐惧是你情感的一部分。”（Pos，2014）

对边缘型人格障碍患者而言，“双椅”干预技术的介入要缓慢得多，因为他们自我的内部冲突远超乎我们的想象，他们的情感也在两种极端状态下反复波动。“双椅”干预技术会激活他们的自我和他人表征，使他们迅速陷入非黑即白的两极思维，并被剧烈的情感风暴淹没，而且他们不具备适宜的元认知功能和情绪调节能力去应对这种状况。在“双椅”干预技术实施过程中，治疗师和患者的直接对话相对减少了，这会让边缘型人格障碍患者对治疗师产生不好的推测：“我是不是被治疗师抛弃了，治疗师怎么不管我了，只让我和自己说话？”这个时候，治疗师需要重建治疗同盟关系，并且为患者最终能从“双椅”干预技术中获得成长作充分的铺垫。比如，在常规的咨询过程中观察边缘型人格障碍患者的自我冲突，通过咨询师的洞察力和情感反应能力帮助患者认识自我不同层面的冲突，建立具有共情式抱持和人际安全感的治疗同盟关系。在边缘型人格障碍患者具备一定程度的自我接纳能力和情感反思能力之后，再重新实施“双椅”干预技术（Pos & Greenberg，2012）。边缘型人格障碍患者会受益于“双椅”技术将他们内部混乱的自我，以及自我与他人捆绑在一起的模糊状态逐步清晰化、结构化的过程。

7.3 认知—情感系统视角下的人格障碍

7.3.1 人格的认知—情感系统理论

米歇尔认为，特质模型在描述和解释人格方面既不合适，也不准确，于是提出认知—情感加工系统模型，试图整合特质和加工过程、个体和情境的交互作用以理解人格差异。米歇尔等人（Mischel & Shoda，1995）提出人格的社会认知理论，聚焦于“如果……，就……”的关联，他们认为，特定的情境激活了特定的想法、感受和行为。例如，特质理论会形容一个人很容易生气，但认知—情感加工系统模型会结合当时的情境来描述人格：“如果上司用言语批评他，他就会很生气，但如果是同龄人批评他，他就会保持冷静。”这种描述方式能够让我们更立体地了解一个人的人格特点。

尽管米歇尔并没有将他的理论应用到人格障碍领域，但是我们仍然可以通过他的理论来认识人格障碍，人格障碍患者可能持有刻板的、适应不良的“如果……，就……”的关联（Huprich & Nelson，2015）。例如，对有些人格障碍患者来说，一旦在关系中遇到困难，就会激活他们对于被抛弃的担忧，进而激发他们“如果你不理我，我就去自杀”这种适应不良的想法。认知—情感加工系统理论关于人格分析的五个水平能够有效地进行人格障碍诊断（Huprich & Nelson，2015）。第一个水平是认知—情感单元；第二个水平是行为表达，即认知—情感单元被激活后的表现；第三个水平是观察者的感知；第四个水平是情境或背景；第五个水平是个体的生物倾向，这会影响到其他分析水平（见图 7－4）。

以依赖型人格障碍患者想要和异性发展亲密关系为例，患者的认知—情感单元（水平 1）如下：身边的人都很优秀（编码），如果我能够和他/她建立亲密关系，他/她就能够保护我（信念）。患者希望得到关爱

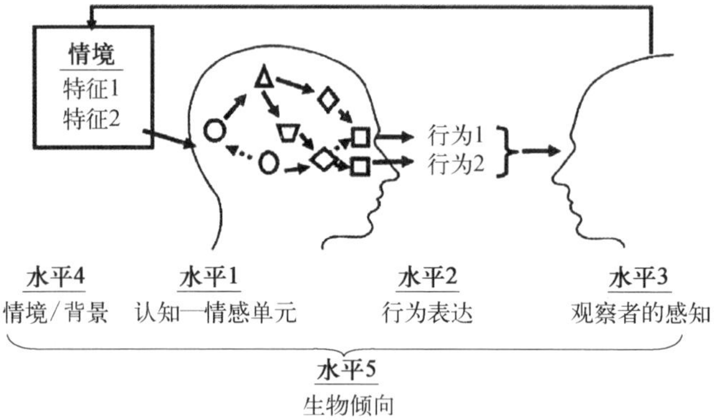

图7-4 认知—情感加工系统视角下人格分析的五个水平

(期待),与他/她发展为亲密恋人(目标),失败会让患者感到崩溃,觉得自己没有能力去应对任何外部挑战(情感),不能够接受没有如此优秀的异性陪伴自己的现实(自我调节计划)。这样的认知—情感单元会导致个体表现出毫无原则的讨好行为(水平2:行为表达),这种行为会让异性受不了,觉得这个人没有自我和人际边界(水平3:观察者的感知)。他们可能不仅不能成为恋人,而且连好朋友也做不了,完全从彼此生活中抽离(水平4:情境或背景)。这反过来又会激活一系列新的认知—情感单元,比如,个体在消极的情绪状态下,又失去了朋友的支持,而且在今后的生活中被证实是一个无能的人。

认知—情感加工系统模型被认为是最符合人格障碍评估和诊断未来发展需求的整合模型(Huprich & Nelson, 2015)。临床工作者在诊断人格障碍时通常不只是描述人格特质,还会询问更多与人格特质相关的背景信息,提高临床诊断的准确性。这也是很多临床工作者都偏爱原型匹配的诊断方法的重要原因之一,这种方法的许多观点都与认知—情感加工系统模型的五个水平具有一致性(Rhadigan & Huprich, 2012; Rottman, Ahn, Sanislow, & Kim, 2009)。

7.3.2 黑暗三人格的认知—情感系统

积极自我偏差和消极他人偏差。黑暗三人格的个体能够持续地以社会不赞许的方式争取个人层面的成功，这与他们个性中的积极自我偏差和消极他人偏差有重要的联系。积极自我偏差是一种自我欺骗的倾向，会夸大自己的智力水平和社会地位，在操控性、无所畏惧、情绪稳定性、智力和创造力等特质方面产生浮夸的、肯定的自我觉知（Paulhus & John, 1998），这种倾向在自恋和精神病态得分高的个体身上尤其突出。有研究者（Rauthmann, 2011）在自然情境下比较黑暗三人格个体的自我评价和他人评价之间的相似性和差异性，结果发现，自恋的个体认为自己在控制感、乐群性、开放性、责任心和所有智力测试上的表现都非常优秀，这导致其他人对他们的诚实性评价很低；精神病态的个体对他们在个体层面的特质（比如控制感和开放性）给予了很高的自我评价，但对自己在集体层面的特质（比如责任心）评价很低。这与其他人对他们的评价较为一致，在他人看来，精神病态的个体具有高控制感、低教养水平、低诚实性和低责任心。但是，马基雅维利主义的个体是否和自恋的个体、精神病态的个体一样具有自我优越感并没有得到研究证实。马基雅维利主义的个体同时具有消极的自我表征和他人表征，且他们的自我评价和他人评价非常一致，在自己和他人眼中，他们在控制感、乐群性、开放性方面水平较低。这一方面可能是因为马基雅维利主义者具有愤世嫉俗的世界观，认为所有人（包括自己）都很坏；另一方面可能是因为马基雅维利主义者把自己的人格特质投射到其他人身上，或者具有一种诱发其他人消极特质的倾向。

消极他人偏差是指无视他人具有的积极品质，过分武断地认为他人在个体性和合作性方面都很差（Back, Schmukle, & Egloff, 2011; Rauthmann, 2011）。自我中心的个体一般都有消极他人偏差，也就是说，那些自大的、觉得自己优于他人的个体一般都有对他人作出消极评价的倾向（Back et al., 2011），黑暗三人格的个体有消极他人偏差（Christie, Gels, & Berger, 1970; Morf & Rhodewalt, 1993）。马哈菲和马库斯（Mahaffey & Marcus, 2006）发现，那些在精神病态上得分高的个体倾向于对其他人的精神病态给予更高的评分。黑暗三人格的个体认为，所有目标对象都具有显著的低随和性。让那些黑暗三人格得分高的个体参与一项合作任务，然后评价合作者的特征。自恋者认为合作者不负责任，马基雅维利主义者认为合作者对新经验不够开放，智商太低，人际技能差，这验证了马哈菲和马库斯的观点，黑暗三人格的个体将他们自身不受欢迎的特质投射给了其他人。

有研究者认为，为了成功利用他人，黑暗三人格的个体还会简单地把所有人都看作脆弱的、情绪化的、容易利用的对象，也就是说，消极他人偏差是黑暗三人格个体无所畏惧地操控他人以实现个人目标的认知基础（Black, Woodworth, & Porter, 2014）。这一点在黑暗三人格的每个特质上都高度一致。自恋者认为目标对象是低开放性、低尽责性、低外向性和高抑郁的个体；精神病态者认为目标对象是低随和性、高神经质、高抑郁和高焦虑的个体，马基雅维利主义者认为目标对象是高神经质、高焦虑和高抑郁的个体。

内在共情缺陷和外在情感操控。黑暗三人格个体能够成功操控他人的潜在原因之一是他们具有内在共情缺陷和外在情感操控能力（Jonason & Krause, 2013）。采用不同类型的情绪图片，考察个体在精神病态、马基雅维利主义上的得分与他们对情绪图片的共情反应之间的关系。结果发现，悲伤的情绪图片不会引起精神病态和马基雅维利主义得分高的个体痛苦的情感共鸣，他们看到悲伤图片后表现出较高水平的积极情绪。说明黑暗三人格的个体不能适宜地处理悲伤情绪，情感共情存在失调（Ali, Amorim, & Chamorro-Premuzic, 2009）。将共情分为认知共情和情感共情，进一步探讨黑暗三人格与认知共情、情感共情的关系，结果发现，黑暗三人格与总体共情能力存在显著负相关，且与情感共情缺陷相关最为显著，与认知共情缺陷只有微弱相关。由此也说明，黑暗三人格的个体具备识别他人情绪的能力，擅长利用这些感性信息形成他们的处事策略，但由于他们在情感共情上存在缺陷，导致他们忽视自己的行为可能会给他人带来伤害，或者对他人的痛苦漠不关心（Wai & Tiliopoulos, 2012）。黑暗三人格与述情障碍不同维度的相关研究也表明，精神病态与共情缺陷、难以描述情感，以及外在指向的思考方式存在显著正相关，自恋与情感共情缺陷、难以辨识情感存在显著正相关，马基雅维利主义与外在指向的思考方式存在显著正相关(Jonason & Krause, 2013)。

对马基雅维利主义者情感功能的脑机制研究也支持马基雅维利主义与心理理论和共情能力之间的显著负相关。马基雅维利主义得分高的个体在完成心理理论任务时大脑两侧的颞顶联结处、内侧前额叶和楔前叶激活水平更低,与心理理论差的个体脑区活动状况相似。与观看中性的动态几何图形相比,马基雅维利主义得分高的个体在观看积极的和消极的情绪表情视频时脑岛和额下回后部的激活水平更高,楔前叶的激活水平更低,与共情能力较差的个体脑区活动状况相似(Bagozzi et al., 2013)。

黑暗三人格的另一个共性是情感操控,它是一种管理他人情绪的能力,最终目的是满足个人私欲,且对他人的痛苦感受毫无同情心,因此被称为情绪智力的"阴暗面"。有研究者(Austin & O'Donnell, 2013)自下而上地收集真实生活中管理他人情绪的情境生成项目,并通过探索性因素分析技术得知,管理他人情绪包括六个因素:情绪促进、情绪恶化、情绪隐藏、虚与委蛇、缺乏技巧和转移法。其中,情绪促进和转移法属于亲社会性策略,旨在改善目标对象的情绪;情绪恶化和虚与委蛇属于非亲社会性策略,会让目标对象的情绪变得更糟糕。情绪促进和转移法与大五人格的关系更为紧密,情绪恶化和虚与委蛇则与黑暗三人格的关系更为紧密。精神病态,即冷漠无情能够显著预测个体在管理他人情绪过程中运用情绪恶化和虚与委蛇的策略,脆弱敏感的自恋型个体在管理他人情绪过程中通常会运用虚与委蛇的策略(Austin, Saklofske, Smith, & Tohver, 2014)。马基雅维利主义者管理和识别自己情绪的能力不如调控他人情绪的能力,表现为擅长情绪操控,但情绪智力并不高(Austin, Farrelly, Black, & Moore, 2007)。

上述研究从不同的角度考察了黑暗三人格个体的情感功能,尽管研究结论不完全一致,但都充分体现黑暗三人格得分高的个体无法设身处地为他人着想的共情缺陷,以及他们为了达到自己的目标而操控他人情感且毫无道德愧疚感的显著特性。这可能是因为,那些在黑暗三人格上得分高的个体很少将时间用于思考自己的内部世界,他们更关注如何从外部世界获得自己想要的东西，对解读他人的内部动机不感兴趣。换言之，低水平的共情能力和与他人交流情感方面的能力或动机会导致黑暗三人格个体反社会社交策略的形成。

7.3.3 边缘型人格障碍的认知—情感系统

情绪失调。边缘型人格障碍的诊断标准包含大量情绪功能失调的表现，比如，情绪极其不稳定，经常体验到强烈的愤怒情绪，长期感到空虚无聊，不能承受强烈的负性情绪的侵扰而表现出自我伤害行为等。大量实证研究和理论模型都支持情绪失调是边缘型人格障碍的核心特征（e.g.，Glenn & Klonsky，2009；Putnam & Silk，2005）。林纳涵（Linehan，1993）的生物社会模型是对边缘型人格障碍的早期理论解释，她认为，边缘型人格障碍主要是情绪失调障碍，其根源就在于先天生物易感性与特殊的环境因素相互作用导致情绪失调，包括情绪敏感性过高，没有能力调节高强度的情绪反应，从情绪唤起到恢复平静的过程异常缓慢。随后，有研究者（Crowell，Beauchaine，& Linehan，2009）根据实证研究和临床实践经验进一步扩展和完善林纳涵的生物社会模型，发展出边缘型人格障碍的生物—社会—发展模型，详细阐述了先天生物易感性和后天环境的交互作用如何影响个体情绪调节能力的发展，并最终发展为边缘型人格障碍。核心观点就是，先天生物易感性决定的潜在的冲动控制缺陷遇上高风险事件对情绪易变性和消极性的外在强化，从而提高了情绪失调的风险，进而发展出适应不良的情绪调节行为或情绪回避行为。如果一个人长期沉浸在这种情感无效应对的环境中，且适应不良的情绪调节策略被不断强化，就很容易发展为边缘型人格障碍患者。

边缘型人格障碍的情感瀑布梯级模型也解释了边缘型人格障碍患者情感系统失调的内在原因，以及情感系统失调与行为系统失调之间的关联。根据情感瀑布梯级模型的理论观点，边缘型人格障碍患者会经历常人难以想象的情感瀑布，这是因为他们对消极情绪过度反刍，从而使消极情绪不断增强，两者之间会形成一个正向的反馈回路，从而将消极情绪强度不断推向顶峰，以至于常规的转移注意力的情绪调节策略没有办法帮助患者从消极情绪状态中走出来，转而以自我伤害、酗酒、吸毒等极端的物理刺激作为转移注意力的行为调节策略，帮助他们暂时切断情感瀑布的正向反馈循环(Selby & Joiner, 2009)。情感瀑布梯级模型的理论观点也非常符合边缘型人格障碍患者的具体表现，最初的负性情感刺激可能微不足道，但经过边缘型人格障碍患者的过度反刍，就逐渐升级为难以承受的消极情感体验。彼得斯等人(Peters et al., 2017)的实验研究也支持不同形式的反刍确实具有超出一般性痛苦情绪对边缘型人格障碍症状严重程度的预测力，边缘型人格障碍患者表现出来的情绪效价更为消极，持续时间更长，并且难以控制和解决，他们反刍的内容更偏向于他人中心，而不是自我中心，这与他们的病理症状通常来自人际问题高度一致。

认知偏差。情绪失调往往和认知偏差密不可分，比如，选择性地关注消极信息，选择性地记忆痛苦事件，信念或归因偏差，等等(Mathews & MacLeod, 2002; Wilson, MacLeod, & Campbell, 2007)。贝尔及其同事(Baer et al., 2012)综述了边缘型人格障碍患者表现出来的认知过程，发现边缘型人格障碍患者可能同时存在注意偏差、记忆偏差、想法和信念歪曲、解释和评价偏差、想法抑制，以及反刍方面的缺陷。边缘型人格障碍患者的注意力更容易被消极的情绪刺激吸引，他们更容易提取负面记忆，对中性刺激和模棱两可的刺激会作出负面的解释和评估。他们还拥有一系列功能不良的信念，认为自己是脆弱的、没有力量的、不被人接纳的，别人总是会拒绝自己、抛弃自己，整个外部世界都是充满危险的、不怀好意的。不过，以上这些认知偏差并不是边缘型人格障碍患者所独有的，轴 I 的心理障碍患者和其他人格障碍患者也存在不同程度、不同形式的认知偏差。今后的研究还需要进一步聚焦于边缘型人格障碍患者在认知功能上的鉴别性差异。

7.3.4 基于认知—情感系统的辩证行为疗法

辩证行为疗法基于边缘型人格障碍患者表现出来的认知和情感风

格，运用禅宗哲学和辩证哲学，将认知行为治疗技术发展为一套更有效的边缘型人格障碍治疗技术，既包括认知行为疗法中被验证为有效的技术，如意外事故管理策略、技能培训、暴露策略、认知修正、承诺和行为分析等，又增加了新的治疗技术。这些新增的治疗技术包括：基于目标分析的目标匹配策略，可以提高治疗师的决策效率；行为链式分析，即对具体行为的理解和评价会追问许多细节，获取事件发生、发展链条上的每一个环节的详细描述；反向行为，即用情绪不一致的行为替代情绪一致的行为，从而减弱负面情感的强度；验证策略和辩证策略（Linehan & Dexter-Mazza，2008）。

接纳原则与正念机制。禅宗哲学从理念层面来说就是接纳，强调每时每刻的完整性和存在价值，鼓励患者不带任何评判地理解和接纳真实生活。从操作层面来说，就是要保持正念，即不予评判地观察和描述事物、身体的感觉和情绪，全身心地体验宇宙万物（Linehan，1993）。在辩证行为疗法中，正念是患者需要学习和运用的重要行为技巧，也是帮助边缘型人格障碍患者保持情绪脑和认知脑平衡，最终发展出智慧脑的关键技巧（Linehan & Dexter-Mazza，2008）。近年来，正念对个体认知—情感加工系统和行为改变的有效影响也得到了越来越多实证研究和理论的支持。

有研究者（Shapiro，Carlson，Astin，& Freedman，2010）提出，目的性、开放性和不评判是正念的三个基本成分，当我们对日常生活经验保持有目的的、开放的和不评判的态度时，我们观察事物的视角会发生显著改变，这就是正念起作用的潜在机制，即再感知（re-perception）过程。

再感知过程被认为是正念引起行为改变的根本机制。相比于沉浸在我们的个人叙事或生活故事中，正念的再感知过程能够让我们退后一步，只简单地观察我们的生活经历。因此，再感知与西方心理学领域的一些心理概念如去中心化、去自动化和分离感十分相近。所有这些概念的核心都是视角的转变，这个转变可以通过正念来实现，也就是以开放的、不评判的态度有目的性地投入当下的生活，将自己看作一个“观察者的自我”。通过再感知过程，我们能够意识到，“痛苦不等于我”“抑郁不等于我”“想法也不等于我”，我们开始从一个观察者的视角看待这些经历。

加兰及其同事（Garland et al.，2010）结合情绪可塑性神经回路的神经科学研究进展，提出了积极情绪发展的螺旋式上升模型（upward spiral of flourishing）。该模型认为，正念训练能够促进注意过程，通过诱发扩展的注意状态而产生积极情绪，而积极情绪反过来又能够促进有创造性的、灵活的思维风格。正念起作用的方式主要在于三个方面：一是去中心化。这个过程能够提供一种基本的心理柔韧性，促进我们灵活地选择认知评价方式。二是正性重评。正性重评是一个适应性很强的过程，它会将压力事件重新解释为良性的、有价值的或有益的（Lazarus & Folkman，1984），这种应对策略和身心健康的结果密切相关。根据正念应对模型（Garland et al.，2010），当一个事件被评价为一种威胁或损失，以至于超出了个人的应对能力，那么人们可能会从这个压力评价状态中抽离出来，进入正念状态，启动更具有适应价值的应对方式。三是积极情绪。根据积极情绪的扩展—建设理论（broaden-and-build theory of positive emotions；Fredrickson，2004），正念是一种扩展了的认知，由于情绪和认知两个系统是相互影响、相互促进的关系，因此正念也有可能会促进积极情绪。正念练习产生的积极情绪也有可能来自大脑功能的持久改变。比如，戴维森等人（Davidson & Kabatzinn，2004）发现，接受以正念为基础的干预的被试比控制组被试左侧前额叶皮层的激活水平更高，而这个区域正好与积极情绪相关。

辩证哲学与行为改变。辩证哲学则为接纳和改变两种看似对立的机制提供了整合的可能性。它包含三大核心原则：第一，整体观。宇宙中的万事万物都需要放在整体中加以理解，在事物相互作用的关系中体会彼此的内涵。因此，个体行为的背景和所处的环境对于理解个体特别重要。第二，辩证哲学能够将对立面统一起来。就像辩论中的观点，每一种对现实的解释总有一个对立面。在辩证哲学中，往往通过将两个极端的观点整合起来以解决各种争论。一旦达到两者之间的整合，这个知识系统就会发展，改变就会产生。例如，边缘型人格障碍患者情感上特别冲动，根据接纳的原则，咨询师需要接纳他们情绪唤起的强度远远超过正常水平，在这种状态下，患者不可能理性地处理冲突和适应社会。但是，辩证哲学追求对立统一，接纳情绪冲动性的同时，也认识到改变的必要性和可能性。整合接纳和改变的策略就是接纳患者强烈的情绪，等患者平静下来，马上着手帮助患者学习情绪调节技术和问题解决策略。第三，辩证哲学会促进持续改变。辩证行为疗法常常运用跷跷板来作类比，来访者在跷跷板的这一端，而咨询师在跷跷板的另一端。咨询师的任务就是以这种方式维持他和来访者之间的平衡，使得两个人都朝中间运动，而不是走向任何一个极端（Linehan & Dexter-Mazza，2008）。

辩证哲学指导下的辩证策略是辩证行为疗法的核心，它能够平衡接纳策略和改变策略，引导咨询师在极端状况之间保持动态平衡。第一个具体的辩证策略是扩展，即咨询师要关注来访者表达内容的不同部分，而不是只关注明显可觉察到的部分。比如，来访者威胁咨询师说，他要离开咨询室，如果咨询师继续采用链式分析就可能会问，如果来访者在外面，他接下来会做什么。然而，采用扩展策略的咨询师会说，哦，亲爱的，我没有意识到这样做让你如此沮丧。也许我们应该为你找另一个咨询师，当你伤害自己时，也不会要求你这样做的咨询师。

第二个具体的辩证策略是恶魔的拥护者。这种策略常常用于强化来访者的观点或承诺。咨询师站在与来访者相反的立场和来访者辩论，帮助来访者朝着整合的方向努力（Linehan，1993）。采用突出相反的一面以帮助来访者实现整合时，或者和来访者谈论正在发生的事情对来访者来说太困难时，可以运用隐喻。例如，咨询师可以形容来访者感到痛苦就好比来访者正躺在燃烧的床上，或者正身处地狱。更进一步说，咨询师可以将治疗看作将来访者带离地狱，而不是泼一盆水在来访者的脚上。这能够帮助来访者更好地理解问题解决的重要性，而不仅仅是得到确认和同情。

第三个具体的辩证策略是帮助来访者“榨取柠檬汁”，当价值很难被发现时，教会来访者如何创造价值。咨询师必须警惕，不要让来访者感到你没有认真对待他的问题（Linehan，1993）。例如，当来访者抱怨和伴侣之间发生了可怕的争执时，咨询师可以说“很不幸，你们又发生了争执。一定很难以忍受吧。好消息是，我们能够一起来看看，你为什么不擅长吵架”。

辩证行为疗法的有效性。林纳涵及其同事开展了一项辩证行为疗法的随机控制组实验研究。这项研究包含 44 名具有边缘型人格障碍的被试，他们近期有反复的自我伤害和自杀尝试。将这些被试随机分配到辩证行为疗法组(22 人)或者常规治疗组(22 人)。研究结果表明，辩证行为疗法比常规疗法在统计学和临床方面都具有更显著的优势。具体表现在：显著降低了自我伤害行为的概率；药物风险、放弃治疗的概率，以及自我报告的愤怒感都有所降低；住院天数减少，被试的整体功能和社会功能有明显改善。在自杀想法和抑郁测量上，两组被试取得了相似的进步。但这项研究也存在一些方法学上的局限性，比如样本量太小，不能控制一些不相关因素(治疗的强度、稳定性和可承受性，以及咨询师接受培训和督导的次数)的干扰。

孔斯等人(Koons et al.，2001)在杜克大学(Duke University)开展了另一项独立研究，对比了在达拉谟退伍军人情感医疗中心接受治疗的边缘型女性退伍军人接受辩证行为疗法治疗和常规治疗的效果。25 名来访者被随机分配到辩证行为疗法治疗组(13 人)或常规治疗组(12 人)，其中只有 20 人完成了研究，5 人因为交通困难而放弃了治疗。所有来访者都符合 DSM - III - R 对于边缘型人格障碍的诊断，40%的来访者具有自我伤害行为历史。考虑到被试的症状相对较轻，治疗时间从 12 个月降为 6 个月，每周的团体技能培训从 180 分钟降为 90 分钟。除了这些改变之外，辩证行为疗法的治疗过程遵照林纳涵最初的治疗方案。常规治疗也稍作修改，建议来访者参加多种多样的心理社会小组。尽管样本量较小，但研究结果强烈支持辩证行为疗法的优越性。辩证行为疗法在改善被试的无助感、抑郁、愤怒表达和自杀想法方面都要显著优于常规治疗。在其他变量上，辩证行为疗法治疗组也表现出显著的改善(分离和未表达的愤怒)或者朝向改善的强烈趋势(住院治疗和蓄意自我伤害)，而常规治疗组并未有这样的改善。两组被试在访谈者评估的抑郁水平、边缘型人格障碍症状上都有显著改善，但是在访谈者评估的焦虑症状上并没有显著改善。

特纳（Turner，2001）的研究对比了来访者中心疗法和改良版的辩证行为疗法在治疗边缘型人格障碍患者方面的效果。改良版的辩证行为疗法治疗方案在原有基础之上作出许多改进，首先，将心理动力学原则引入治疗方案，界定患者的行为、情绪和认知关系的图式。其次，为了最小化治疗总体时间的组间差异，辩证行为疗法治疗组的被试并未加入任何正式的技能培训小组。取而代之的是，在个体心理咨询过程中传授辩证行为疗法的技能。这项研究检验辩证行为疗法的随机控制组试验效果，且在非学术背景下开展随机对照试验，是首个结构化的、理论驱动的对照治疗试验研究。这项研究的所有被试都符合边缘型人格障碍的诊断标准，具有精神疾病症状、双相障碍，以及器质性心理障碍的被试都被排除在外，而且这项研究同时包含男性被试和女性被试。33 个被试符合条件，其中有 9 个退出，最后剩下 24 个被试，每组被试 12 人，女性 19 人，男性 5 人。

来访者中心治疗强调对来访者孤独感的共情式理解，以及为每一个来访者提供支持性的环境。两种治疗方法都持续了 12 个月，并为所有被试提供了 6 次团体辅导。团体辅导围绕着传统的辩证行为疗法技术开展培训，但并未提及任何一项具体的技能。两种治疗方案的咨询师一共有 4 人。咨询师平均从业年限为 22 年，在家庭系统疗法、来访者中心疗法和心理动力学疗法中都有培训经历。辩证行为疗法的介绍和心理教育一共 12 次治疗，每次 90 分钟，持续了 3 个月。虽然咨询师都很熟悉来访者中心治疗，但他们都接受了每周一次，持续 12 周的培训，和辩证行为疗法的培训时间作了平衡。每个咨询师都要参与一周两次的督导，辩证行为疗法小组的督导是特纳，来访者中心治疗小组的督导是高级诊所的咨询师。小组督导通过回看治疗视频提高治疗效果。两组被试的症状都有所改善，但研究结果支持辩证行为疗法的治疗效果要优于来访者中心治疗。在自杀率、情感失调和整体心理功能上，两组被试的差异较为显著。个体变量上的二次分析也显示出显著的组间差异，辩证行为疗法治疗组被试在自杀行为、蓄意自我伤害行为、抑郁、自杀想法等方面有显著改善,并且其简要精神疾病评估量表总分,以及冲动性和愤怒得分都要显著低于来访者中心治疗组被试。

有研究(Verheul et al.,2003)对比了标准化的辩证行为疗法与常规疗法在治疗边缘型人格障碍女性上的效果差异,这些女性都在社区精神疾病和物质滥用中心接受治疗。这是一项大型的辩证行为疗法随机对照研究。被试主要来自精神疾病和物质滥用治疗中心,每个被试都需要签署一份表明自己愿意接受12个月治疗的文件。辩证行为疗法治疗师比常规疗法治疗师有更为全面的教育经验,后者既包括精神疾病治疗师和心理学家,也包括社会工作者,前者主要包括精神疾病治疗师和临床心理学家。辩证行为疗法治疗师接受了高强度的训练和督导,但常规疗法治疗师并没有。被试被随机分配到辩证行为疗法治疗组(31人)或常规治疗组(33人)。治疗的组间差异非常明显。辩证行为疗法治疗组被试自我伤害的冲动行为显著减少,比常规治疗组被试更愿意接受治疗。辩证行为疗法治疗组被试更少报告自杀尝试,但组间差异并不显著。事后分析发现,相比于常规疗法,辩证行为疗法的治疗优势在于处理那些症状更为严重的自杀和自我伤害行为。6个月后的追踪研究发现,辩证行为疗法的治疗优势仍旧存在。

7.4 简评与展望

人格障碍的认知视角和情绪视角是理解人格障碍最为普遍的两大视角,任何一种人格障碍都存在不同形式、不同程度的认知或情绪功能失调,相对应的人格障碍治疗方法也有成熟的治疗战略和技巧,治疗效果也得到了较多临床随机对照研究的支持。综合人格障碍的认知视角和情绪视角的相关研究可以看出,认知因素和情绪因素确实是人格发展过程中从正常走向异常的两大重要因素,如果个体能够在生命早期建立良好的认知—情感结构,人格发展就能够在很大程度上避免转向异常和病理状态。

当个体被确诊为人格障碍患者后，认知治疗技术和情感治疗技术的治疗效果都比较好，能够在一定程度上缓解人格障碍的病理症状，并逐步帮助人格障碍患者恢复社会适应功能。目前，边缘型人格障碍是人们研究得最广泛的一种人格障碍，不同理论流派对边缘型人格障碍的分析也倾向于将情绪功能失调作为边缘型人格障碍最核心的症状，而情绪功能失调又源于认知方面的偏差。边缘型人格障碍最有效的治疗方法——辩证行为疗法，正是一种整合了行为主义疗法、认知疗法和情绪调节技术的方法，通过平衡患者的情绪脑和认知脑，最终帮助患者获得智慧脑。

因此，未来研究需要超越认知视角和情绪视角相互独立的理论视角，从认知—情感系统理论的视角去理解人格障碍，探索从认知—情感系统理论视角整合人格障碍理论观点和治疗方法的可行性。随着整合人格障碍理论和治疗技术的呼声越来越高，认知—情感系统理论也被认为是最有希望整合人格障碍不同流派的观点和技术的现成理论，因为它能够解释人格发展的变异性以及跨情境一致性，为理解人格正常发展和异常发展的心理动力学理论、认知理论和人际关系理论提供了一个更高阶的整合框架，也为理解人格和人格障碍在现实生活中的具体表现和先天生物倾向性提供了理论框架（Huprich & Nelson，2015）。但是，目前并没有证据直接支持认知—情感系统理论在整合人格障碍理论方面的优势，也没有实证研究探讨如何从认知—情感系统五大因素的角度去理解人格障碍和治疗人格障碍，因此未来研究需要进一步检验认知—情感系统理论的整合优势。

8 人格障碍治疗的整合视角

通过前面对人格障碍形成机制的分析可知，人格障碍是一类非常复杂的精神疾病，涉及生理层面的先天易感性、成长环境的影响、早期不健康的依恋关系，以及认知和情感层面的缺陷。尽管人格障碍研究者发展了不同的理论以解释人格障碍的表现和形成机制，但尚未有任何一个大理论可以整合所有的小理论，帮助我们全面理解人格障碍的成因、症状和治疗选择。就人格障碍的治疗来看，临床工作者根据不同的理论观点发展出多种多样的治疗方法，包括心理动力学取向的治疗方法（移情焦点疗法、心智疗法）、认知行为流派的治疗方法（认知疗法、图式疗法、辩证行为疗法），以及以情绪为中心的治疗方法，但是不同的治疗方法对人格障碍的总体治疗效果并不存在本质上的差异，只是说有些治疗技术更适合处理人格障碍的某些特定功能损伤或症状表现。

正如史密斯和格拉斯（Smith & Glass，1977）对心理治疗效果进行元分析得出的结论，接受心理治疗好于不接受心理治疗，但是不同类型的心理治疗方法带来的治疗效果的差异可以忽略不计，并不存在一种治疗方法绝对比另一种治疗方法优越的证据，只能说，依据来访者个人的情况和不同治疗技术的疗愈机制，有一些治疗方法可能比另一些治疗方法更适合特定的心理问题或来访者。因此，治疗师不应该把自己限定在某一个治疗流派和特定的治疗方法中，而应该采用兼容并蓄的态度，熟练掌握多种治疗技术，并具体问题具体分析，灵活地将治疗技术融入治疗计划。

人格障碍的理论观点和治疗方法也逐渐从派系林立走向整合。这是所有理论发展必经的一个阶段，从相对全面到相对分化，再发展为一个整体。但是，人格障碍治疗理论的整合还是走了一段相当漫长的发展道路，因为每一个心理治疗流派都认为自己对人格障碍的解释是最本质的，基于人格障碍理论发展出的治疗技术也是最有效的。教条主义会促使研究者固守这些理论派系，哪怕有质疑，也自动选择屏蔽。治疗师也很惧怕成长，因为成长就意味着当下自己拥有的知识和技术是有缺陷的、不完善的。本章分别介绍了心理治疗整合取向的系统治疗选择理论、人格障碍领域折中取向的整合疗法，以及超越折中取向的个性化疗法，这三种理论观点都试图超越人格障碍的分类和人格障碍治疗方法的教条化，但是从分化到整合这条路并不容易走，三种整合视角各有特色，但都不尽完善。

8.1 系统治疗选择

系统治疗选择是为每一个来访者量身定制治疗计划的一套程序，既要全面评估来访者的症状，又要为来访者选择有效的治疗方法（Beutler & Clarkin，1990；Beutler，Clarkin，& Bongar，2000）。这种方法最早用于抑郁症的治疗，由于人格障碍是抑郁症治疗过程中最难处理的共病问题，因此系统治疗选择也逐渐用于人格障碍的治疗，这种灵活的、多面的治疗取向特别适用于复杂的病理问题，例如不配合治疗、过早中断治疗、多重共病问题，等等（Harwood & Williams，2003）。

8.1.1 系统治疗选择的发展背景

自从有了心理治疗，不同的理论流派逐渐发展出它们各自独特的治疗理念和技术，经过短短 50 年的发展，心理治疗领域形成了派系林立的多元化局面，由此也带来一系列的问题，比如，不同的理论流派为了确立自己的理论和技术在领域内的领导地位，忽视甚至否定其他流派的理论观点和治疗技术，过度窄化了对心理障碍成因和改变机制的理解，削弱了每一个治疗流派的治疗效果。于是，心理治疗领域的学者和临床工作者开启了整合的探索之路（Beutler, Someah, Kimpara, & Miller, 2016）。20 世纪 40 年代到 80 年代，整合的思路主要在于寻找不同理论流派产生治疗效果的共同因子，并认为治疗师的信念和治疗关系的质量是最核心的共同因子，人本主义理论流派的著名论断就是，治疗关系质量是所有治疗实践发挥作用的本质。

20 世纪 60 年代到 80 年代，临床工作者也开始认识到，不同的治疗技术对不同的来访者有着不一样的效果，因此他们开始将不同流派的治疗技术作为一个工具箱，为每一个来访者选择最适合自己的治疗技术。然而，这种整合思路相对狭隘，它只关心治疗技术是否有效，并不深究治疗起作用的背后机制和理论根基。因此，从 20 世纪 80 年代开始，研究者开始更为精确地区分整合思路和折中思路，探究来访者为什么会从不同的治疗流派和治疗技术中获得成长，背后的改变机制是什么。这就不同于将不同的治疗技术作为一个工具箱，由治疗师根据需要作出选择的折中思路，而是需要从两种或两种以上治疗流派的理论观点和治疗技术中发展出相容的解释框架，形成新的理论观点和治疗技术（Beutler et al., 2016）。这是更为艰难的整合之路。

21 世纪初，研究者开始倡导基于实证证据的治疗方案（evidence-based treatments，简称 EBTs），由此整合之路又回归到百家争鸣、百花齐放的局面。基于实证证据的治疗方案要求采用随机临床试验的方法，比较不同治疗技术的治疗效果，也就是将医学上检验药物疗效的方法运用到心理治疗技术上。研究者既不关心治疗师和来访者的个体差异，也不关心治疗师和来访者之间关系的质量，而是按照诊断标准对来访者进行分组，按照治疗取向和特定治疗技术的操作指南或培训内容对治疗师进行分组，对比不同治疗技术治疗不同心理障碍的效果差异。这种借鉴医学上循证思路的，基于实证证据的治疗得到了广泛认可，迅速成为检验任何一种治疗技术的“金科玉律”。

但是，心理治疗技术的随机临床试验一直存在“渡渡鸟效应”（Dodo bird effect），即所有治疗技术的治疗效果都很相似（Beutler et al.,

2016)。正如我们在前面随机临床试验证据中所呈现的那样，每一种治疗技术的拥护者都希望通过随机临床试验来验证自己拥护的治疗技术的优越性，但是证据并不支持哪一种治疗技术在任何条件下都优于其他治疗技术，大多数心理治疗技术的治疗效果都不相上下，而治疗师和来访者的个体差异能够独立于治疗技术解释大部分可观察到的行为改变(Norcross & Wampold，2011)。因此，基于实证证据的治疗取向让不同流派之间的争论以平局结束，这也将整合取向推向两个方向：一是同化整合，即以一种理论取向为主导，将其他理论取向的元素纳入其中，同时接纳多种治疗干预方法；二是系统治疗选择，即不推崇任何一种理论取向，以实证证据和经验支持的治疗影响因素为依据，发展治疗选择的原则和策略，形成系统治疗选择框架(Beutler et al.，2016)。

8.1.2 系统治疗选择的操作步骤

系统治疗选择不同于特定理论流派指导下的人格障碍治疗方法，它既没有一个系统的、对人格障碍形成原因的理论假设，也没有发展特定的治疗技术，而是从患者和治疗方法匹配的视角综合运用已有的理论和实证研究资源。因此，系统治疗选择的贡献在于它形成了一套治疗前评估和治疗方法选择的方法论。不论哪一种心理疾病，系统治疗选择模型都会通过以下四个步骤制定治疗计划(Harwood & Williams，2003)。

首先，评估/量化患者预先存在的六个维度因子(Beutler，Groth-Marnat，& Rosner，2003)：(1) 患者功能受损的领域和优势资源；(2) 当下和过去的社会支持水平；(3) 问题的复杂性和长期性；(4) 应对压力或解决问题的典型方法；(5) 人际关系和帮助关系中的信任程度和顺从程度；(6) 压力和不舒服水平。每个维度都与治疗效果以及治疗方法的选择有关。

第一、第三和第六个维度是患者需要什么程度的治疗的一个参考依据。高水平的功能受损意味着要结合药物治疗。对于复杂的慢性问题，高强度的长期治疗和药物治疗能够起到最好的治疗效果。第二、第三、第四和第五个维度是选择什么类型的治疗方法的重要参考依据。对于几乎没有社会支持的患者，认知行为疗法比关系促进疗法更有效；对于关系投入水平比较高的患者，不论他们体会到的社会支持有多少，关系促进疗法都比认知行为疗法更有效，复发的可能性更低。不同的治疗方法希望达到的目标不一样，有些治疗方法只针对某一特定症状，有些治疗方法能够处理更广泛的问题。问题的复杂性与治疗方法所能达到的目标之间的良好匹配是选择治疗方法的重要依据。应对风格包含有意识和无意识的行为，良好的应对风格可以提高个体适应环境的能力。外在的应对风格包括外向性、冲动性、社会病态和投射，内化的应对风格包括内向性、强迫性、抑制、内在导向、克制或控制。外在的应对风格意味着要运用直接影响症状和发展技能的干预策略。内化的应对风格意味着要运用能够提高洞见和觉察力的干预策略。患者的反抗性常常被看作影响治疗计划的一个重要因素。治疗师需要发展一系列策略以预防反抗性干扰治疗进展。对于人际反抗性水平高的患者，低结构化的、自我指导的干预方法，非指导性的程序或者似是而非的指导最有效。指导性治疗和治疗师的引导对于反抗性水平低的患者最有优势（Beutler, Groth-Marnat, & Rosner, 2003）。

其次，要为患者安排治疗环境。这一步是根据第一步的评估来决定治疗的强度、背景、方式和流程。具体包括：是否需要药物治疗、心理治疗和家庭治疗，可能需要治疗多久，复发的可能性，可能面临的危险，以及治疗流程。这一步需要遵守的原则包括：精神活性药物对于功能受损水平高和问题比较复杂的患者具有最好的效果；对于那些有着复杂和慢性问题的患者，多人治疗方法的运用能够提升治疗效果；对于功能受损的患者，治疗强度与受益水平对等（Beutler, Groth-Marnat, & Rosner, 2003）。

再次，发展治疗关系，选择干预策略。治疗师根据对患者的了解决定发展什么样的治疗关系，选择哪一种具体的治疗程序，比如，治疗的重点是什么（改善症状 vs. 发展技能 vs. 解决冲突），治疗师的策略水平（指导 vs. 唤起），管理患者情绪的方法。这一步需要遵循关系原则：当治疗师富有治疗技巧，能够给予患者信任、接纳、认可、合作和尊重的感觉，同时营造一种支持和安全的环境时，治疗改变最大；当治疗程序不会诱发患者的反抗时，治疗改变最有可能发生（Beutler，Groth-Marnat，& Rosner，2003）。

最后，匹配干预策略与患者特定需求，进一步完善治疗计划。治疗师会根据患者的不同需求匹配特定水平的治疗方法。比如，根据患者对于外部控制的容忍度调整治疗师的指导水平，当治疗师的指导水平与患者的反抗水平反向对应时，或者治疗师直接针对一系列症状作出权威的规定时，治疗改变的可能性最大。治疗师需要根据患者掌握新知识和适应新环境的水平决定采用消除症状还是启发洞见的干预办法，在发展技能与聚焦关系、消除症状与启发洞见之间保持相对平衡（Beutler，Groth-Marnat，& Rosner，2003）。

以边缘型人格障碍患者 X 为例，治疗师会先收集她的背景信息，然后作一系列评估，并分别给出六个维度的评估结果，以形成患者全部症状的剖面图，标识出最为明显的症状。如果评估结果显示，X 存在严重的自我伤害行为，那么意味着要先采用药物治疗控制风险，为患者创造一种结构化的环境以降低她的不稳定性和多变性。如果她的人际反抗性水平很高，不愿意失去人际控制感，那么意味着她会花费大量精力坚持自主性，导致她难以和权威人物相处，因此，她需要自我导向的、非指导性的治疗，以降低她的人际反抗性。如果评估结果显示，X 长期存在冲动控制、情绪调节等方面的问题，且有中等以上水平的主观痛苦感，那么需要运用结构化的方法提升她的情绪管理能力和人际相处能力，帮助她验证对其他人的动机和行为的质疑，同时给予她一些有关冲动控制、焦虑管理和认知技能的自助手册以作为补充。

8.1.3 系统治疗选择的支持证据

系统治疗选择可以看作整合治疗取向的原型，它采用技术上折中的治疗方法，运用最有效的治疗策略和干预方案，突破了单一理论视角的限制。系统治疗选择治疗师可以灵活选择他们偏好的策略，从多种多样的治疗方案中选择最适合的方案。当治疗师运用系统治疗选择模型评估患者的六个维度时，能够将患者管理、症状减轻和问题改变纳入一个系统，为患者提供高度聚焦和有目的性的治疗，从而最大化积极作用，提升治疗效果。此外，系统治疗选择适用范围非常广，不仅适用于轴 I 的心理障碍治疗选择，而且适用于轴 II 的人格障碍治疗选择，还适用于尚未达到临床诊断标准，但已经表现出适应不良症状的心理问题的干预和改善。这种整合取向的优势不仅能够回应心理治疗领域理论和实践脱节、随机临床试验结果不理想等相关问题，而且能够更新我们对于“心理治疗是什么”的理论认知，并得到了相关实证研究的支持。

心理治疗领域普遍存在三种迷思。第一种迷思是，如果每一位临床工作者和心理治疗师都能够执行实证研究支持的治疗方案，那么心理治疗的效果会得到显著提升；第二种迷思是，认知和认知行为治疗技术比关系和顿悟治疗技术更有效；第三种迷思是，治疗关系能够解释大部分心理治疗的成效(Beutler, 2009)。遗憾的是，系统元分析并不支持以上三种迷思，最终的统计效应值很低，甚至接近 0(Beutler, 2009)。来访者的个人因素、治疗师的个人特质和专业素养，以及治疗师和来访者的匹配程度能够解释的行为变化要远远大于治疗取向和技术能够解释的行为变化(Beutler, Moleiro, Malik et al., 2003)。因此，系统治疗选择重新界定了心理治疗，认为它并不局限于某一个理论模型和特定的治疗技术，而是包含那些能够带来积极改变的来访者个人因素、治疗师的特质、治疗关系，以及治疗技术的管理、控制和适应过程，每一个因素都参与心理治疗，是心理治疗的一部分(Beulter, 2009)。

理论视角的改变决定了随机临床试验并不适用于检验系统治疗选择取向的治疗效果，前者并不关注来访者参与治疗之前的背景信息、来访者个人特质与治疗师治疗取向的匹配程度等超出治疗技术操作指南的变量，而这些变量往往是能够调节或中介治疗技术与治疗效果之间关系的重要中间变量。为此，有研究者采用元分析的方式，综述了包含来访者个人变量、治疗师特质和治疗取向等因素的随机临床试验研究。在一项元分析中，研究者考察了来访者的四个相关变量(功能受损、应对风格、抗拒水平，以及痛苦程度)、四类治疗技术(认知疗法、认知叙事疗法、指定疗法，以及倾向和治疗匹配疗法），以及四个评估治疗师与来访者匹配程度的指标（治疗强度、聚焦洞察力还是聚焦症状、治疗师的指导水平，以及情绪关注程度），结果发现，不同治疗技术之间的效果差异微乎其微，解释率不超过 10%，而来访者个人因素、来访者与治疗师之间的匹配程度对于治疗效果的解释率远远超过治疗技术本身。由于这项研究并不是很成熟，样本量小，同时考察了较为广泛的相关因素，因此可能会掩盖一些重要的显著效应。

后续实证研究更聚焦于来访者与治疗师的匹配程度。比如，来访者的应对风格被认为是影响治疗效果的重要因素，可以被区分为内向型和外向型。面对危机和挑战时，内向型应对风格的个体会采用一种责备自己的神经质应对风格，而外向型应对风格的个体会将自己遇到的困难和不愉快体验归咎于外部环境及他人，并且会通过行为宣泄出来。同一种治疗技术对于不同应对风格的来访者效果截然不同，因此，有研究者提出，内向型来访者更需要聚焦于发展洞察力和关系的治疗，外向型来访者更需要聚焦于消除症状的治疗（Beulter, Harwood, Kimpara, Verdirame, & Blau, 2011）。有研究者（Beutler, Kimpara, Edwards, & Miller, 2018）综述了 18 项研究，结果发现，来访者的应对风格与治疗师的治疗取向之间匹配程度的交互作用平均效应值高达 0.60，能够解释 23%的治疗效果，支持内向型来访者更适合关系取向的心理治疗，外向型来访者更适合消除症状的心理治疗。

然而，系统治疗选择的理论视角对治疗师提出了更大的挑战，他们需要彻底改变对心理障碍进行分类理解的思维模式，转而从六大维度的视角理解所有心理障碍，并熟练掌握所有可能的治疗技术，为患者匹配最佳的治疗方案。此外，系统治疗选择理论并不是专为人格障碍而建构的，人格障碍存在的认知—情感系统偏差，并未体现在系统治疗选择理论的评估指标中，人格障碍患者的不同表现风格也难以通过六个维度体现出来，这都会妨碍治疗师全面理解人格障碍患者，导致治疗师难以制定出真正适合人格障碍患者的系统治疗方案。因此，未来研究还需要进一步落实系统治疗选择在人格障碍领域的具体运用。

8.2 折中取向：人格障碍的整合疗法

与系统治疗选择理论不同，利弗斯利及其同事在评估人格障碍诊断的发展趋势，以及人格障碍治疗效果的实证研究基础之上，采用了理解人格障碍的折中视角，提出了更为系统的、证据充足的人格障碍整合疗法（Livesley, Dimaggio, & Clarkin, 2016）。

首先，从人格障碍治疗效果的比较分析中可以看出，每一种治疗方法的支持者都开展了一系列随机对照研究以验证治疗效果。一方面，这种做法可能存在研究者的自我验证偏差；另一方面也说明，只要有机会系统接受那些有理论支持和成熟的治疗技术的治疗师的治疗，人格障碍症状都是可以得到改善的，并且不同治疗方法的效果并不存在显著差异，只是有些方法更适合解决认知偏差，有些方法更适合处理情绪失调，有些方法更适合治疗人际关系方面的问题。

其次，由于人格障碍不同分类之间存在共病现象，同类人格障碍也会有不同的表现，因此那些被证明很有效的人格障碍治疗方法，不可能适用于所有类型的人格障碍。随着研究者对人格障碍的深入分析，人格障碍分类的局限性也日益突出。越来越多的研究者支持不同类型的人格障碍患者可能在神经认知层面，以及自我和人际层面存在相同的功能缺陷，这可以作为人格障碍治疗的潜在焦点（Clarkin, Cain, & Livesley, 2015）。即便都是人格障碍患者，每个患者也都是独一无二的，他们有着不一样的先天易感性因素，也有着与众不同的生活经历和成长背景（Norcross & Wampold, 2011），因此，有效的治疗方法应该针对每个独特的个体，而不应受制于理论取向和治疗技术。只有充分考虑到患者的独特个性、优势资源、缺陷，以及所属环境因素而量身定制的综合性治疗方法才是最优的选择，才有可能真正促进人格障碍患者适应功能的显著改善（Clarkin et al., 2015）。

8.2.1 折中策略

心理治疗方法的折中组合并不简单，斯特里克（Stricker, 2010）总结了心理治疗发展史上的四种折中组合策略：第一种策略是共同因素取向，认为不论人格障碍存在哪一种理论取向的病因解释，都可能存在通用的治疗技术。第二种策略是理论整合取向，比如，整合认知理论和行为主义理论而发展出来的认知行为治疗技术。但是，理解人格障碍的视角还是多元化的，并没有哪一种理论能够囊括所有理论而成为解释人格障碍的大理论，并指导人格障碍的治疗。第三种策略是同化整合取向，即以某一种理论为根基，将其他理论取向的治疗技术整合到这一理论取向的治疗方法中来。第四种策略是技术整合取向，也就是不考虑理论观点，将不同理论指导下的治疗技术通过系统的规划而整合为一套有效的治疗方案。

由于人格障碍的形成原因包含两大类，一类是能够界定所有人格障碍的一般因子，另一类是与人格障碍不同表现形式有关的特定因子，因此，人格障碍的整合治疗方法同时选择了共同因素取向和技术整合取向（Livesley et al., 2016）。在共同因素取向的指导下，利弗斯利等人提出了人格障碍治疗的一般模块，即对所有人格障碍症状和患者都适用的改变机制，以及对应的治疗策略。比如，不论哪种类型的人格障碍治疗，都会受益于：（1）治疗同盟关系；（2）前后一致的治疗过程；（3）验证策略；（4）改变的动机和承诺。在技术整合取向的指导下，他们又发展了更为具体的治疗模块，包含治疗不同类型的功能受损，以及针对人格障碍不同表现形式的治疗技术，比如，辩证行为疗法对于治疗情绪失调更为有效，移情焦点疗法对于发展共情能力更为有效，心智疗法对于改善心智模式方面的功能失调更为有效（Livesley et al., 2016）。

8.2.2 整合模块治疗

治疗技术的折中策略需要顶层设计，即宏观的指导原则，否则就容易陷入混乱、无序和失控的状态。为了让不同的治疗方法以一种有组织的、协调一致的方式帮助来访者，治疗师必须对人格障碍的本质和人格障碍治疗的框架有清晰的理解和可参照的指南。人格障碍整合模块治疗(integrated modular treatment,简称 IMT)就是包含了这些内容的概念框架,是协调多种治疗干预技术的参考框架。

首先,治疗师需要将人格障碍的概念界定和诊断标准以便于理解和实践干预的方式进行操作化和具体化。利弗斯利等人(Livesley, Dimaggio, & Clarkin, 2016)提出了理解人格障碍本质的三个方面:人格障碍的一般特征,人格作为一个系统可能存在的四大缺陷,以及人格障碍的认知—情感图式。人格障碍的一般特征是指所有人格障碍都存在的功能缺陷,比如,自我功能受损和人际功能受损。但是,不同类型的人格障碍又会表现出更为具体的功能缺陷,比如,病理性人格特质、调节能力、人际能力和自我同一性状况四个领域的缺陷。此外,理解人格与情境交互作用的认知—情感图式,也属于人格障碍治疗需要注意的问题。换言之,整合模块治疗对人格障碍的界定是超越分类模型,而趋向于维度模型的。治疗师的关注点不再是患者符合哪一种类型的人格障碍诊断标准,而是患者在一般特征和具体特征上分别存在哪些功能缺陷。

接下来就是发展整合的治疗计划,包括治疗方法和实施治疗的阶段性过程。根据理解人格障碍本质的一般特征和具体特征,治疗方法的选择也分为一般的治疗模块和具体的治疗模块。一般的治疗模块主要用于建构治疗框架、激发患者改变的动机,以及管理患者和治疗师的关系。具体而言,治疗师和患者要就治疗过程、治疗目标达成基本共识,并签订治疗协议。由于人格障碍患者普遍存在慢性的人际关系问题,这也会反映在治疗关系中。因此,一般的治疗模块会重点应对治疗同盟关系,这既需要治疗师对人格障碍患者在人际领域的功能缺陷保持高度觉察,又需要治疗师抓住恰当的时机和人格障碍患者开诚布公地探讨治疗同盟关系发生变化,甚至破裂的可能性和原因(Safran & Muran, 2000)。

具体的治疗模块主要针对每一个患者的具体情况匹配最有效的治疗方法,充分考虑患者自身情况、症状和功能受损的独特性。治疗方法并不是随机组合在一起使用,而是由治疗师根据患者的情况,以及行为改变不同阶段的需求统筹安排。一般来说，治疗师会根据问题的严重程度依次处理。人格障碍治疗第一阶段要确保患者和周围人的安全，优先处理自杀和暴力行为。第二阶段治疗师要发挥容器的功能，接纳患者的症状、情绪和冲动。第三阶段是控制和调节，帮助患者掌握控制和调节适应不良行为的技巧，为长期治疗打下坚实的基础，增进治疗师与患者的治疗同盟关系。第四阶段是探索和改变。探索适应不良行为和人际模式背后潜在的、更为稳定的认知—情感结构。第五阶段是综合和总结，形成更具有适应性的自我结构。不同阶段的治疗技术也有所不同，第一阶段需要用到危机干预、短期住院治疗和药物治疗。第二阶段需要给予支持性治疗，并建立治疗框架，如有必要，需进一步使用药物治疗。从第三阶段开始，就能够使用不同治疗流派发展的成熟的治疗技术，比如，正念技术、心智治疗技术、痛苦容忍技术（Linehan，1993）、人际关系治疗技术（Pincus，2005）、移情焦点治疗技术，等等。

已有实证研究支持整合模块治疗方法要优于单一的治疗方法（Weisz et al.，2012），但这方面的实证研究还非常有限。这主要是因为，整合模块治疗对治疗师提出了巨大的挑战，真正运用整合模块方法治疗人格障碍的临床案例本身就非常有限，对这些案例进行治疗效果比较的研究则更少。但是，整合模块治疗的贡献就在于，它指出那些得到实证研究支持的治疗方法可能只适用于某些特定的案例，而人格障碍本身的复杂性要求治疗师将人格障碍的一般表现、特殊表现与有效的治疗策略相匹配，并以一种有序的、彼此嵌套的方式合理安排治疗进程。

8.3 超越折中取向：人格障碍的个性化疗法

虽然利弗斯利关于人格障碍的整合疗法也强调对各个流派的治疗技术加以整合，但是整合并不等同于折中，整合必须有一个统领全局的格式塔，能够将零散的元素以一种有组织的方式整合为一个相互作用的框架，形成整体大于部分之和的优势。心理治疗中的整合主义重点在于个体，而不是咨询技术和咨询理论的整合（Millon, Boice, & Sinsabaugh, 2008；Millon & Grossman, 2007）。由于患者的人格特质和症状是动态交织在一起的，因此如果要为患者制定个性化的治疗方法，就必须以整体的视角看待患者，理解患者的行为、认知、内在心理过程如何形成一个具有内在联结的关系网络，然后选择能够最优化这个整合系统的治疗目标和治疗技术（Millon et al., 2008）。这是米伦关于人格障碍的整合视角区别于利弗斯利的整合模块治疗的关键点，米伦等人将他们的治疗方法命名为人格学疗法（personologic therapy），或个性化疗法（personalized therapy）、协同疗法（synergistic therapy），它并不等同于折中主义所说的，每一种治疗流派都是有价值的，都有正确的一面，而是超越这种"好好先生观点"的一种治疗取向。换言之，它看起来是一种折中主义，但本质上高于折中主义。因为折中主义将多种不相容的观点或技术拼凑在一起的做法，会导致一种整合的错觉。

个性化心理治疗整合了两个核心概念：以人格为导向的治疗和协同治疗。以人格为导向的治疗是指，个性化心理治疗是以患者的整体人格结构为导向的。以往的理论整合试图在不同的理论之间搭建一个桥梁，但是个性化的整合主义者认为，自然的整合就发生在患者的身上。随着对患者人格特质的进一步理解，我们能够更好地设计治疗方案来应对这些特质，从而提供最优的治疗过程，达到最优的治疗效果。协同治疗是指，在方法学上采用协同治疗的思路，在策略选择和治疗顺序的安排上注重相互作用和相互强化，从而促进整体的治疗效果（Millon et al., 2007）。协同治疗既有战术，也有战略。治疗战术是指，采用某种干预方法的某个特定干预阶段，治疗师需要怎么做；治疗战略是指总体的计划或者设计，能够代表治疗的整个过程。只有具体的战术，没有战略目标，就意味着只知道做事，但不知道为什么这么做；只有战略目标，没有具体的战术，就意味着知道要去哪儿，但不知道如何才能到达目的地。要让治疗有效，治疗过程就应该是结构化的，而且充分具体的。如果能够达到这一要求，治疗师就能够按照一定的计划开展治疗过程，但又不至于严格按照计划，完全不考虑患者的个性化需求。

8.3.1 个性化疗法的理论依据

从个性化疗法的核心思想可以看出，它和其他整合治疗思路的不同之处在于，个性化疗法将患者人格特征的独特集合放在核心位置。通过全面评估人格的本质和突出特征，治疗师考虑应该采用哪些治疗方法的组合，以及通过什么样的顺序将这些治疗方法整合为一套有效的治疗方法。这种治疗取向的转变类似于医学上的主要转变，即不再聚焦于症状和外部侵入的致病因子，而是将关注点转向免疫系统和内在机制。要践行这一思想，前提就是要有一套有关人格本质和人格障碍病理机制的整合理论。

这也正是米伦终其一生都在为之努力的愿景。米伦的人格理论模型从最初的生物—社会视角到生物—心理—社会视角，最后发展为进化视角。他认为，建立人格障碍的科学理论需要遵循以下原则：(1) 通用的科学原则；(2) 基于启发式概念图式的主体中心理论；(3) 能够覆盖从正常到异常再到病理障碍的人格风格谱系；(4) 基于实证研究的结论，且能够通过实证研究检验这些结论；(5) 能够发展对应的治疗方法，且该治疗方法能够改善临床症状(Millon，2016)。米伦指出，进化观点是人格和人格障碍科学理论的一个必然选择，能够整合其他理论流派的观点，避免以偏概全的武断认识。

米伦采用了进化理论中的三个基本目标和两极性的心理概念来解释人格差异和人格障碍的具体表现。首先，我们每个人都必须生存下来。其次，我们必须适应环境。最后，我们必须繁衍后代。人格的差异就体现为实现这三个目标时的两极化：快乐/痛苦、主动/被动、自我/他人。它们分别反映了强化的本质(奖励或惩罚)、工具性行为或追求奖励的策略(主动或被动)，以及强化的来源(自我或他人)。后来，米伦又增加了思考/感受，它反映了人们在多大程度上依赖抽象思维或直觉。当米伦意识到进化观点能够更好地理解人格和人格障碍时，他又重新思考了自己的理论，提出与自己的四极观点相一致的四项基本的进化原则：生存目标；适应模式，主动还是被动；繁殖策略；抽象化过程(Millon & Davis，1996；Millon，2016)。

生存目标：提升生活品质还是维持基本生活。这是进化理论的首要目标，与这个目标相关的进化机制包括生命维存（life preservation）和生命提升（life enhancement）。使用生命维存策略的个体更关心如何避免那些会降低生活质量或危及人身安全的行动或环境，使用生命提升策略的个体更关心如何提升生活质量。大多数人都同时拥有这两种生命策略。有些人格障碍患者会在这两种策略之间产生冲突，比如，虐待型人格障碍患者；有些人格障碍患者会在这两种策略上存在缺陷，比如，精神分裂型人格障碍患者。

适应模式：主动还是被动。被动模式是指个体顺应环境，主动模式是指个体调整、介入和改变环境。这两种模式对于保护和丰富我们的生活具有重要意义，是维持个体生命的两种基本模式。人类的大多数行为基本上都可以被归类为主动改变和塑造生活事件，或者被动回应和顺应生活事件。那些采用被动模式的个体通常很难达到他们的目标。他们看上去很迟钝，不易冲动，顺从，几乎不会主动采取行动改变生活事件，而是静待事态自然发展变化，然后顺应之。有些人在唤起或坚持自我方面存在先天的气质缺陷，有些人被过去经历剥夺了他们获得主动性的能力或者掌控外部环境的自信心，还有些人总是天真地相信，不需要努力，事情也会朝着自己期待的方向发展。不论是哪一种原因，被动型的人仅仅是在维持生活，他们极少参与变革性的活动，也不会主动介入生活事件或改变事态发展。回避型人格障碍就是被动模式的病态反映。回避型人格障碍患者会主动限制自己的行为，表现出明显的亲密障碍，社会关系、内在感受都很受限制，对亲密关系表现出持续的焦虑、恐惧和不信任感。亢奋型人格的个体表现出不同寻常的主动追求的能力，他们精力旺盛、乐观，但很有可能变成躁狂症患者。

繁殖策略：复制还是再生产。它是指个体在多大程度上聚焦于个体化或滋养其他人。繁殖策略的一个极端是 r 策略或自我增值策略（个人主义），另一个极端是 K 策略或滋养他人策略（集体主义）。r 策略是指生育很多后代，但很少关心后代的生存；K 策略是指生育较少的后代，但给予他们充足的关心和照料以保障他们的生存。前者通常被看作自我中心的、不敏感的、对他人漠不关心的；后者通常被看作亲和的、亲密的、能保护他人和关心他人的。大多数人都是在这两种策略之间保持理性的平衡，而人格障碍患者则可能会表现为过于偏向某一极，比如依赖型人格障碍患者和自恋型人格障碍患者，或者同时受到两极目标的牵扯，并产生内心冲突，比如强迫型人格障碍患者。精神病态人格、反社会型人格则属于极端自我的类型，这类人格障碍患者完全不关心其他人的感受和权益，具有残忍、剥削和冲动的特征。

抽象化过程：符号化思考的能力。抽象思维既能够反映外部现实，又能够在反映外部现实的过程中重建外部现实，将这些外部现实转化为对现实的主观映射（Millon & Grossman，2007）。我们每一次理解行为都是通过抽象思维过程实现的。抽象思维过程将过去经验带到现在，同时能够通过预测能力将未来带到当下。基因繁殖代表了种系发生学的适应过程，抽象思维能力则代表了个体发生史的重组机制。基因繁殖受限于父母基因的有限遗传性，其用途是有限的，但我们的经验通过认知过程的内化与重组则是无限的。精神分裂型人格障碍患者在抽象思维能力方面会存在缺陷，表现出妄想、思维不连贯和语言随机组合等特点。表演型人格障碍患者的抽象思维能力也有缺陷。

个体必须同时追求生存、适应环境和繁殖后代的目标，在四个对立的两极之间达到理性的平衡，若是过于偏向某一极，或是同时追求两个原本冲突的目标，则会表现出人格障碍。米伦（Millon，2016）提出了区分正常人格和病态人格的三个标准：适应僵化、恶性循环和脆弱性。**适应僵化**是指，个体在处理与其他人的关系、追求目标和应对压力等许多问题上都好像被严格训练过。他们不仅不能够有效适应环境，而且会把一些中性事件看作充满压力的事件。因此，他们学习新的、适应性更好的行为的机会就大大减少了，他们的生活经验会变得更加狭窄。**恶性循环**是指，每个人都会操纵环境以满足自己的需要。区分正常人格和病态人格的指标不仅包含一个人刻板僵化的适应方式，而且包含促进恶性循环的倾向。这就意味着，个体的习惯性感知、需求和行为会使得先前存在的困难一直持续下去，甚至变得越来越严重。病理性人格模式会诱发困境,并使得这些困境一直存在,然后诱发新的困境。自我保护式的限制、认知歪曲和行为泛化都会限制个体学习新事物,误解原本良性的事件。**脆弱性**是指,个体对困难和麻烦表现得极其脆弱。面对反复失败,以往的焦虑和未解决的冲突会再次出现,个体没有能力运用新的适应性策略去应对困境,更有可能采取病理性的应对方式,不能控制自己的情绪,更糟糕的是,他们对现实的歪曲认识会增多。

8.3.2 个性化的诊断方式

个性化疗法需要以人格障碍诊断为依据选择适宜的治疗方法。因此,人格障碍的诊断是最为关键的一步。然而,分类诊断和维度诊断都不能满足个性化疗法对于理解人格本质的要求。分类诊断为了区分人格障碍表现方式质的差异,牺牲了个体在不同人格表现方式上的程度差异;维度诊断突出了程度差异,但是缺乏个体之间质的差异。原型匹配的诊断方式试图在人格障碍的分类诊断和维度诊断之间找到一个平衡点,但本质上仍旧是从 DSM 人格障碍诊断标准出发而发展的诊断方式,DSM 的诊断项目主要是自下而上发展而来的,缺乏一套有关人格本质的令人信服的大理论,以解释为什么可以通过诊断项目共同界定不同类型的人格障碍。

人格障碍的进化理论则为整合人格的不同维度提供了良好的框架,分别从结构和功能两个角度来建构人格障碍的表现领域,其中结构由人格的本质内涵界定,功能取决于进化法则的生存、适应和繁殖,形成了人格障碍个性化诊断的八个领域(见表 8 - 1)。评估工具是第三章介绍过的 MCMI - I、MCMI - II、MCMI - III,以及米伦—格罗斯曼人格领域核查表(Millon-Grossman Personality Domain Checklist,简称 MG - PDC;Millon, Grossman, & Tringone, 2010),研究者可以通过这八个领域界定每一种人格障碍(Retzlaff & Dunn, 2003)。这八个领域是根据临床治疗的主要流派对于人格障碍的理解而确定的,其中五个领域分别对应行为主义流派、人际关系流派、自我流派、认知流派和生物流派,另外三个领域反映的则是心理动力学传统(Millon et al., 2008)。每个领域并

表 8-1 米伦—格罗斯曼人格领域核查表(Retzlaff & Dunn,2005)

人格障碍	表达行为	人际行为	认知风格	调节机制	自我形象	客体表征	形态组织	情绪—气质
精神分裂型	冷漠	抽离	匮乏	理智化	自我满足	贫乏	未分化	无动于衷
回避型	焦躁	厌恶	心烦意乱	幻想	疏远	令人烦恼	脆弱	极度痛苦
抑郁型	忧郁	毫无防备	悲观	禁欲主义	没有价值	孤独凄苦	废弃	抑郁
依赖型	无能	顺从	天真	投入	笨拙	不成熟	未充分发展	温和
表演型	戏剧化	寻求关注	轻浮	分离	合群	肤浅	杂乱	浮躁
自恋型	傲慢	剥削	自我膨胀	合理化	令人钦佩	做作	伪造	漫不经心
反社会型	冲动	不负责任	离经叛道	宣泄	自主	品质恶劣	不守规矩	冷酷无情
虐待狂	突如其来	伤人感情	武断	隔离	好斗	恶性	爆发式	怀有敌意
强迫型	循规蹈矩	有礼貌	狭隘	反向作用	尽责	隐蔽	划分为独立的几部分	严肃
消极型	充满愤恨	相反	怀疑论	置换	不满	优柔寡断	发散	易怒
自我挫败型	禁欲	惯于顺从	羞怯	夸大	不配受到善待	不足信	颠倒	烦躁不安
分裂型	古怪	偷偷摸摸	孤僻	毁灭	不和谐	混沌	支离破碎	心烦意乱或无知觉
边缘型	间歇性	矛盾	反复无常	退化	无常	不相容	分裂	摇摆不定
偏执型	防御性	挑拨	多疑	投射	不可侵犯	不能改变	没有弹性	暴躁

不是独立存在的，而是和其他领域相互联系，共同组成一个全面理解真实个体的系统框架。

MCMI 是经过严格的程序发展出的评估量表，信效度有良好的保障。不仅如此，它还整合了临床经验法、结构化访谈法，以及主观投射法等多种评估方法的优势，可以实现人格障碍评估诊断与发展治疗方案之间的良好匹配（Millon et al.，2010）。个性化疗法正是将 MCMI 和 MG－PDC 的评估结果作为识别、选择和协调治疗重点及治疗技术的基础（Millon et al.，2008）。例如，精神分裂型人格障碍在八个领域的表现就可以被分别描述为：冷漠、抽离、匮乏、理智化、自我满足、贫乏、未分化和无动于衷。由此，针对人际领域的抽离特征、客体表征的贫乏，以及情绪—气质方面无动于衷的表现，治疗师可以采用人际关系疗法和心智疗法，人际关系疗法可以通过增强精神分裂型人格障碍患者的联结感，帮助他们实现自我和他人之间的平衡，同时治疗师可以通过心智疗法帮助精神分裂型人格障碍患者理解自己和他人的想法、愿望、态度等心理活动，丰富他们的客体表征。

8.3.3 个性化疗法的运用

个性化疗法分为治疗战略和治疗战术两个部分，治疗战略基于进化理论的两极发展观，而治疗战术是指在人格的不同领域作出决策。在米伦的人格障碍进化理论模型中，四个层面的两极失衡是人格偏离常态发展的根本，因此从治疗战略上来看，就需要平衡快乐/痛苦、主动/被动、自我/他人、思考/感受之间的关系。在平衡两极的战略指导下，治疗师就会选择能够实现任意两极之间平衡的治疗技术（Millon & Grossman，2007）。例如，精神分裂型、回避型、抑郁型人格障碍的治疗目标就是中和极端的情感；依赖型、表演型、自恋型和反社会型人格障碍的治疗目标就是重建人际平衡；虐待狂、强迫型、受虐狂和消极型人格障碍的治疗目标就是处理内在冲突；精神分裂样、边缘型和偏执型人格障碍的治疗目标是重建人格结构。这些目标能否达成，取决于治疗战术是否适合病理性表现所在的治疗领域。为了处理人际行为领域的功能不良问题，可以选择家庭治疗、群体治疗，以及人际关系治疗；现代心理动力学疗法和存在主义疗法更适合解决个体内部的心理问题；认知疗法更适合改善认知风格和自我形象；严重的情绪问题和急性症状则可能需要药物治疗的帮助。具体而言，针对快乐/痛苦两极失衡的情况，精神分裂型和抑郁型人格障碍可能需要采用药物治疗，以提高患者的积极情绪。回避型人格障碍患者可能需要更多认知治疗技术来改变他们的自我形象，同时需要接受群体治疗来减少他们厌恶人际交往的行为。主动/被动之间的失衡就需要教会患者在处理生活事件时采用低反应性和高积极主动性的策略。人际失衡就需要采用人际关系疗法和群体治疗降低患者的自我中心倾向，或者相应地提高患者的人际敏感性。自我内部冲突可以采用心理动力学疗法和存在主义疗法，帮助患者认识到矛盾双方的本质，克服自我内部的不和谐。

但是，确立治疗的战略目标和选择治疗的战术仅仅是第一步。理想的情况下，战略和战术应该整合在一起，战术是为了实现战略目标，战略目标是为了统领各种各样的战术。整合战略和战术时需要考虑两个关键过程：治疗战术之间相互赋能(potentiated pairing)和能够产生催化作用的治疗顺序(catalytic sequences)。治疗战术之间相互赋能是指，不同的治疗方法结合在一起能够解决单一的治疗方法难以解决的问题。最典型的例子就是认知行为疗法。能够产生催化作用的治疗顺序是指，治疗安排和时间顺序能够最优化治疗效果，如果不按照这个顺序进行心理治疗，效果就没有这么好(Millon & Grossman，2007)。比如，治疗师会先运用行为技术治疗患者的口吃，然后运用认知方法提升患者的自我形象和自信心，最后运用人际技术改善患者的社会关系。整合治疗技术的过程有点类似于交响乐演奏，在演奏的过程中必须协调所有乐器，最终演奏出一首和谐的、优美的乐曲(Bloom & Millon，2008)。个性化疗法的治疗师也需要使用平衡和协同的策略，协调不同的治疗技术，从而优化治疗效果。

以回避型人格障碍患者的个性化疗法为例，他们在人格障碍八个领域的表现分别是：**在表达行为领域，**回避型人格障碍患者通常是不安和焦躁的，他们的肢体语言总是很僵硬，受到高度的心理控制；言语表达也和他们多虑的个性一样，总是断断续续、犹豫不决。**在人际行为领域，**除非能够确信其他人会喜欢自己，否则他们会强烈地拒绝和他人建立亲密关系，他们总是与人保持距离，最小化人际卷入的程度。**在认知风格领域，**他们总是习惯性地检查环境中的潜在威胁，头脑被过多侵入式的、混乱的杂音占据，使得他们难以专注地做事情。**在调节机制领域，**回避型人格障碍患者会过度依赖幻想、想象和白日梦等方式处理自己的情感需要，释放消极情绪，建立微弱的自信。**在自我形象领域，**他们对自我的评价非常低，觉得自己社交笨拙、没有人际吸引力，常常低估自己的成就，并且表现出过度内省的倾向。**在客体表征领域，**他们承受着双重的痛苦，既想回避周围世界带给他们的痛苦，又想回避自我内部的空虚感和受伤感。**在形态组织领域，**回避型人格障碍患者几乎没有形态组织或内在能量去处理个人危机或意料之外的压力，因此回避任何可能带来额外压力的情境是指导他们和他人、世界相处的内在力量。**在情绪—气质领域，**回避型人格障碍患者会表现出持续的紧张、悲伤和愤怒，生活对他们而言是痛苦不堪的（Millon & Grossman，2007）。

对应的治疗目标就是重建快乐/痛苦、主动/被动两极之间的平衡。这两个层面的不平衡是回避型人格障碍临床特征的主要表现，患者会主动回避感知到的威胁情境，但不会主动寻找快乐。为了实现治疗目标，治疗师需要在多种治疗技术之间作出统筹规划。回避型人格障碍患者个性化治疗的第一步是在治疗师和患者之间建立信任感。一旦治疗师通过支持性的确认和保护获得了患者的信任，就可以转向更具有功能性的行为，比如，改善回避行为，鼓励坚定而自信的行为。检验回避型人格障碍患者的行为效果能够帮助他们摆脱问题行为模式带来的安全感，并通过行为改善实现自我提升。随着治疗的深入，治疗师能够逐渐转向具有轻度挑战性的疗法，比如，认知疗法、人际关系疗法和心理动力学疗法。回避型人格障碍患者也能够从认知重整技术中得到帮助，他们错误的自我态度和扭曲的社会期待都能够通过认知重整技术得以改变。为了改变回避型人格障碍患者功能不良的图式，认知疗法主要聚焦于澄清患者自动化的思考模式(Strauss et al., 2006)。这能够帮助患者发现他们思维中的错误如何作用于他们每一天的烦躁不安和自我打击行为。在长程的个体治疗中,若想帮助患者摆脱功能失调的模式,就需要反复使用短程的行为治疗技术。如果患者的社会敏感性非常强,对拒绝和诋毁的恐惧使他们陷入行为退缩或终止治疗的极端状态,那么应该考虑辅助药物治疗(Millon et al., 2007)。

8.4 简评与展望

越来越多的研究者认识到整合视角对于理解和治疗人格障碍的重要性,系统治疗选择反映的是整合的共同因素取向,人格障碍的整合疗法反映的是共同因素取向和技术整合取向,人格障碍的个性化疗法则超越了所有整合取向,真正体现了以人为本的整合哲学。然而,由于人格障碍极其复杂,进化理论作为理解人格障碍的整合理论也只是描述性的,难以通过实证研究检验其科学性。除此之外,人格障碍研究者仍旧坚持不同理论视角对于理解人格障碍某个方面的正确性,并不认可哪个理论是理解人格障碍本质的大理论。

与之呼应的是,人格障碍治疗的整合视角也存在诸多问题,治疗师的受训经历可能并不全面,他们或许属于认知行为流派,或许属于心理动力学流派,或许属于人际关系流派。是否有治疗师能够独自承担根据患者在八大不同领域的病理特征匹配最适宜的治疗策略的重任?如果治疗师仅在认知行为领域接受过系统培训,并且具有丰富的治疗经验,那么他采用个性化疗法的治疗效果是否真的会好于采用认知行为疗法的治疗效果?虽然目前尚且没有包括个性化疗法在内的人格障碍整合治疗的实证数据,但这种整合取向促进了治疗师对人格障碍患者的全面认知,给予了治疗师更多自由选择的空间,而不必拘泥于特定理论和治疗流派,治疗师可以真正扎根于患者的个性化需求制定治疗方案,而不必拘泥于教条主义的假设检验。

理解人格障碍的整合取向是未来人格障碍治疗发展的核心趋势，对于制定人格障碍治疗师的培养方案具有重要的指导意义。米伦等人(Millon et al.，2008)认为，大多数治疗师都有能力跳出特定流派的思维模式，突破教条主义和技能上的局限性，全面掌握和运用不同流派的治疗技术。治疗师一旦拥有这种自我效能感，且能够掌握较多有关整合取向治疗积极效果的真实案例，就会在受训过程中有意识地拓展自己的治疗技术，并在实践过程中从聚焦于理论流派转向聚焦于患者的个性化需求。

人格障碍治疗的整合取向最有可能打破人格障碍预后不良的消极认知。在以往的人格障碍治疗效果的研究中，不同治疗流派各执一词，都坚持认为自己的理论视角才是理解人格障碍本质病因的最佳视角，并在治疗过程中专注于处理特定理论视角认定的特质缺陷和功能失调。这种教条主义的做法就属于"只见树木，不见森林"，对复杂的人格障碍而言，可能只起到部分缓解的作用，而无法促进患者人格功能的全面恢复，导致治疗师和研究者都认为人格障碍可能是最难治愈的心理障碍之一(Millon et al.，2007；Millon，2012，2016)。整合取向，特别是个性化疗法提出的治疗战术之间相互赋能、能够产生催化作用的治疗顺序，能够在巩固治疗师和人格障碍患者治疗同盟关系的基础之上，帮助人格障碍患者在长程治疗中实现人格功能的逐步改善。这有待越来越多的人格障碍整合取向治疗效果的对照研究的支持。

参考文献

Abe, J. A., & Izard, C. E. (1999). The developmental functions of emotions: An analysis in terms of differential emotions theory. *Cognition and Emotion, 13*, 523 - 549.

Abrams, R. C., & Bromerg, C. E. (2006). Personality disorders in the elderly: A flagging field of inquiry. *International Journal of Geriatric Psychiatry, 21*, 1013 - 1017.

Addis, D. R., & Tippett, L. J. (2008). The contributions of autobiographical memory to the content and continuity of identity: A social-cognitive neuroscience approach. In F. Sani (Ed.), *Self-continuity: Individual and collective perspectives* (pp. 71 - 84). New York, NY: Psychology Press.

Adelstein, J. S., Shehzad, Z., Mennes, M., DeYoung, C. G., Zuo, X. N., Kelly, C., ... Milham, M. P. (2011). Personality is reflected in the brain's intrinsic functional architecture. *PloS One, 6*(11), e27633.

Ali, F., Amorim, I. S., & Chamorro-Premuzic, T. (2009). Empathy deficits and trait emotional intelligence in psychopathy and Machiavellianism. *Personality and Individual Differences, 47*(7), 758 - 762.

Allen, T. A., & DeYoung, C. G. (2016). Personality neuroscience and the five-factor model. In Thomas A. Widiger (Ed.), *The Oxford Handbook of the Five Factor Model of Personality*. New York: Oxford University Press.

Alonso-Arbiol, I., Shaver, P. R., & Yárnoz, S. (2010). Insecure attachment, gender roles, and interpersonal dependency in the Basque country. *Personal Relationships, 9*(4), 479 - 490.

American Psychiatric Association. (1952). *Diagnostic and statistical manual of mental disorders*. Washington, DC: Author.

American Psychiatric Association. (1968). *Diagnostic and statistical manual of mental disorders*(2nd ed.). Washington, DC: Author.

American Psychiatric Association. (1980). *Diagnostic and statistical manual of mental disorders*(3rd ed.). Washington, DC: Author.

American Psychiatric Association. (1987). *Diagnostic and statistical manual of mental disorders*(3rd ed., text rev.). Washington, DC: Author.

American Psychiatric Association. (1994). *Diagnostic and statistical manual of mental disorders*(4th ed.). Washington, DC: Author.

American Psychiatric Association. (2000). *Diagnostic and statistical manual of mental disorders* (4th ed., text rev.). Washington, DC: Author.

American Psychiatric Association. (2013). *Diagnostic and statistical manual of mental disorders*(5th ed.). Washington, DC: Author.

Andersen, S. M., & Cole, S. W. (1990). "Do I know you?": The role of significant others in general social perception. *Journal of Personality and Social Psychology, 59*(3), 384 - 399.

Anderson, J. L., Sellbom, M., Bagby, R. M., Quilty, L. C., Veltri, C. O., Markon, K. E., & Krueger, R. F. (2013). On the convergence between PSY - 5 domains and PID - 5 domains and facets: Implications for assessment of DSM - 5 personality traits. *Assessment, 20*(3), 286 - 294.

Andrews, G., Goldberg, D. P., Krueger, R. F., Carpenter, W. T., Hyman, S. E., Sachdev, P., & Pine, D. S. (2009). Exploring the feasibility of a meta-structure for DSM - V and ICD - 11: Could it improve utility and validity? *Psychological Medicine, 39*(12), 1993 - 2000.

Andrews, G., Pine, D. S., Hobbs, M. J., Anderson, T. M., & Sunderland, M. (2009). Neurodevelopmental disorders: Cluster 2 of the proposed meta-structure for DSM - V and ICD - 11. *Psychological Medicine, 39*(12), 2013 - 2023.

Andrews-Hanna, J. R., Smallwood, J., & Spreng, R. N. (2014). The default network and self-generated thought: Component processes, dynamic control, and clinical relevance. *Annals of the New York Academy of Sciences*, 1316, 29 - 52.

Arias, J. M. C., Acosta, C. A. P., Valencia, J. G., et al. (2011). Exploring epistasis in candidate genes for antisocial personality disorder. *Psychiatric Genetics, 21*(3), 115 - 124.

Austin, E. J., & O'Donnell, M. M. (2013). Development and preliminary validation of a scale to assess managing the emotions of others. *Personality and Individual Differences, 55*(7), 834 - 839.

Austin, E. J., Farrelly, D., Black, C., & Moore, H. (2007). Emotional intelligence, machiavellianism and emotional manipulation: Does EI have a dark side? *Personality and Individual Differences, 43*(1), 179 - 189.

Austin, E. J., Saklofske, D. H., Smith, M., & Tohver, G. (2014). Associations of the managing the emotions of others (MEOS) scale with personality, the dark triad and trait EI. *Personality and Individual Differences, 65*(7), 8-13.

Babiak, P., Neumann, C. S., & Hare, R. D. (2010). Corporate psychopathy: Talking the walk. *Behavioral Sciences and the Law, 28*(2), 174-193.

Bachelor, A., Meunier, G., Laverdiére, O., & Gamache, D. (2010). Client attachment to therapist: Relation to client personality and symptomatology, and their contributions to the therapeutic alliance. *Psychotherapy: Theory, Research, Practice, Training, 47*(4), 454-468.

Back, M. D., Schmukle, S. C., & Egloff, B. (2011). Why are narcissists so charming at first sight? Decoding the narcissism-popularity link at zero acquaintance. *Journal of Personality and Social Psychology, 98*(1), 132-145.

Baer, R. A., Peters, J. R., Eisenlohr-Moul, T. A., Geiger, P. J., & Sauer, S. E. (2012). Emotion-related cognitive processes in borderline personality disorder: A review of the empirical literature. *Clinical Psychology Review, 32*(5), 359-369.

Bagby, R. M., Sellbom, M., Costa, P. T., & Widiger, T. A. (2008). Predicting Diagnostic and Statistical Manual of Mental Disorders - IV personality disorders with the five-factor model of personality and the Personality Psychopathology Five. *Personality and Mental Health, 2*, 55-69.

Bagozzi, R. P., Verbeke, W. J., Dietvorst, R. C., Belschak, F. D., Van den Berg, W. E., & Rietdijk, W. J. (2013). Theory of mind and empathic explanations of machiavellianism: A neuroscience perspective. *Journal of Management, 39*(7), 1760-1798.

Bailey, T., Alvarezjimenez, M., Garciasanchez, A. M., Hulbert, C., Barlow, E., & Bendall, S. (2018). Childhood trauma is associated with severity of hallucinations and delusions in psychotic disorders: A systematic review and meta-analysis. *Schizophrenia Bulletin, 2*, 1-12.

Bakermans-Kranenburg, M. J., & Van IJzendoorn, M. H. (2009). The first 10,000 adult attachment interviews: Distributions of adult attachment representations in clinical and non-clinical groups. *Attachment and Human Development, 11*(3), 223-263.

Bales, D. L., Timman, R., Andrea, H., Busschbach, J. J., Verheul, R., & Kamphuis, J. H. (2015). Effectiveness of day hospital mentalization-based treatment for patients with severe borderline personality disorder: A matched control study. *Clinical Psychology and Psychotherapy, 22*(5), 409 - 417.

Bales, D., Van Beek, N., Smits, M., Willemsen, S., Busschbach, J. J., Verheul, R., et al. (2012). Treatment outcome of 18-month, day hospital mentalization-based treatment (mbt) in patients with severe borderline personality disorder in the netherlands. *Journal of Personality Disorders, 26*(4), 568 - 582.

Balsis, S., Gleason, M. E. J., Woods, C. M., & Oltmanns, T. F. (2007). An item response theory analysis of DSM - IV personality disorder criteria across younger and older age groups. *Psychology and Aging, 22*(1), 171 - 185.

Baltes, P. B., & Baltes, M. M. (1990). Successful aging: Psychological perspectives on successful aging: The model of selective optimization with compensation. *Optometry and Vision Science, 79*(Supplement), 342 - 350.

Bateman, A., & Fonagy, P. (2016). *Mentalization-based treatment for personality disorders: A practical guide*. UK: Oxford University Press.

Bateman, A., & Fonagy, P. (1999). Effectiveness of partial hospitalization in the treatment of borderline personality disorder: A randomized controlled trial. *American Journal of Psychiatry, 156*(10), 1563 - 1569.

Bateman, A., & Fonagy, P. (2001). Treatment of borderline personality disorder with psychoanalytically oriented partial hospitalization: An 18-month follow-up. *American Journal of Psychiatry, 158*(1), 36 - 42.

Bateman, A., & Fonagy, P. (2008). 8-year follow-up of patients treated for borderline personality disorder: Mentalization-based treatment versus treatment as usual. *American Journal of Psychiatry, 165*, 631 - 638.

Bateman, A., & Fonagy, P. (2009). Randomized controlled trial of outpatient mentalization-based treatment versus structured clinical management for borderline personality disorder. *American Journal of Psychiatry, 166*(12), 1355 - 1364.

Bateman, A., & Fonagy, P. (2013). Mentalization-based treatment. *Psychoanalytic Inquiry, 33*(6), 595 - 613.

Beck, A. T. (2015). Theory of personality disorders. In A. T. Beck, D. D. Davis, & A. Freeman (Eds.), *Cognitive Therapy of Personality Disorders* (2nd ed., pp. 44 - 47). New York: Guilford Press.

Beck, A. T., Freeman, A., & Davis, D. D. (2015). General principles and specialized techniques in cognitive therapy of personality disorder. In A. T. Beck, D. D. Davis, & A. Freeman (Eds.), *Cognitive Therapy of*

Personality Disorders(2nd ed., pp. 97 - 124). New York: Guilford Press.

Beck, A. T., Ward, C. H., Mendelson, M., Mock, J. E., & Erbaugh, J. K. (1962). Reliability of psychiatric diagnoses: A study of consistency of clinical judgments and ratings. *American Journal of Psychiatry, 119*(4), 351 - 357.

Bem, S. L. (1981). Gender schema theory: A cognitive account of sex typing. *Psychological Review, 88*, 354 - 364.

Bender, D. S., Morey, L. C., & Skodol, A. E. (2011). Toward a model for assessing level of personality functioning in DSM - 5, part I: A review of theory and methods. *Journal of Personality Assessment, 93*(4), 332 - 346.

Bennett, A., Lesch, K., Heils, A., Long, J., Lorenz, J., Shoaf, S., Champoux, M., Suomi, S. J., Linnoila, M. V., & Higley, J. D. (2002). Early experience and serotonin transporter gene variation interact to influence primate CNS function. *Molecular Psychiatry, 7*, 118 - 122.

Bentall, R. P., De, S. P., Varese, F., Wickham, S., Sitko, K., Haarmans, M., et al. (2014). From adversity to psychosis: pathways and mechanisms from specific adversities to specific symptoms. *Social Psychiatry & Psychiatric Epidemiology, 49*(7), 1011 - 1022.

Berlin, H. A., Rolls, E. T., & Iversen, S. D. (2005). Borderline personality disorder, impulsivity, and the orbitofrontal cortex. *American Journal of Psychiatry, 162*(12), 2360 - 2373.

Bernstein, D. P., Cohen, P., Skodol, A. E., et al. (1996). Childhood antecedents of adolescent personality disorders. *American Journal of Psychiatry, 153*, 907 - 913.

Bernstein, D. P., Iscan, C., & Maser, J. (2007). Opinions of personality disorder experts regarding the DSM - IV personality disorders classification system. *Journal of Personality Disorders, 21*(5), 536 - 551.

Berridge, K. C., Robinson, T. E., & Aldridge, J. W. (2009). Dissecting components of reward: "Liking," "wanting," and learning. *Current Opinion in Pharmacology, 9*(1), 65 - 73.

Beutler, L. E. (2009). Making science matter in clinical practice: Redefining psychotherapy. *Clinical Psychology Science and Practice, 16*, 301 - 317.

Beutler, L. E., Clarkin, J. F., & Bongar, B. (2000). *Guidelines for the systematic treatment of the depressed patient*. New York: Oxford University Press.

Beutler, L. E., Groth-Marnat, G., & Rosner, R. (2003). Approaching the patient: Referral contexts, test selection, and clinical judgement. In L. E. Beutler, & G. Groth-Marnat (Eds.), *Integrative Assessment of Adult*

Personality(2nd ed., pp. 37 - 64), New York: Guilford Press.

Beutler, L. E., Harwood, T. M., Kimpara, S., Verdirame, D., & Blau, K. (2011). Coping style. In J. C. Norcros (Ed.), *Relationships that work: Therapist contributions and responsiveness to patient needs*(pp. 261 - 278). New York, NY: Oxford University Press.

Beutler, L. E., Kimpara, S., Edwards, C. J., & Miller, K. D. (2018). Fitting psychotherapy to patient coping style: A meta-analysis. *Journal of Clinical Psychology, 74*, 1980 - 1995.

Beutler, L. E., Moleiro, C., Malik, M., et al. (2003). A comparison of the Dodo, EST, and ATI factors among comorbid stimulant-dependent depressed patients. *Clinical Psychology and Psychotherapy, 10*, 69 - 85.

Beutler, L. E., Someah, K., Kimpara, S., & Miller, K. (2016). Selecting the most appropriate treatment for each patient. *International Journal of Clinical and Health Psychology, 16*, 99 - 108.

Beutler, L. E., & Clarkin, J. F. (1990). *Systematic treatment selection: Toward targeted therapeutic interventions*. New York: Brunner/Mazel.

Black, D. W., Baumgard, C. H., & Bell, S. E. (1995). A 16- to 45-year follow-up of 71 men with antisocial personality disorder. *Comprehensive Psychiatry, 36*(2), 130 - 140.

Black, P. J., Woodworth, M., & Porter, S. (2014). The big bad wolf? The relation between the dark triad and the interpersonal assessment of vulnerability. *Personality and Individual Differences, 67*(67), 52 - 56.

Blagov, P. S., Bi, W., Shedler, J., & Westen, D. (2012). The Shedler-Westen Assessment Procedure (SWAP): Evaluating psychometric questions about its reliability, validity, and impact of its fixed score distribution. *Assessment, 19*(3), 370 - 382.

Blagov, P. S., Patrick, C. J., Lilienfeld, S. O., Powers, A. D., Phifer, J. E., Venables, N., et al. (2011). Personality constellations in incarcerated psychopathic men. *Personality Disorders, 2*(4), 293 - 315.

Blashfield, R. K. (1984). The classification of psychopathology. *American Journal of Psychiatry, 126*(6), 946 - 963.

Blashfield, R. K., & Intoccia, V. (2000). Growth of the literature on the topic of personality disorders. *American Journal of Psychiatry, 157*(3), 472 - 473.

Blatt, S. J., & Levy, K. N. (2003). Attachment theory, psychoanalysis, personality development, and psychopathology. *Psychoanalytic Inquiry, 23*(1), 102 - 150.

Block, J. (1963). The q sort method in personality assessment and psychiatric research. *Archives of General Psychiatry, 136*(3), 230 - 231.

Block, J. (2010). The five-factor framing of personality and beyond: Some ruminations. *Psychological Inquiry, 21*(1), 2 - 25.

Bo, S., Bach, B., Mortensen, E. L., & Simonsen, E. (2016). Reliability and hierarchical structure of DSM - 5 pathological traits in a Danish mixed sample. *Journal of Personality Disorders, 30*(1), 112 - 129.

Bornstein, R. F. (2011). Reconceptualizing personality pathology in DSM - 5: Limitations in evidence for eliminating dependent personality disorder and other DIS - IV syndromes. *Journal of Personality Disorders, 25*(2), 235 - 247.

Bowlby, J. (1988). *A secure base: Parent-child attachment and healthy human development*. New York: Basic Books.

Bradley, R., Binder, E., Epstein, M., Tang, Y., Nair, H., Liu, W., ... Ressler, K. (2008). Influence of child abuse on adult depression: Moderation by the corticotropin-releasing hormone receptor gene. *Archives of General Psychiatry, 65*(2), 190 - 200.

Bradley, R., Hilsenroth, M., Guarnaccia, C., & Westen, D. (2007). Relationship between clinician assessment and self-assessment of personality disorders using the SWAP - 200 and PAI. *Psychological Assessment, 19*(2), 225 - 229.

Buchsbaum, M. S., Nenadic, I., Hazlett, E. A., Spiegelcohen, J., Fleischman, M. B., Akhavan, A., et al. (2002). Differential metabolic rates in prefrontal and temporal brodmann areas in schizophrenia and schizotypal personality disorder. *Schizophrenia Research, 54*(1), 141 - 150.

Buchsbaum, M. S., Yang, S., Hazlett, E., Siegel, B. V., Germans, M., Haznedar, M., et al. (1997). Ventricular volume and asymmetry in schizotypal personality disorder and schizophrenia assessed with magnetic resonance imaging. *Schizophrenia Research, 27*(1), 45 - 53.

Cacioppo, J. T., & Gardner, W. L. (1999). Emotion. *Annual Review of Psychology, 50*, 191 - 214.

Cadoret, R. J., Langbehn, D., Caspers, K., Troughton, E. P., Yucuis, R., Sandhu, H. K., et al. (2003). Associations of the serotonin transporter promoter polymorphism with aggressivity, attention deficit, and conduct disorder in an adoptee population. *Comprehensive Psychiatry, 44*(2), 88 - 101.

Calati, R., Gressier, F., Balestri, M., & Serretti, A. (2013). Genetic modulation of borderline personality disorder: Systematic review and meta-analysis. *Journal of Psychiatric Research, 47*(10), 1275 - 1287.

Campos, J. J., Mumme, D. L., Kermoian, R., & Campos, R. G. (1994). A functionalist perspective on the nature of emotion. *Monographs for the Society for Research in Child Development, 59*(2 - 3), 284 - 303.

Carpenter, W. T., Bustillo, J. R., Thaker, G. K., Van, O. J., Krueger, R. F., & Green, M. J. (2009). The psychoses: Cluster 3 of the proposed meta-structure for DSM - V and ICD - 11. *Psychological Medicine, 39*(12), 2025 - 2042.

Carter, J. D., Joyce, P. R., Mulder, R. T., Sullivan, P. F., & Luty, S. E. (1999). Gender differences in the frequency of personality disorders in depressed outpatients. *Journal of Personality Disorders, 13*(1), 67 - 74.

Carver, C. S., & Scheier, M. F. (1990). Origins and functions of positive and negative affect: A control process view. *Psychological Review, 97*, 19 - 35.

Caspi, A., Harrington, H. L., Milne, B., Amell, J. W., Theodore, R. F., & Moffitt, T. E. (2010). Children's behavioral styles at age 3 are linked to their adult personality traits at age 26. *Journal of Personality, 71*(4), 495 - 514.

Caspi, A., Roberts, B. W., & Shiner, R. L. (2005). Personality development: Stability and change. *Annual Review of Psychology, 56*(1), 453 - 484.

Caspi, A., Houts, R. M., Belsky, D. W., et al. (2014). The p factor: One general psychopathology factor in the structure of psychiatric disorders? *Clinical Psychological Science, 2*(2), 119 - 137.

Chambers, R., Gullone, E., & Allen, N. B. (2009). Mindful emotion regulation: An integrative review. *Clinical Psychology Review, 29*(6), 560 - 572.

Cheavens, J. S., Strunk, D. R., & Chriki, L. (2012). A comparison of three theoretically important constructs: What accounts for symptoms of borderline personality disorder? *Journal of Clinical Psychology, 68*(4), 477 - 486.

Chen, H., Cohen, P., Crawford, T. N., Kasen, S., Guan, B., & Gorden, K. (2009). Impact of early adolescent psychiatric and personality disorder on long-term physical health: A 20-year longitudinal follow-up study. *Psychological Medicine, 39*(5), 865 - 874.

Chiesa, M., Cirasola, A., Williams, R., Nassisi, V., & Fonagy, P. (2017). Categorical and dimensional approaches in the evaluation of the relationship between attachment and personality disorders: An empirical study. *Attachment and Human Development, 19*(2), 151 - 169.

Chmielewski, M., Bagby, R. M., Markon, K., Ring, A. J., & Ryder, A. G. (2014). Openness to experience, intellect, schizotypal personality disorder, and psychoticism: Resolving the controversy. *Journal of Personality Disorders, 28*(4), 483 - 499.

Chorpita, B. F., & Nakamura, B. J. (2008). Dynamic structure in diagnostic structured interviewing: A comparative test of accuracy and efficiency. *Journal of Psychopathology and Behavioral Assessment, 30*(1), 52 - 60.

Christie, R., Geis, F. L., & Berger, D. (1970). *Studies in Machiavellianism* (p. 106). New York: Academic Press.

Cicchetti, D. (2015). Reflections on Carroll Izard's contributions: Influences on diverse scientific disciplines and personal recollections. *Emotion Review, 7*(2), 104 - 109.

Cicchetti, D., & Tucker, D. (1994). Development and self-regulatory structures of the mind. *Development and Psychopathology, 6*, 533 - 549.

Cillessen, A. H. N., & Rose, A. J. (2005). Understanding popularity in the peer system. *Current Directions in Psychological Science, 14* (2), 102 - 105.

Clark, L. A. (1993). *Manual for the Schedule of Nonadaptive and Adaptive Personality*. Minneapolis: University of Minnesota Press.

Clark, L. A. (2007). Assessment and diagnosis of personality disorder: Perennial issues and an emerging reconceptualization. *Annual Review of Psychology, 58*(1), 227 - 257.

Clark, L. A., Mcewen, J. L., Collard, L. M., & Hickok, L. G. (1993). Symptoms and traits of personality disorder: Two new methods for their assessment. *Psychological Assessment, 5*(1), 81 - 91.

Clarkin, J. F., & Huprich, S. K. (2011). Do DSM - 5 personality disorder proposals meet criteria for clinical utility? *Journal of Personality Disorders, 25*(2), 192 - 205.

Clarkin, J. F., Cain, N., & Livesley, W. J. (2015). An integrated approach to treatment of patients with personality disorders. *Journal of Psychotherapy Integration, 25*(1), 3 - 12.

Clercq, B. D., Leeuwen, K. V., Noortgate, W. V. D., Bolle, M. D., & Fruyt, F. D. (2009). Childhood personality pathology: Dimensional stability and change. *Development and Psychopathology, 21* (3), 853 - 869.

Cloninger, C. R., & Svrakic, D. (1997). Integrative psychobiological approach to psychiatric assessment and treatment. *Psychiatry, 60* (2),

120 - 141.

Cloninger, C. R., Svrakic, D., & Przybeck, T. (1993). A psychobiological model of temperament and character. *Archives of General Psychiatry, 50*, 975 - 990.

Cloninger, C. R., Svrakic, N. M., & Svrakic, D. (1997). Role of personality in the development of mental order and disorder. *Development and Psychopathology*, (9), 881 - 906.

Cloninger, C. R. (2005). *Antisocial personality disorder: A review. Personality disorders, Volume 8*. John Wiley & Sons, Ltd.

Coccaro, E. F., Sripada, C. S., Yanowitch, R. N., & Phan, K. L. (2011). Corticolimbic function in impulsive aggressive behavior. *Biological Psychiatry, 69*(12), 1153 - 1159.

Cohen, P. (1996). Childhood risks for young adult symptoms of personality disorder: Method and substance. *Multivariate Behavioral Research, 31*(1), 121 - 148.

Cohen, P., Crawford, T. N., Johnson, J. G., & Kasen, S. (2005). The children in the community study of developmental course of personality disorder. *Journal of Personality Disorders, 19*(5), 466 - 486.

Coid, J., Yang, M., Tyrer, P., Roberts, A., & Ullrich, S. (2006). Prevalence and correlates of personality disorder in Great Britain. *British Journal of Psychiatry, 188*(5), 423 - 431.

Collins, N. L., & Feeney, B. C. (2000). A safe haven: An attachment theory perspective on support seeking and caregiving in intimate relationships. *Journal of Personality and Social Psychology, 78*(6), 1053 - 1073.

Collins, N. L., Guichard, A. C., Ford, M. B., & Feeney, B. C. (2006). Responding to need in intimate relationships: Normative processes and individual differences. In M. Mikulincer & G. S. Goodman (Eds.), *Dynamics of romantic love: Attachment, caregiving, and sex* (pp. 149 - 189). New York: Guilford Press.

Conger, R. D., & Donnellan, M. B. (2007). An interactionist perspective on the socioeconomic context of human development. *Social Science Electronic Publishing, 58*(1), 175 - 199.

Connolly, M. B., Critschristoph, P., Shelton, R. C., Hollon, S., Kurtz, J., Barber, J. P., et al. (1999). The reliability and validity of a measure of self-understanding of interpersonal patterns. *Journal of Counseling Psychology, 46*(4), 472 - 482.

Conradi, H. J., Boertien, S. D., Cavus, H., & Verschuere, B. (2016).

Examining psychopathy from an attachment perspective: The role of fear of rejection and abandonment. *Journal of Forensic Psychiatry and Psychology, 27*(1), 92 - 109.

Coolidge, F. L. (1998). *Coolidge personality and neuropsychological inventory for children manual: CPNI*. Colorado Springs, CO: Author.

Coolidge, F. L., Thede, L. L., & Jang, K. L. (2001). Heritability of personality disorders in childhood: A preliminary investigation. *Journal of Personality Disorders, 15*(1), 33 - 40.

Crabbe, J. C., Phillips, T. J., Feller, D. J., Hen, R., Wenger, C. D., Lessov, C. N., et al. (1996). Elevated alcohol consumption in null mutant mice lacking 5 - HT1B serotonin receptors. *Nature Genetics, 14*(1), 98 - 101.

Crawford, T. N., Cohen, P., & Brook, J. S. (2001). Dramatic-erratic personality disorder symptoms: The developmental pathways from early adolescence to adulthood. *Journal of Personality Disorders, 15*(4), 336 - 350.

Crowell, S. E., Beauchaine, T. P., & Linehan, M. M. (2009). A biosocial developmental model of borderline personality: Elaborating and extending Linehan's theory. *Psychological Bulletin, 135*(3), 495 - 510.

Damen, K. F. M., De Jong, C. A. J., & Van der Kroft, P. J. A. (2004). Interrater reliability of the structured interview for DSM - IV personality in an opioid-dependent patient sample. *European Addiction Research, 10*(3), 99 - 104.

Davidson, K., Norrie, J., Tyrer, P., Gumley, A., Tata, P., Murray, H., et al. (2006). The effectiveness of cognitive behavior therapy for borderline personality disorder: Results from the borderline personality disorder study of cognitive therapy (BOSCOT) trial. *Journal of Personality Disorders, 20*(5), 466 - 481.

Davidson, R. J., & Kabatzinn, J. (2004). "Alterations in brain any immune function produced by mindfulness meditation: Three caveats": Comment response. *Psychosomatic Medicine, 66*(1), 149 - 152.

Davis, M. H., Hull, J. G., Young, R. D., & Warren, G. G. (1987). Emotional reactions to dramatic film stimuli: The influence of cognitive and emotional empathy. *Journal of Personality and Social Psychology, 2*(1), 126 - 133.

De Bruyn, E. H., & Cillessen, A. H. (2006). Popularity in early adolescence: Prosocial and antisocial subtypes. *Journal of Adolescent Research, 21*(6), 607 - 627.

De Fruyt, F., & De Clercq, B. (2014). Antecedents of personality disorder in childhood and adolescence: Toward an integrative developmental model. *Annual Review of Clinical Psychology, 10*, 449 – 476.

De Fruyt, F., De Clercq, B., De Bolle, M., Wille, B., Markon, K., & Krueger, R. F. (2013). General and maladaptive traits in a five-factor framework for DSM – 5 in a university student sample. *Assessment, 20*(3), 295 – 307.

Debast, I., Rossi, G., & Van Alphen, S. P. J. (2018). Age-neutrality of a brief assessment of the section iii alternative model for personality disorders in older adults. *Assessment, 25*(3), 310 – 323.

Denham, S. A. (1998). Emotional development in young children. In C. Kopp, & S. Ashers (Eds.), *The Guilford Series on Social and Emotional Development*. New York: Guilford Press.

Dentale, F., Vecchione, M., Coro, A. D., & Barbaranelli, C. (2012). On the relationship between implicit and explicit self-esteem: The moderating role of dismissing attachment. *Personality and Individual Differences, 52*(2), 173 – 177.

Depue, R. A., & Lenzenweger, M. F. (2005). A neurobehavioral dimensional model of personality disturbance. In M. F. Lenzenweger, & John F. Clarkin (Eds.), *Major theories of personality disorder*. New York: Guilford Press.

Depue, R. A. (2009). Genetic, environmental, and epigenetic factors in the development of personality disturbance. *Development and Psychopathology, 21*(4), 1031 – 1063.

Depue, R. A., & Fu, Y. (2011). Neurogenetic and experiential processes underlying major personality traits: Implications for modelling personality disorders. *International Review of Psychiatry, 23*(3), 258 – 281.

Depue, R. A., & Fu, Y. (2013). On the nature of extraversion: Variation in conditioned contextual activation of dopamine-facilitated affective, cognitive, and motor processes. *Frontiers in Human Neuroscience, 7*, 1 – 17.

Der-Avakian, A., & Markou, A. (2012). The neurobiology of anhedonia and other reward-related deficits. *Trends in Neurosciences, 35*(1), 68 – 77.

Dereboy, C., Güzel, H. S., Dereboy, F., Okyay, P., & Eskin, M. (2014). Personality disorders in a community sample in turkey: Prevalence, associated risk factors, temperament and character dimensions. *International Journal of Social Psychiatry, 60*(2), 139 – 147.

Dewall, C. N., Masten, C. L., Powell, C., Combs, D., Schurtz, D. R., &

Eisenberger, N. I. (2012). Do neural responses to rejection depend on attachment style? An fMRI study. *Social Cognitive and Affective Neuroscience, 7*(2), 184 - 192.

DeYoung, C. G. (2010). Personality neuroscience and the biology of traits. *Social and Personality Psychology Compass, 4*(12), 1165 - 1180.

DeYoung, C. G. (2015). Cybernetic big five theory. *Journal of Research in Personality, 56*, 33 - 58.

DeYoung, C. G., Cicchetti, D., & Rogosch, F. A. (2011). Moderation of the association between childhood maltreatment and neuroticism by the corticotropin-releasing hormone receptor 1 gene. *Journal of Child Psychology and Psychiatry, 52*(8), 898 - 906.

DeYoung, C. G., Peterson, J. B., Séguin, J. R., & Tremblay, R. E. (2008). Externalizing behavior and the higher order factors of the big five. *Journal of Abnormal Psychology, 117*(4), 947 - 953.

DeYoung, C. G., Quilty, L. C., & Peterson, J. B. (2007). Between facets and domains: 10 aspects of the big five. *Journal of Personality and Social Psychology, 93*(5), 880 - 896.

DeYoung, C. G., Weisberg, Y. J., Quilty, L. C., & Peterson, J. B. (2013). Unifying the aspects of the big five, the interpersonal circumplex, and trait affiliation. *Journal of Personality, 81*(5), 465 - 475.

Dickey, C. C., McCarley, R. W., Voglmaier, M. M., Niznikiewicz, M. A., Seidman, L. J., Hirayasu, Y., et al. (1999). Schizotypal personality disorder and MRI abnormalities of temporal lobe gray matter. *Biological Psychiatry, 45*, 1393 - 1402.

Dickey, C. C., Mccarley, R. W., & Shenton, M. E. (2002). The brain in schizotypal personality disorder: A review of structural MRI and CT findings. *Harvard Review of Psychiatry, 10*(1), 1 - 15.

Dickey, C. C., Morocz, I. A., Minney, D., Niznikiewicz, M. A., Voglmaier, M. M., Panych, L. P., et al. (2010). Factors in sensory processing of prosody in schizotypal personality disorder: An fMRI experiment. *Schizophrenia Research, 121*(1), 75 - 89.

Dickey, C. C., Morocz, I. A., Niznikiewicz, M. A., Voglmaier, M., Toner, S., Khan, U., et al. (2008). Auditory processing abnormalities in schizotypal personality disorder: An fMRI experiment using tones of deviant pitch and duration. *Schizophrenia Research, 103*(1 - 3), 26 - 39.

Dimaggio, G., Semerari, A., Carcione, A., Procacci, M., & Nicolò, G. (2006). Toward a model of self-pathology underlying personality disorders: Narratives, metacognition, interpersonal cycles and decision-making processes. *Journal of Personality Disorders, 20*(6), 597 - 617.

Dinger, U., Strack, M., Sachsse, T., & Schauenburg, H. (2009). Therapists' attachment, patients' interpersonal problems and alliance development over time in inpatient psychotherapy. *Psychotherapy: Theory, Research, Practice, Training, 46*(3), 277 - 290.

Diseth, T. H. (2005). Dissociation in children and adolescents as reaction to trauma: An overview of conceptual issues and neurobiological factors. *Nordic Journal of Psychiatry, 9*(2), 79 - 91.

Disney, K. L., Weinstein, Y., & Oltmanns, T. F. (2012). Personality disorder symptoms are differentially related to divorce frequency. *Journal of Family Psychology, 26*(6), 959 - 965.

Distel, M., Hottenga, J. T., & Boomsma, D. (2008). Chromosome 9: Linkage for borderline personality disorder features. *Psychiatric Genetics, 18*(6), 302 - 307.

Doering, S., Hörz, S., Rentrop, M., et al. (2010). Transference-focused psychotherapy treatment by community psychotherapists for borderline personality disorder: Randomised controlled trial. *The British Journal of Psychiatry, 196*, 389 - 395.

Drake, J. T., Williamson, R. L., & Rabin, B. H. (1993). Disorganized infant attachment classification and maternal psychosocial problems as predictors of hostile-aggressive behavior in the preschool classroom. *Child Development, 64*(2), 572 - 585.

Eaton, N. R., Krueger, R. F., South, S. C., Simms, L. J., & Clark, L. A. (2011). Contrasting prototypes and dimensions in the classification of personality pathology: Evidence that dimensions, but not prototypes, are robust. *Psychological Medicine, 41*(6), 1151 - 1163.

Eaton, W. W., Neufeld, K., Chen, L., & Cai, G. (2000). A comparison of self-report and clinical diagnostic interviews for depression. *Archives of General Psychiatry, 57*, 217 - 222.

Ehrenthal, J. C., Friederich, H. C., & Schauenburg, H. (2011). Separation recall: Psychophysiological response-patterns in an attachment-related short-term stressor. *Stress and Health, 27*(3), 251 - 255.

Ekselius, L., Lindström, E., Von Knorring, L., Bodlund, O., & Kullgren, G. (1994). Comorbidity among the personality disorders in DSM - III - R. *Personality and Individual Differences, 17*(2), 155 - 160.

Elliot, A. J., & Reis, H. T. (2003). Attachment and exploration in adulthood. *Journal of Personality and Social Psychology, 85*, 317 - 331.

Ellis, B. J., Boyce, W. T., Belsky, J., Bakermans-Kranenburg, M. J., & Van Ijzendoorn, M. H. (2011). Differential susceptibility to the environment: An evolutionary-neurodevelopmental theory. *Development and Psychopathology, 23*(1), 7-28.

Ellis, B. J., & Boyce, W. T. (2008). Biological sensitivity to context. *Current Directions in Psychological Science, 17*(3), 183-187.

Emmelkamp, P. M. G., Benner, A., Kuipers, A., Feiertag, G. A., Koster, H. C., & Apeldoorn, F. J. V. (2006). Comparison of brief dynamic and cognitive-behavioural therapies in avoidant personality disorder. *The British Journal of Psychiatry, 189*(1), 60-64.

Emmons, R. A. (1992). Abstract versus concrete goals: Personal striving level, physical illness, and psychological well-being. *Journal of Personality and Social Psychology, 62*, 292-300.

Emmons, R. A. (1997). Motives and goals. In R. Hogan, J. Johnson, & S. Briggs (Eds.), *Handbook of personality psychology* (pp. 485-512). San Diego, CA: Academic Press.

Evans, G. W., & Kim, P. (2013). Childhood poverty, chronic stress, self-regulation, and coping. *Child Development Perspectives,* 7(1), 43-48.

Eysenck, H. J. (1987). The definition of personality disorders and the criteria appropriate for their description. *Journal of Personality Disorders, 1*, 211-219.

Feenstra, D. J., Hutsebaut, J., Verheul, R., & Van Limbeek, J. (2014). Changes in the identity integration of adolescents in treatment for personality disorders. *Journal of Personality Disorders, 28*(1), 101-112.

Feighner, J. P., Robins, E., Guze, S. B., Woodruff, R. A., Winokur, G., & Munoz, R. (1972). Diagnostic criteria for use in psychiatric research. *Archives of General Psychiatry, 26*, 57-63.

Ferguson, C. J. (2010). A meta-analysis of normal and disordered personality across the life span. *Journal of Personality and Social Psychology, 98*(4), 659-667.

Few, L. R., Miller, J. D., Rothbaum, A., Meller, S., Maples, J., Terry, D. P., et al. (2013). Examination of the section III DSM-5 diagnostic system for personality disorders in an outpatient clinical sample. *Journal of Abnormal Psychology, 122*(4), 1057-1069.

Figueredo, A. J., Vásquez, G., Brumbach, B. H., Schneider, S. M., Sefcek, J. A., Tal, I. R., et al. (2006). Consilience and life history theory: From genes to brain to reproductive strategy. *Developmental Review, 26*(2), 243-275.

Finlon, K. J., Izard, C. E., Seidenfeld, A., Johnson, S. R., Cavadel, E. W., Ewine, E. S., & Morgan, J. K. (2015). Emotion-based preventive intervention: Effectively promoting emotion knowledge and adaptive behavior among at-risk preschoolers. *Development and Psychopathology, 9*, 1 - 13.

Finn, J. A., Arbisi, P. A., Erbes, C. R., Polusny, M. E., & Thuras, P. (2014). The MMPI - 2 Restructured Form Personality Psychopathology Five Scales: Bridging DSM - 5 section 2 personality disorders and DSM - 5 section 3 personality trait dimensions. *Journal of Personality Assessment, 96*(2), 173 - 184.

First, M. B. (2005). Mutually exclusive versus co-occurring diagnostic categories: The challenge of diagnostic comorbidity. *Psychopathology, 38*(4), 206 - 210.

First, M. B., & Gibbon, M. (2004). The Structured Clinical Interview for DSM - IV Axis I Disorders (SCID - I) and the Structured Clinical Interview for DSM - IV Axis II Disorders (SCID - II). In M. J. Hilsenroth & D. L. Segal (Eds.), *Comprehensive handbook of psychological assessment* (Vol. 2. Personality assessment, pp. 134 - 143). Hoboken, NJ, US: John Wiley & Sons, Inc.

First, M. B., & Pincus, H. A. (2002). The DSM - IV text revision: Rationale and potential impact on clinical practice. *Psychiatric Services, 53*(3), 288 - 292.

First, M. B., Pincus, H. A., Levine, J. B., Williams, J. B., Ustun, B., & Peele, R. (2004). Clinical utility as a criterion for revising psychiatric diagnoses. *American Journal of Psychiatry, 161*(6), 946 - 954.

First, M. B., Spitzer, R. L., Gibbon, M., Williams, J. B. W. (1995). The structured clinical interview for DSM - III - R personality disorders (SCID - II). Part I: Description. *Journal of Personality Disorders, 9*(2), 83 - 91.

Fonagy, P., & Bateman, A. (2008). The development of borderline personality disorder: A mentalizing model. *Journal of Personality Disorders, 22*(1), 4 - 21.

Fonagy, P., Gergely, G., Jurist, E., & Target, M. (2002). *Affect regulation, mentalization, and the development of the self*. New York, NY: Other Press.

Fonagy, P., Leigh, T., Steele, M., Steele, H., Kennedy, R., Mattoon, G., et al. (1996). The relation of attachment status, psychiatric classification and response to psychotherapy. *Journal of Consulting and*

Clinical Psychology, 64, 22 - 31.

Fonagy, P., Steele, M., Steele, H., Leigh, T., Kennedy, R., Mattoon, G., et al. (1995). Attachment, the reflective self, and borderline states: The predictive specificity of the adult attachment interview and pathological emotional development. *Folia Phoniatrica Et Logopaedica, 65*(2), 55 - 67.

Fonagy, P., Target, M., & Gergely, G. (2000). Attachment and borderline personality disorder: A theory and some evidence. *Psychiatric Clinics of North America, 23*(1), 103 - 122.

Fonagy, P., Target, M., Gergely, G., & Allen, J. (2003). The developmental roots of borderline personality disorder in early attachment relationships: A theory and some evidence. *Psychoanalytic Inquiry, 23*(3), 412 - 459.

Fonagy, P., Target, M., Steele, H., & Steele, M. (1998). *Reflective Functioning Manual. Version 5 for Application to Adult Attachment Interviews*. London: University College London.

Fossati, A., Somma, A., Borroni, S., Maffei, C., Markon, K. E., & Krueger, R. F. (2016). A head-to-head comparison of the personality inventory for DSM - 5 (PID - 5) with the personality diagnostic questionnaire - 4 (PDQ - 4) in predicting the general level of personality pathology among community dwelling subjects. *Journal of Personality Disorders, 30*(1), 1 - 13.

Fountoulakis, K. N., Oacovides, A., Oiannidou, C., Bascialla, F., Nimatoudis, I., Kaprinis, G., Janca, A., & Dahl, A. (2002). Reliability and cultural applicability of the Greek version of the International Personality Disorders Examination. *BMC Psychiatry, 2*, 6 - 13.

Frances, A. J. (1989). The development of DSM - IV. *Archives of General Psychiatry, 46*(4), 373 - 375.

Frances, A. J., & Widiger, T. (2012). Psychiatric diagnosis: Lessons from the DSM - IV past and cautions for the DSM - 5 future. *Annual Review of Clinical Psychology, 8*(1), 109 - 130.

Frances, A., Pincus, H. A., Widiger, T. A., Davis, W. W., & First, M. B. (1990). DSM - IV: Work in progress. *American Journal of Psychiatry, 147*(11), 1439 - 1448.

Fredrickson, B. L. (2004). The broaden-and-build theory of positive emotions. *American Psychologist, 359*(1449), 1367 - 1377.

Freud, S. (1925). Character and anal eroticism. In *Collected Papers*, Vol. 2.

London: Hogarth.

Freund, A. M., & Riediger, M. (2006). Goals as building blocks of personality and development in adulthood. In D. K. Mroczek & T. D. Little (Eds.), *Handbook of personality development* (pp. 353 - 372). Mahwah, NJ: Erlbaum.

Fruyt, F. D., & Clercq, B. D. (2014). Antecedents of personality disorder in childhood and adolescence: Toward an integrative developmental model. *Annual Review of Clinical Psychology, 10*(1), 449 - 476.

Furnham, A., Milner, R., Akhtar, R., & De Fruyt, F. (2014). A review of the measures designed to assess DSM - 5 personality disorders. *Psychology, 5*, 1646 - 1686.

Gabbard, G. O., Horwitz, L., Allen, J. G., Frieswyk, S., Newsom, G., Colson, D. B., et al. (1994). Transference interpretation in the psychotherapy of borderline patients: A high-risk, high-gain phenomenon. *Harvard Review of Psychiatry, 2*(2), 59 - 69.

Garciabanda, G., Chellew, K., Fornes, J., Perez, G., Servera, M., & Evans, P. (2014). Neuroticism and cortisol: Pinning down an expected effect. *International Journal of Psychophysiology, 91*(2), 132 - 138.

Garety, P. A., Fowler, K. D., Freeman, D., & Bebbington, P. E. (2001). A cognitive model of the positive symptoms of psychosis. *Psychological Medicine, 31*(2), 189 - 195.

Garland, E. L., Fredrickson, B., Kring, A. M., Johnson, D. P., Meyer, P. S., & Penn, D. L. (2010). Upward spirals of positive emotions counter downward spirals of negativity: Insights from the broaden-and-build theory and affective neuroscience on the treatment of emotion dysfunctions and deficits in psychopathology. *Clinical Psychology Review, 30*(7), 849 - 864.

Gerhardt, A., Hartmann, M., Schuller-Roma, B., Blumenstiel, K., Bieber, C., Eich, W., & Steffen, S. (2011). The prevalence and type of Axis - I and Axis - II mental disorders in subjects with non-specific chronic back pain: Results from a population-based study. *Pain Medicine, 12* (8), 1231 - 1240.

Giesen-Bloo, J., Dyck, R., Spinhoven, P., Van Tilburg, W., Dirksen, C., Van Asselt, T., et al. (2006). Outpatient psychotherapy for borderline personality disorder: Randomized trial of schema-focused therapy vs transference-focused psychotherapy. *Archive of General Psychiatry, 63* (6), 649 - 658.

Gjerde, L. C., Czajkowski, N., Røysamb, E., Orstavik, R. E., Knudsen,

G. P., Ostby, K., et al. (2012). The heritability of avoidant and dependent personality disorder assessed by personal interview and questionnaire. *Acta Psychiatrica Scandinavica, 126*(6), 448-457.

Gleason, M. E., Powers, A. D., & Oltmanns, T. F. (2012). The enduring impact of borderline personality pathology: Risk for threatening life events in later middle-age. *Journal of Abnormal Psychology, 121*(2), 447-457.

Glenn, C. R., & Klonsky, E. D. (2009). Emotion dysregulation as a core feature of borderline personality disorder. *Journal of Personality Disorders, 23*(1), 20-28.

Glover, N. G., Crego, C., & Widiger, T. A. (2012). The clinical utility of the five factor model of personality disorder. *Personality Disorders Theory Research and Treatment, 3*(2), 176-184.

Goldberg, D. P., Krueger, R. F., Andrews, G., & Hobbs, M. J. (2009). Emotional disorders: Cluster 4 of the proposed meta-structure for DSM-V and ICD-11. *Psychological Medicine, 39*(12), 2043-2059.

Goldin, P., Ramel, W., & Gross, J. (2009). Mindfulness meditation training and self-referential processing in social anxiety disorder: Behavioral and neural effects. *Journal of Cognitive Psychotherapy, 23*(3), 242-257.

Gore, W. L., & Widiger, T. A. (2013). The DSM-5 dimensional trait model and five-factor models of general personality. *Journal of Abnormal Psychology, 122*(3), 816-821.

Grab, H. N. (2005). Clinical judgment and decision making. *Annual Review of Clinical Psychology, 1*, 67-89.

Grant, B. F., Hasin, D. S., Stinson, F. S., Dawson, D. A., Chou, S. P., Ruan, W. J., et al. (2004). Prevalence, correlates, and disability of personality disorders in the United States: Results from the national epidemiologic survey on alcohol and related conditions. *Journal of Clinical Psychiatry, 65*(7), 948-958.

Gratz, K. L., Tull, M. T., Reynolds, E. K., Bagge, C. L., Latzman, R. D., Daughters, S. B., et al. (2009). Extending extant models of the pathogenesis of borderline personality disorder to childhood borderline personality symptoms: The roles of affective dysfunction, disinhibition, and self and emotion- regulation deficits. *Development and Psychopathology, 21*, 1263-1291.

Gray, J. A., & McNaughton, N. (2000). *The neuropsychology of anxiety: An enquiry into the function of the septo-hippocampal system*. New York, NY: Oxford University Press.

Grazioplene, R. G., Chavez, R. S., Rustichini, A., & DeYoung, C. G. (2016). White matter correlates of psychosis-linked traits support continuity between personality and psychopathology. *Journal of Abnormal Psychology, 125*(8), 1135-1145.

Greenberg, L. S., & Pascual-Leone, A. (2006). Emotion in psychotherapy: A practice-friendly research review. *Journal of Clinical Psychology, 62*(5), 611-630.

Greenberg, L.S. (2002). *Emotion-focused therapy: Coaching clients to work through their feelings*. Washington, DC: American Psychological Association.

Greenberg, L.S. (2004). Emotion-focused therapy. *Clinical Psychology and Psychotherapy, 11*, 3-16.

Greenberg, L. S., & Watson, J. (2005). *Emotion-focused therapy of depression*. Washington, DC: American Psychological Association.

Gregory, S., Ffytche, D., Simmons, A., Kumari, V., Howard, M., Hodgins, S., et al. (2012). The antisocial brain: Psychopathy matters. *Archives of General Psychiatry, 69*(9), 962-972.

Gross, J. J. (2002). Emotion regulation: Affective, cognitive, and social consequences. *Psychophysiology, 39*(3), 281-291.

Gunderson, J. G. (2013). Seeking clarity for future revisions of the personality disorders in DSM-5. *Personality Disorders, 4*(4), 368-376.

Gunderson, J. G., Bender, D., Sanislow, C., Yen, S., Rettew, J. B., Dolan-Sewell, R., et al. (2003). Plausibility and possible determinants of sudden "remissions" in borderline patients. *Psychiatry: Interpersonal and Biological Processes, 66*(2), 111-119.

Gunderson, J. G., Ronningstam, E., & Bodkin, A. (1990). The diagnostic interview for narcissistic patients. *Archives of General Psychiatry, 47*(7), 676-680.

Gunderson, J. G., Shea, M. T., Skodol, A. E., Mcglashan, T. H., Morey, L. C., Stout, R. L., et al. (2000). The collaborative longitudinal personality disorders study: Development, aims, design, and sample characteristics. *Journal of Personality Disorders, 14*(4), 300-315.

Gunderson, J. G., Stout, R. L., Mcglashan, T. H., Shea, M. T., Morey, L. C., Grilo, C. M., et al. (2011). Ten-year course of borderline personality disorder: Psychopathology and function from the collaborative longitudinal personality disorders study. *Archives of General Psychiatry, 68*(8), 827-837.

Gurrera, R. J., Nakamura, M., Kubicki, M., et al. (2007). The uncinate fasciculus and extraversion in schizotypal personality disorder: A diffusion tensor imaging study. *Schizophrenia Research, 90*, 360 - 362.

Gustafson, S. B., & Ritzer, D. R. (1995). The dark side of normal: A psychopathy-linked pattern called aberrant self-promotion. *European Journal of Personality, 9*(3), 147 - 183.

Habermas, T., & De, S. C. (2008). The development of global coherence in life narratives across adolescence: Temporal, causal, and thematic aspects. *Developmental Psychology, 44*(3), 707 - 721.

Hare, R. D. (1998). Psychopathy, affect and behavior. In D. J. Cooke et al. (Eds.), *Psychopathy: Theory, research and implications for society* (pp. 105 - 137). Springer Netherlands.

Hariri, A. (2006). Genetically driven variation in serotonin function: Impact on amygdala reactivity and individual differences in fearful and anxious personality. In T. Canli (Ed.), *Biology of personality and individual differences*(pp. 295 - 316). New York: Guilford Press.

Harkness , A. R., McNulty, J. L., Finn, J. A., Reynolds, S. M., Shields, S. M., & Arbisi, P. (2014). The MMPI - 2 - RF Personality Psychopathology Five (PSY - 5 - RF) Scales: Development and validity research. *Journal of Personality Assessment, 96*(2), 140 - 150.

Harkness, A. R., & Lilienfeld, S. O. (1997). Individual differences science for treatment planning: Personality traits. *Psychological Assessment, 9*(4), 349 - 360.

Harkness, A. R., & McNulty, J. L. (1994). The Personality Psychopathology Five (PSY - 5): Issue from the pages of a diagnostic manual instead of a dictionary. In S. Strack & M. Lorr (Eds.), *Differentiating normal and abnormal personality*(pp. 291 - 315). New York, NY: Springer.

Harkness, A. R., McNulty, J. L., & Ben-Porath, Y. S. (1995). The Personality Psychopathology Five (PSY - 5): Constructs and MMPI - 2 scales. *Psychological Assessment, 7*, 104 - 114.

Harkness, A. R., Reynolds, S. M., & Lilienfeld, S. O. (2014). A review of systems for psychology and psychiatry: Adaptive systems, personality psychopathology five (PSY - 5), and the DSM - 5. *Journal of Personality Assessment, 96*(2), 121 - 139.

Harlan, E., & Clark, L. A. (1999). Short forms of the Schedule for Nonadaptive and Adaptive Personality (SNAP) for self- and collateral ratings: Development, reliability, and validity. *Assessment, 6*, 131 - 145.

Harwood, T. M., & Williams, O. B. (2003). Identifying treatment-relevant assessment: Systematic treatment selection. In L. E. Beutler & G. Groth-

Marnat (Eds.), *Integrative assessment of adult personality* (pp. 65 - 81), New York: Guilford Press.

Hawley, P. H. (2003). Strategies of control, aggression, and morality in preschoolers: An evolutionary perspective. *Journal of experimental child psychology, 85*(3), 213 - 235.

Hayes, A. M., & Feldman, G. (2004). Clarifying the construct of mindfulness in the context of emotion regulation and the process of change in therapy. *Clinical Psychology: Science and Practice, 11*(3), 255 - 262.

Hayes, S. C., Strosahl, K. D., & Wilson, K. G. (1999). Acceptance and commitment therapy: An experiential approach to behavior change. *Encyclopedia of Psychotherapy, 9*(1), 1 - 8.

Hazlett, E. A., Buchsbaum, M. S., Haznedar, M. M., Newmark, R., Goldstein, K. E., Zelmanova, Y., et al. (2008). Cortical gray and white matter volume in unmedicated schizotypal and schizophrenia patients. *Schizophrenia Research, 101*(1 - 3), 111 - 123.

Hazlett, E. A., Goldstein, K. E., & Kolaitis, J. C. (2012). A review of structural MRI and diffusion tensor imaging in schizotypal personality disorder. *Current Psychiatry Reports, 14*(1), 70 - 78.

Hazlett, E. A., Goldstein, K. E., Tajimapozo, K., Speidel, E. R., Zelmanova, Y., Entis, J. J., et al. (2011). Cingulate and temporal lobe fractional anisotropy in schizotypal personality disorder. *Neuroimage, 55*(3), 900 - 908.

Hazlett, E. A., Zhang, J., New, A. S., Zelmanova, Y., Goldstein, K. E., Haznedar, M. M., et al. (2012). Potentiated amygdala response to repeated emotional pictures in borderline personality disorder. *Biological Psychiatry, 72*(6), 448 - 456.

Haznedar, M. M., Buchsbaum, M. S., Hazlett, E. A., Shihabuddin, L., New, A., & Siever, L. J. (2004). Cingulate gyrus volume and metabolism in the schizophrenia spectrum. *Schizophrenia Research, 71*, 249 - 262.

Heath, K. M., & Hadley, C. (1998). Dichotomous male reproductive strategies in a polygynous human society: Mating versus parental effort. *Current Anthropology, 39*(3), 369 - 374.

Hellerstein, D.J., Rosenthal, R.N., Pinsker, H., Samstag, L.W., Muran, J.C., & Winston, A. (1998). A randomized prospective study comparing supportive and dynamic therapies. *Journal of Pscyhotherapy Practice and Research*, 7, 261 - 271.

Herpertz, S. C., Dietrich, T. M., Wenning, B., Krings, T., Erberich, S.

G., Willmes, K., et al. (2001). Evidence of abnormal amygdala functioning in borderline personality disorder: A functional MRI study. *Biological Psychiatry, 50*(4), 292 - 298.

Hill, E. M., Stoltenberg, S. F., Bullard, K. H., Li, S., Zucker, R. A., & Burmeister, M. (2002). Antisocial alcoholism and serotonin-related polymorphisms: Association tests. *Psychiatric Genetics, 12*(3), 143 - 153.

Hilsenroth, M. J., Ackerman, S. J., Blagys, M. D., Baumann, B. D., Baity, M. R., et al. (2000). Reliability and validity of DSM - IV Axis V. *American Journal of Psychiatry, 157*, 1858 - 1863.

Høglend, P., Hersoug, A. G., Bøgwald, K. P., Amlo, S., Marble, A., Sørbye, Ø., et al. (2011). Effects of transference work in the context of therapeutic alliance and quality of object relations. *Journal of Consulting and Clinical Psychology, 79*(5), 697 - 706.

Holmes, J. (2003). Borderline personality disorder and the search for meaning: An attachment perspective. *Austrailia-New Zealand Journal Psychiatry, 37*, 524 - 531.

Holmes, J. (2004). Disorganized attachment and borderline personality disorder: A clinical perspective. *Attachment and Human Development, 6*, 181 - 190.

Hopwood, C. J., & Sellbom, M. (2013). Implications of DSM - 5 personality traits for forensic psychology. *Psychological Injury and Law, 6*(4), 314 - 323.

Hopwood, C. J., Malone, J. C., Ansell, E. B., Sanislow, C. A., Grilo, C. M., Mcglashan, T. H., Morey, L. C., et al. (2011). Personality assessment in DSM - 5: Empirical support for rating severity, style, and traits. *Journal of Personality Disorders, 25*(3), 305 - 320.

Hopwood, C. J., Schade, N., Krueger, R. F., Wright, A. G. C., & Markon, K. E. (2013). Connecting DSM - 5 personality traits and pathological beliefs: Toward a unifying model. *Journal of Psychopathology Behavior Assessment, 35*(2), 162 - 172.

Hopwood, C. J., Thomas, K. M., Markon, K. E., Wright, A. G. C., & Krueger, R. F. (2012). DSM - 5 personality traits and DSM - IV personality disorders. *Journal of Abnormal Psychology, 121*(2), 424 - 432.

Hopwood, C. J., Wright, A. G., Krueger, R. F., Schade, N., Markon, K. E., & Morey, L. C. (2013). DSM - 5 pathological personality traits and the personality assessment inventory. *Assessment, 20*(3), 269 - 285.

Huprich, S. K., & Nelson, S. M. (2015). The cognitive-affective processing system model of personality pathology: Ready-made for theoretical integration. In Steven K. Huprich (Ed.), *Personality disorder: Toward theoretical and empirical integration in diagnosis and assessment* (pp. 395 - 412). Washington, DC: American Psychological Association.

Hyman, S. E. (2010). The diagnosis of mental disorders: The problem of reification. *Annual Review of Clinical Psychology, 6*(6), 155 - 179.

Hyson, M. C. (1994). *The emotional development of young children: Building an emotion-centered curriculum*. New York: Teachers College Press.

Insel, T. R. (2009). Translating scientific opportunity into public health impact: A strategic plan for research on mental illness. *Archives of General Psychiatry, 66*, 128 - 133.

Izard, C. E. (2007). Basic emotions, natural kinds, emotion schemas, and a new paradigm. *Perspectives on Psychological Science, 2*(3), 260 - 280.

Izard, C. E. (2009). Emotion theory and research: Highlights, unanswered questions and emerging issues. *Annual Review of Psychology, 60*, 1 - 25.

Izard, C. E. (2011). Forms and functions of emotions: Matters of emotion-cognition interactions. *Emotion Review, 3*(4), 371 - 378.

Izard, C. E., Fine, S., Mostow, A., Trentacosta, C., & Campbell, J. (2002). Emotion processes in normal and abnormal development and preventive intervention. *Developmental Psychopathology, 14* (4), 761 - 787.

Izard, C. E., Fine, S. E., Schultz, D., Mostow, A. J., Ackerman, B. P., & Youngstrom, E. (2001). Emotion knowledge as a predictor of social behavior and academic competence in children at risk. *Psychological Science, 12*, 18 - 23.

Izard, C. E., King, K. A., Trentacosta, C. J., Morgan, J. K., Laurenceau, J. P., Krauthamer-Ewing, E. S., & Finlon, K. J. (2008). Accelerating the development of emotion competence in Head Start children: Effects on adaptive and maladaptive behavior. *Development and Psychopathology, 20*, 369 - 397.

Izard, C. E., Trentacosta, C. J., King, K. A., & Mostow, A. J. (2004). An emotion-based prevention program for Head Start children. *Early Education and Development, 15*, 407 - 422.

Izard, C. E., Woodburn, E. M., Finlon, K. J., Krauthamer-Ewing, E. S., Grossman, S. R., & Seidenfeld, A. (2011). Emotion knowledge, emotion utilization, and emotion regulation. *Emotion Review, 3*, 44 - 52.

Izard, C., Stark, K., Trentacosta, C., & Schultz, D. (2008). Beyond emotion regulation: Emotion utilization and adaptive functioning. *Child*

Development Perspectives, 2, 156 - 163.

Jane, J. S., Oltmanns, T. F., South, S. C., & Turkheimer, E. (2007). Gender bias in diagnostic criteria for personality disorders: An item response theory analysis. *Journal of Abnormal Psychology, 116*, 166 - 175.

Jane, J. S., Pagan, J. L., Turkheimer, E., Fiedler, E. R., & Oltmanns, T. F. (2006). The interrater reliability of the structured interview for DSM - IV personality. *Comprehensive Psychiatry, 47*(5), 368 - 375.

Johansson, P., Høglend, P., Ulberg, R., Bøgwald, K., & Sørbye, Ø. (2010). The mediating role of insight for long-term improvements in psychodynamic therapy. *Journal of Consulting and Clinical Psychology, 78*, 438 - 448.

Johnson, J. G., Cohen, P., Kasen, S., Skodol, A. E., & Oldham, J. M. (2008). Cumulative prevalence of personality disorders between adolescence and adulthood. *Acta Psychiatrica Scandinavica, 118*(5), 410 - 413.

Johnson, J. G., Cohen, P., Smailes, E. M., Skodol, A. E., Brown, J., & Oldham, J. M. (2001). Childhood verbal abuse and risk for personality disorders during adolescence and early adulthood. *Comprehensive Psychiatry, 42*(1), 16 - 23.

Johnson, J. G., Cohen, P., Kasen, S., Skodol, A. E., Hamagami, F., & Brook, J. S. (2000). Age- related change in personality disorder trait levels between early adolescence and adulthood: A community- based longitudinal investigation. *Acta Psychiatrica Scandinavica, 102*, 265 - 275.

Jonason, P. K., & Krause, L. (2013). The emotional deficits associated with the dark triad traits: Cognitive empathy, affective empathy, and alexithymia. *Personality and Individual Differences, 55*(5), 532 - 537.

Jonason, P. K., & Webster, G. D. (2012). A protean approach to social influence: Dark triad personalities and social influence tactics. *Personality and Individual Differences, 52*(4), 521 - 526.

Jonason, P. K., & Kavanagh, P. (2010). The dark side of love: Love styles and the dark triad. *Personality and Individual Differences, 49*(6), 606 - 610.

Jonason, P. K., Koenig, B. L., & Tost, J. (2010). Living a fast life. *Human Nature, 21*(4), 428 - 442.

Jonason, P. K., Li, N. P., & Buss, D. M. (2010). The costs and benefits of the dark triad: Implications for mate poaching and mate retention tactics. *Personality and Individual Differences, 48*(4), 373 - 378.

Jonason, P. K., Li, N. P., Webster, G. D., & Schmitt, D. P. (2009). The dark triad: Facilitating a short-term mating strategy in men. *European Journal of Personality, 23*(1), 5 - 18.

Jonason, P. K., Luevano, V. X., & Adams, H. M. (2012). How the dark triad traits predict relationship choices. *Personality and Individual Differences, 53*(3), 180 - 184.

Jonason, P. K., Slomski, S., & Partyka, J. (2012). The dark triad at work: How toxic employees get their way. *Personality and Individual Differences, 52*(3), 449 - 453.

Jopp, A. M., & South, S. C. (2015). Investigating the personality inventory for DSM - 5 using self and spouse reports. *Journal of Personality Disorders, 29*(2), 193 - 214.

Jørgensen, C. R., Bøye, R., Andersen, D., Blaabjerg, A. H. D., Freund, C., Jordet, H., et al. (2014). Eighteen months post-treatment naturalistic follow-up study of mentalization-based therapy and supportive group treatment of borderline personality disorder: Clinical outcomes and functioning. *Nordic Psychology, 66*(4), 254 - 273.

Jørgensen, C. R., Freund, C., Bøye, R., Jordet, H., Andersen, D., & Kjølbye, M. (2013). Outcome of mentalization-based and supportive psychotherapy in patients with borderline personality disorder: A randomized trial. *Acta Psychiatrica Scandinavica, 127*(4), 305 - 317.

Karremans, J. C., Heslenfeld, D. J., Dillen, L. F. V., & Lange, P. A. M. V. (2011). Secure attachment partners attenuate neural responses to social exclusion: An fMRI investigation. *International Journal of Psychophysiology, 81*(1), 44 - 50.

Kass, F., Skodol, A. E., & Charles, E. (1985). Scaled ratings of DSM - III personality disorders. *American Journal of Psychiatry, 142*(5), 627 - 630.

Kawasaki, Y., Suzuki, M., Nohara, S., Hagino, H., Takahashi, T., Matsui, M., et al. (2004). Structural brain differences in patients with schizophrenia and schizotypal disorder demonstrated by voxel-based morphometry. *European Archives of Psychiatry and Clinical Neuroscience, 254*, 406 - 414.

Kendell, R. E. (1975). *The role of diagnosis in psychiatry*. London: Blackwell Scientific Publications.

Kendler, K. S., Czajkowski, N., Tambs, K., Torgersen, S., Aggen, S. H., Neale, M. C., & Reichborn-Kjennerud, T. (2006). Dimensional representations of DSM - IV cluster A personality disorders in a population-based sample of Norwegian twins: A multivariate study.

Psychological Medicine, 36, 1583 - 1591.

Kendler, K. S., Aggen, S. H., Czajkowski, N., Røysamb, E., Tambs, K., Torgersen, S., et al. (2008). The structure of genetic and environmental risk factors for DSM - IV personality disorders: A multivariate twin study. *Archives of General Psychiatry, 65*(12), 1438 - 1446.

Kendler, K. S., Aggen, S. H., Knudsen, G. P., Roysamb, E., Neale, M. C., & Reichborn-Kjennerud, T. (2011). The structure of genetic and environmental risk factors for syndromal and subsyndromal common DSM - IV axis I and all axis II disorders. *American Journal of Psychiatry, 168*(1), 29 - 39.

Kendler, K. S., Aggen, S. H., Neale, M. C., Knudsen, G. P., Krueger, R. F., Tambs, K., et al. (2015). A longitudinal twin study of cluster a personality disorders. *Psychological Medicine, 45*(7), 1531 - 1538.

Kernberg, O. F. (1976). *Object relations theory and clinical psychoanalysis*. New York: Jason Aronson.

Kernberg, O. F. (1996). A psychoanalytic theory of personality disorders. In C. J. Lenzenweger(Ed.), *Major theories of personality disorder*(pp. 106 - 140). New York: Guilford Press.

Kernberg, O. F. (2012). Identity: Recent findings and clinical implications. In *The inseparable nature of love and aggression: Clinical and theoretical perspectives* (pp. 3 - 30). Washington, DC: American Psychiatric Publishing.

Kernberg, O. F. (2016). What is personality? *Journal of Personality Disorders, 30*(2), 145 - 156.

Kessler, S. R., Bandelli, A. C., Spector, P. E., Borman, W. C., Nelson, C. E., & Penney, L. M. (2010). Re-examining Machiavelli: A three-dimensional model of Machiavellianism in the workplace. *Journal of Applied Social Psychology, 40*(8), 1868 - 1896.

Kiehl, K. A. (2006). A cognitive neuroscience perspective on psychopathy: Evidence for paralimbic system dysfunction. *Psychiatry Research, 142*(2), 107 - 128.

Knutson, B., & Bhanji, J. (2006). Neural substrates for emotional traits? The case of extraversion. In T. Canli (Ed.), *Biology of personality and individual differences*(pp. 116 - 132). New York: Guilford Press.

Koenigsberg, H. W., Denny, B. T., Fan, J., Liu, X., Guerreri, S., Mayson, S. J., et al. (2014). The neural correlates of anomalous habituation to negative emotional pictures in borderline and avoidant personality disorder patients. *American Journal of Psychiatry, 171*(1),

82 - 90.

Koenigsberg, H. W., Fan, J., Ochsner, K. N., Liu, X., Guise, K. G., Pizzarello, S., et al. (2009). Neural correlates of the use of psychological distancing to regulate responses to negative social cues: A study of patients with borderline personality disorder. *Biological Psychiatry, 66*(9), 854 - 863.

Kogut, T., & Kogut, E. (2013). Exploring the relationship between adult attachment style and the identifiable victim effect in helping behavior. *Journal of Experimental Social Psychology, 49*(4), 651 - 660.

Kohn, R., Saxena, S., Levav, I., & Saraceno, B. (2004). Treatment gap in mental health care. *Bulletin of the World Health Organization, 82*, 858 - 866.

Koo, M. S., Dickey, C. C., Park, H. J., Kubicki, M., Ji, N. Y., Bouix, S., et al. (2006). Smaller neocortical gray matter and larger sulcal cerebrospinal fluid volumes in neuroleptic-naive women with schizotypal personality disorder. *Archives of General Psychiatry, 63*(10), 1090 - 1100.

Koons, C. R., Robins, C. J., Tweed, J., Lynch, T. R., Gonzalez, A. M., Morse, J. Q., et al. (2001). Efficacy of dialectical behavior therapy in women veterans with borderline personality disorder. *Behavior Therapy, 32*(2), 371 - 390.

Kraepelin, E. (1919). *Dementia praecox and paraphrenia*. Edinburgh, Scotland: Livingstone.

Kranzler, H. R., Hernandezavila, C. A., & Gelernter, J. (2002). Polymorphism of the 5 - HT1B receptor gene (HTR1B): Strong within-locus linkage disequilibrium without association to antisocial substance dependence. *Neuropsychopharmacology, 26*(1), 115 - 122.

Krueger, R. F. (2005). Continuity of Axes I and II: Toward a unified model of personality, personality disorders, and clinical disorders. *Journal of Personality Disorders, 19*(3), 233 - 261.

Krueger, R. F. (2013). Personality disorders are the vanguard of the post - DSM - 5.0 era. *Personality Disorders, 4*(4), 367 - 367.

Krueger, R. F., & Carlson, S. R. (2001). Personality disorders in children and adolescents. *Current Psychiatry Reports, 3*, 46 - 51.

Krueger, R. F., & Markon, K. E. (2006). Reinterpreting comorbidity: A model-based approach to understanding and classifying psychopathology. *Annual Review of Clinical Psychology, 2*(1), 111 - 133.

Krueger, R. F., & Markon, K. E. (2014). The role of the DSM - 5 personality trait model in moving toward a quantitative and empirically based approach to classifying personality and psychopathology. *Annual Review of Clinical Psychology, 10*(1), 477 - 501.

Krueger, R. F., & South, S. C. (2009). Externalizing disorders: Cluster 5 of the proposed meta-structure for DSM - V and ICD - 11. *Psychological Medicine, 39*(12), 2061 - 2070.

Krueger, R. F., Eaton, N. R., Clark, L. A., Watson, D., Markon, K. E., Derringer, J., et al. (2011). Deriving an empirical structure of personality pathology for DSM - 5. *Journal of Personality Disorders, 25*(2), 170 - 191.

Krueger, R. F., Eaton, N. R., Derringer, J., Markon, K. E., Watson, D., & Skodol, A. E. (2011). Personality in DSM - 5: Helping delineate personality disorder content and framing the metastructure. *Journal of Personality Assessment, 93*(4), 325 - 331.

Krueger, R. F., Markon, K. E., Patrick, C. J., Benning, S. D., & Kramer, M. D. (2007). Linking antisocial behavior, substance use, and personality: An integrative quantitative model of the adult externalizing spectrum. *Journal of Abnormal Psychology, 116*(4), 645 - 666.

Kupfer, D. J., & Regier, D. A. (2011). Neuroscience, clinical evidence, and the future of psychiatric classification in dsm - 5. *American Journal of Psychiatry, 168*(7), 672 - 674.

Kvarstein, E. H., Pedersen, G., Urnes, Ø., Hummelen, B., Wilberg, T., & Karterud, S. (2015). Changing from a traditional psychodynamic treatment programme to mentalization-based treatment for patients with borderline personality disorder—does it make a difference? *Psychology and Psychotherapy: Theory Research and Practice, 88*(1), 71 - 86.

Laakso, M. P., Vaurio, O., Koivisto, E., Savolainen, L., Eronen, M., Aronen, H. J., et al. (2001). Psychopathy and the posterior hippocampus. *Behavioural Brain Research, 118*(2), 187 - 193.

Lakatos, M., Johnson, C., & Young, G. (2003). Association of D4 dopamine receptor gene and serotonin transporter promoter polymorphisms with infants' response to novelty. *Molecular Psychiatry, 8*, 90 - 97.

Lang, P. J., Cuthbert, B. N., & Bradley, M. M. (1998). Measuring emotion in therapy: Imagery, activation, and feeling. *Behavior Therapy, 29*(4), 655 - 674.

Lappalainen, J., Long, J. C., Eggert, M., Ozaki, N., Robin, R. W., Brown, G. L., et al. (1998). Linkage of antisocial alcoholism to the serotonin 5 - HT1B receptor gene in 2 populations. *Archives of General*

Psychiatry, 55(11), 989-994.

Laurenssen, E. M., Hutsebaut, J., Feenstra, D. J., Van Busschbach, J. J., & Luyten, P. (2013). Diagnosis of personality disorders in adolescents: A study among psychologists. *Child and Adolescent Psychiatry and Mental Health, 7*(1), 3-7.

Laurenssen, E. M., Westra, D., Kikkert, M. J., Noom, M. J., Eeren, H. V., Broekhuyzen, A. J. V., et al. (2014). Day hospital mentalization-based treatment (MBT-DH) versus treatment as usual in the treatment of severe borderline personality disorder: Protocol of a randomized controlled trial. *BMC Psychiatry, 14*(1), 149-162.

Lazarus, R., & Folkman, S. (1984). *Stress, appraisal and coping*. New York: Springer.

Lee, K., & Ashton, M. C. (2005). Psychopathy, Machiavellianism, and narcissism in the Five-Factor Model and the HEXACO model of personality structure. *Personality and Individual Differences, 38* (7), 1571-1582.

Lener, M. S., Wong, E., Tang, C. Y., Byne, W., Goldstein, K. E., Blair, N. J., et al. (2015). White matter abnormalities in schizophrenia and schizotypal personality disorder. *Schizophrenia Bulletin, 41*(1), 300-310.

Lenzenweger, M. F., Lane, M. C., Loranger, A. W., & Kessler, R. C. (2007). DSM-IV personality disorders in the national comorbidity survey replication. *Biological Psychiatry, 62*(6), 553-564.

Lenzenweger, M. F. (1999). Stability and change in personality disorder features: The longitudinal study of personality disorders. *Archives of General Psychiatry, 11*, 1009-1015.

Lesch, K. P. & Canli, T. (2006). 5-HT1A receptor and anxietyrelated traits: Pharmacology, genetics, and imaging. In T. Canli (Ed.), *Biology of personality and individual differences* (pp. 273-294). New York: Guilford Press.

Levinson, A., & Fonagy, P. (2004). Offending and attachment: The relationship between interpersonal awareness and offending in a prison population with psychiatric disorder. *Canadian Journal of Psychoanalysis, 12*(2), 225-251.

Levy, K. N. (2005). The implications of attachment theory and research for understanding borderline personality disorder. *Developmental Psychopathology, 17*(4), 959-986.

Levy, K. N., Meehan, K. B., Kelly, K. M., Reynoso, J. S., Weber, M.,

Clarkin, J. F., et al. (2006). Change in attachment patterns and reflective function in a randomized control trial of transference-focused psychotherapy for borderline personality disorder. *Journal of Consulting and Clinical Psychology, 74*(6), 1027 – 1040.

Levy, K. N., Johnson, B. N., Clouthier, T. L., Scala, J. W., & Temes, C. M. (2015). An attachment theoretical framework for personality disorders. *Canadian Psychology, 56*(2), 197 – 207.

Levy, K. N., Meehan, K. B., Weber, M., Reynoso, J., & Clarkin, J. F. (2005). Attachment and borderline personality disorder: Implications for psychotherapy. *Psychopathology, 38*(2), 64 – 74.

Lewis, G. J., Panizzon, M. S., Eyler, L., Chen, C., Neale, M. C., Jernigan, T. L., ... & Franz, C. E. (2014). Heritable influences on amygdala and orbitofrontal cortex contribute to genetic variation in core dimensions of personality. *NeuroImage, 103*, 309 – 315.

Lewis, J. J. (2016). *Attachment insecurity, emotion regulation difficulties, and mindfulness deficits in personality pathology*. University of North Texas: Theses & Dissertations.

Linehan, M. (1993). *Cognitive-behavioral treatment of borderline personality disorder*. New York: Guilford Press.

Linehan, M. M., Dexter-Mazza, E. T. (2008). Dialectical behavior therapy for borderline personality disorder. In D. H. Barlow (Ed.), *Clinical handbook of psychological disorders* (4th, pp. 365 – 420). New York: Guilford Press.

Liotti, G. (2006). A model of dissociation based on attachment theory and research. *Journal of Trauma and Dissociation, 7*(4), 55 – 73.

Livesley, W. J. (2010). Confusion and incoherence in the classification of personality disorder: Commentary on the preliminary proposals for DSM – 5. *Psychological Injury and Law, 3*, 304 – 313.

Livesley, W. J., & Jang, K. L. (2000). Toward an empirically based classification of personality disorder. *Journal of Personality Disorders, 14*(2), 137 – 151.

Livesley, W. J., Dimaggio, G., & Clarkin, J. F. (2016). Why integrated treatment? General principles of therapeutic change. In W. J. Livesley, G. Dimaggio, & J. F. Clarkin (Eds.), *Intergrated treatment for personality disorder: A modular approach* (pp. 3 – 18). New York: Guilford Press.

Lobbestael, J., Leurgans, M., & Arntz, A. (2011). Inter-rater reliability of the structured clinical interview for DSM – IV axis I disorders (SCID – I) and axis II disorders (SCID - II). *Clinical Psychology and Psychotherapy, 18*(1), 75 - 79.

Lobbestael, J., & Arntz, A. (2012). Cognitive contributions to personality disorders. In T. A. Widiger(Ed.), *The Oxford handbook of personality disorders*(pp. 325 - 344). New York: Oxford University Press.

Loranger, A. W. (1999). *International personality disorder examination (IPDE)*. Odessa, FL: Psychological Assessment Resources.

Loranger, A. W., Hirschfeld, R. M. A., Sartorius, N., & Regier, D. A. (1991). The WHO/ADAMHA international pilot study of personality disorders: Background and purpose. *Journal of Personality Disorders, 5*(3), 296 - 306.

Lorenzini, N., & Fonagy, P. (2013). Attachment and personality disorders: A short review. *The Journal of Lifelong Learning in Psychiatry, XI*(2), 155 - 166.

Lynam, D. R., & Widiger, T. A. (2001). Using the five-factor model to represent the DSM - IV personality disorders: An expert consensus approach. *Journal of Abnormal Psychology, 110*(3), 401 - 412.

Mack, T. D., Hackney, A. A., & Pyle, M. (2011). The relationship between psychopathic traits and attachment behavior in a non-clinical population. *Personality and Individual Differences, 51*(5), 584 - 588.

Mahaffey, K. J., & Marcus, D. K. (2006). Interpersonal perception of psychopathy: A social relations analysis. *Journal of Social and Clinical Psychology, 25*(1), 53 - 74.

Markon, K. E., Chmielewski, M., & Miller, C. (2011). The reliability and validity of discrete and continuous measures of psychopathology: A quantitative review. *Psychological Bulletin, 137*, 856 - 879.

Marmarosh, C. L., Gelso, C. J., Markin, R. D., Majors, R., Mallery, C., & Choi, J. (2009). The real relationship in psychotherapy: relationships to adult attachments, working alliance, transference, and therapy outcome. *Journal of Counseling Psychology, 56*(3), 337 - 350.

Mathews, A., & MacLeod, C. (2002). Induced processing biases have causal effects on anxiety. *Cognition and Emotion, 16*(3), 331 - 354.

Maunder, R. G., Lancee, W. J., Nolan, R. P., Hunter, J. J., & Tannenbaum, D. W. (2006). The relationship of attachment insecurity to subjective stress and autonomic function during standardized acute stress in healthy adults. *Journal of Psychosomatic Research, 60*(3), 283 - 290.

McAdams, D. P. (2013). The Psychological self as actor, agent, and author. *Perspectives on Psychological Science, 8*(3), 272 - 295.

McAdams, D. P., & Mclean, K. C. (2013). Narrative identity. *Current Directions in Psychological Science, 22*(3), 233–238.

McAdams, D. P., & Olson, B. D. (2010). Personality development: Continuity and change over the life course. *Annual Review of Psychology*, 61, 517–542.

Mccrae, R. R., & Terracciano, A. (2005). Universal features of personality traits from the observer's perspective: Data from 50 cultures. *Journal of Personality and Social Psychology, 88*(3), 547–561.

McHoskey, J. W., Worzel, W., & Szyarto, C. (1998). Machiavellianism and psychopathy. *Journal of personality and social psychology, 74*(1), 192–210.

Mclean, K. C., & Pasupathi, M. (2012). Processes of identity development: Where I am and how I got there. *Identity, 12*(1), 8–28.

McLean, K. C., Pasupathi, M., & Pals, J. L. (2007). Selves creating stories creating selves: A process model of self-development. *Personality and Social Psychology Review, 11*, 262–278.

McWilliams, N. (2011). *Psychoanalytic Diagnosis: Understanding personality structure in the clinical process*(2nd). New York: Guilford Press.

Mellsop, G., Varghese, F., Joshua, S., & Hicks, A. (1982). The reliability of axis II of DSM–III. *American Journal of Psychiatry, 139*(10), 1360–1361.

Michael, J. H., & Roger, K. B. (1995). Clinician diagnoses of personality disorders: Evidence of a hierarchical structure. *Journal of Personality Assessment, 65*(2), 313–321.

Mikulincer, M., & Nachshon, O. (1991). Adult Attachment Style and Pattern of Self-Disclosure. *Journal of Personality and Social Psychology, 61*(2), 321–331.

Mikulincer, M., & Shaver, P. R. (2008). Contributions of attachment theory and research to motivation science. In James Y. Shah & Wendi L. Gardner (Eds.), *Handbook of motivation science*(pp. 201–216). New York: Guilford Press.

Mikulincer, M., & Shaver, P. R. (2013). Attachment orientations and meaning in life. In Joshua A. Hicks, & Clay Routledge (Eds.), *The experience of meaning in life: Classical perspectives, emerging themes, and controversies*(pp. 287–304). Springer.

Miller, J. D., Few, L. R., & Widiger, T. A. (2012). Assessment of personality disorders and related traits: Bridging DSM–IV–TR and DSM–5. In T. A. Widiger (Ed.), *The Oxford handbook of personality disorders*(pp. 108 - 140). New York: Oxford University Press.

Miller, J. D., Gentile, B., Wilson, L., & Campbell, W. K. (2013). Grandiose and vulnerable narcissism and the DSM - 5 pathological personality trait model. *Journal of Personality Assessment, 95*(3), 284 - 290.

Millon, T. (1977). *Millon Clinical Multiaxial Inventory*. Minneapolis, MN: National Computer Systems.

Millon, T. (1982). *Manual for the MCMI - II*. Minneapolis, MN: National Computer Systems.

Millon, T. (1987). *Manual for the MCMI - II* (2nd ed.). Minneapolis, MN: National Computer Systems.

Millon, T. (1994). *Millon Clinical Multiaxial Inventory - III manual* (1st ed.). Minneapolis, MN: National Computer Systems.

Millon, T. (2012). On the history and future study of personality and its disorders. *Annual Review of Clinical Psychology, 8*, 1 - 19.

Millon, T. (2016). What is a personality disorder? *Journal of Personality Disorders, 30*(3), 289 - 306.

Millon, T., Boice, A., & Sinsabaugh, K. (2008). Relating personalized assessment to personalized psychotherapy. In T. Millon & C. Bloom (Eds.), *The Millon Inventories: A Practitioner's Guide to Personalized Clinical Assessment*(pp. 15 - 48). New York: Guilford Press.

Millon, T., Davis, R., & Millon, C. (1997). *MCMI - III manual*(2nd ed.). Minneapolis, MN: National Computer Systems.

Millon, T., & Grossman, S. (2007). Personalized psychotherapy: A recapitulation. In T. Millon & S. Grossman (author), *Moderating severe personality disorders: A personalized psychotherapy approach*(pp. 3 - 50). New Jersey: John Wiley & Sons, Inc.

Millon, T., Grossman, S. D., & Tringone, R. (2010). The Millon Personality Spectrometer: A tool for personality spectrum analyses, diagnoses, and treatments. In T. Millon, R. F. Krueger & E. Simonsen (Eds.), *Contemporary directions in psychopathology: Scientific foundations of the DSM - V and ICD - 11*(pp. 391 - 418). New York, NY: Guilford Press.

Millon, T., & Meagher, S. E. (2004). The Millon Clinical Multiaxial Inventory-III (MCMI - III). In M. J. Hilsenroth & D. L. Segal (Eds.), *Comprehensive handbook of psychological assessment* (vol. 2, pp. 108 - 121). New Jersey: John Wiley & Sons, Inc.

Mischel, W. (1969). Continuity and change in personality. *The American*

Psychologist, 24, 1012 - 1018.

Mischel, W. (2004). Toward an integrative science of the person. *Annual Review of Psychology, 55*, 1 - 22.

Mischel, W., & Shoda, Y. (1995). A cognitive-affective system theory of personality: Reconceptualizing situations, dispositions, dynamics, and invariance in personality structure. *Psychological Review, 102*, 246 - 268.

Mohr, D., & Beutler, L. E. (2005). The integrative clinical interview. In Larry E. Beutler & Gary Groth-Marnat (Eds.), *Integrative assessment of adult personality*(2nd ed., pp. 82 - 122). New York: Guilford Press.

Monin, J. K., Schulz, R., Feeney, B. C., & Cook, T. B. (2010). Attachment insecurity and perceived partner suffering as predictors of personal distress. *Journal of Experimental Social Psychology, 46* (6), 1143 - 1147.

Montag, C., Fiebach, C. J., Kirsch, P., & Reuter, M. (2011). Interaction of 5 - HTTLPR and a variation on the oxytocin receptor gene influences negative emotionality. *Biological Psychiatry, 69*(6), 601 - 603.

Morey, L. C., & Skodol, A. E. (2013). Convergence between DSM - IV - TR and DSM - 5 diagnostic models for personality disorder: Evaluation of strategies for establishing diagnostic thresholds. *Journal of Psychiatric Practice, 19*(3), 179 - 193.

Morey, L. C., Bender, D. S., & Skodol, A. E. (2013). Validating the proposed diagnostic and statistical manual of mental disorders, 5th edition, severity indicator for personality disorder. *Journal of Nervous and Mental Disease, 201*(9), 729 - 735.

Morey, L. C., Benson, K. T., & Skodol, A. E. (2016). Relating DSM - 5 section III personality traits to section II personality disorder diagnoses. *Psychological Medicine, 46*(3), 647 - 655.

Morey, L. C., Benson, K. T., Busch, A. J., & Skodol, A. E. (2015). Personality disorders in DSM - 5: Emerging research on the alternative model. *Current Psychiatry Reports, 17*(4), 24 - 33.

Morey, L. C., Berghuis, H., Bender, D. S., Verheul, R., Krueger, R. F., & Skodol, A. E. (2011). Toward a model for assessing level of personality functioning in DSM - 5, part II: Empirical articulation of a core dimension of personality pathology. *Journal of Personality Assessment, 93*(4), 347 - 353.

Morey, L. C., Hopwood, C. J., Gunderson, J. G., Skodol, A. E., Shea, M. T., Yen, S., et al. (2007). Comparison of alternative models for personality disorders. *Psychological Medicine, 37*(7), 983 - 994.

Morey, L. C., Hopwood, C. J., Markowitz, J. C., Gunderson, J. G., Grilo, C. M., Mcglashan, T. H., et al. (2012). Comparison of alternative models for personality disorders, II: 6-, 8- and 10-year follow-up. *Psychological Medicine, 42*(8), 1705 - 1713.

Morey, L. C., Skodol, A. E., & Oldham, J. M. (2014). Clinician judgments of clinical utility: A comparison of DSM - IV - TR personality disorders and the alternative model for DSM - 5 personality disorders. *Journal of Abnormal Psychology, 123*(2), 398 - 405.

Morf, C. C., & Rhodewalt, F. (1993). Narcissism and self-evaluation maintenance: Explorations in object relations. *Personality and Social Psychology Bulletin, 19*(6), 668 - 676.

Morris, S. E., & Cuthbert, B. N. (2012). Research domain criteria: Cognitive systems, neural circuits, and dimensions of behavior. *Dialogues in Clinical Neuroscience, 14*(1), 29 - 37.

Mueller, E. M., Burgdorf, C., Chavanon, M. L., Schweiger, D., Wacker, J., & Stemmler, G. (2014). Dopamine modulates frontomedial failure processing of agentic introverts versus extraverts in incentive contexts. *Cognitive, Affective, and Behavioral Neuroscience, 14*, 756 - 768.

Müller, J. L., Gänssbauer, S., Sommer, M., Döhnel, K., Weber, T., Schmidt-Wilcke, T., et al. (2008). Gray matter changes in right superior temporal gyrus in criminal psychopaths: Evidence from voxel-based morphometry. *Psychiatry Research Neuroimaging, 163*(3), 213 - 222.

Mullins-Sweatt, S. N., Jamerson, J. E., Samuel, D. B., Olson, D. R., & Widiger, T. A. (2006). Psychometric properties of an abbreviated instrument of the five-factor model. *Assessment, 13*(2), 119 - 137.

Mullins-Sweatt, S. N., & Widiger, T. A. (2006). The five-factor model of personality disorder: A translation across science and practice. In R. F. Krueger & J. L. Tackett (Eds.), *Personality and psychopathology* (pp. 39 - 70). New York: Guilford Press.

Mulder, R. T. (2018) Cultural aspects of personality disorders. In W. J. Livesley & R. Larstone (Eds.), *Handbook of personality disorders: Theory, research, and treatment*(2nd, pp. 88 - 100). New York: Guilford Press.

Munafò, M. R., Yalcin, B., Willis-Owen, S. A., & Flint, J. (2008). Association of the dopamine D4 receptor (DRD4) gene and approach-related personality traits: Meta-analysis and new data. *Biological Psychiatry, 63*(2), 197 - 206.

Munafo, M., Clark, T., Moore, L., Payne, E., Walton, R., & Flint, J.

(2003). Genetic polymorphisms and personality in healthy adults: A systematic review and meta-analysis. *Molecular Psychiatry, 8*, 471 - 484.

Nakamura, K., Kawasaki, Y., Takahashi, T., et al. (2012). Reduced white matter fractional anisotropy and clinical symptoms in schizophrenia: A voxel-based diffusion tensor imaging study. *Psychiatry Research, 202*, 233 - 238.

National Collaborating Centre for Mental Health. (2009). *Borderline personality disorder: Treatment and management*. National Clinical Practice Guideline Number 78. London: Department of Health.

Neumann, C., & Hare, R. (2008). Psychopathic traits in a large community sample: Links to violence, alcohol use, and intelligence. *Journal of Consulting and Clinical Psychology, 76*(5), 893 - 899.

Newton-Howes, G., Tyrer, P., Anagnostakis, K., Cooper, S., Bowden-Jones, O., & Weaver, T. (2010). The prevalence of personality disorder, its comorbidity with mental state disorders, and its clinical significance in community mental health teams. *Social Psychiatry and Psychiatric Epidemiology, 45*(4), 453 - 460.

Newton-Howes, G., Clark, L. A., & Chanen, A. (2015). Personality disorder across the life course. *Lancet, 385*, 727 - 734.

Nilsson, D., Holmqvist, R., & Jonson, M. (2011). Self-reported attachment style, trauma exposure and dissociative symptoms among adolescents. *Attachment and Human Development, 13*(6), 579 - 595.

Norcross, J. C., & Wampold, B. E. (2011). Evidence-based therapy relationships: Research conclusions and clinical practices. *Psychotherapy Theory Research Practice Training, 48*(1), 98 - 102.

Nunes, P. M., Wenzel, A., Borges, K. T., Porto, C. R., Caminha, R. M., & Oliveira, I. R. D. (2009). Volumes of the hippocampus and amygdala in patients with borderline personality disorder: A meta-analysis. *Journal of Personality Disorders, 23*(4), 333 - 345.

O'Boyle Jr, E. H., Forsyth, D. R., Banks, G. C., & McDaniel, M. A. (2012). A meta-analysis of the dark triad and work behavior: A social exchange perspective. *Journal of Applied Psychology, 97*(3), 557 - 579.

Oldham, J. M. (2014). Personality disorders: Recent history and new directions. In J. M. Oldham, A. E. Skodol & D. S. Bender (Eds.), *The american psychiatric publishing textbook of personality disorder* (second edition). Arlington, VA: American Psychiatric Publishing.

Oldham, J. M., & Skodol, A. E. (2000). Charting the future of axis II. *Journal of Personality Disorders, 14*(1), 17 - 29.

Oswald, L., Zandi, P., Nestadt, G., Potash, J. B., Kalaydjian, A. E., & Wand, G. S. (2006). Relationship between cortisol responses to stress and personality. *Neuropsychopharmacology, 31*(7), 1583–1591.

Pals, J. L. (2006). Authoring a second chance in life: Emotion and transformational processing within narrative identity. *Research in Human Development, 3*, 101–120.

Paris, J. (2005). Neurobiological dimensional models of personality: A review of the models of Cloninger, Depue, and Siever. *Journal of Personality Disorders, 19*(2), 156–170.

Paris, J. (2011). Endophenotypes and the diagnosis of personality disorders. *Journal of Personality Disorders, 25*(2), 260–268.

Patrick, C. J., & Hajcak, G. (2016). RDoC: Translating promise into progress. *Psychophysiology, 53*, 415–424.

Patrick, C. J., Fowles, D. C., & Krueger, R. F. (2009). Triarchic conceptualization of psychopathy: Developmental origins of disinhibition, boldness, and meanness. *Development and psychopathology, 21*(3), 913–938.

Patrick, C. J., Venables, N. C., Yancey, J. R., Hicks, B. M., Nelson, L. D., & Kramer, M. D. (2013). A construct-network approach to bridging diagnostic and physiological domains: Application to assessment of externalizing psychopathology. *Journal of Abnormal Psychology, 122*(3), 902–916.

Patrick, M., Hobson, P., Castle, D., Howard, R., & Maughan, B. (1994). Personality disorder and the mental representation of early social experience. *Development and Psychopathology, 6*, 375–388.

Paulhus, D. L., & John, O. P. (1998). Egoistic and moralistic biases in self-perception: The interplay of self-deceptive styles with basic traits and motives. *Journal of Personality, 66*(6), 1025–1060.

Paulhus, D. L., & Williams, K. M. (2002). The dark triad of personality: Narcissism, Machiavellianism, and psychopathy. *Journal of Research in Personality, 36*(6), 556–563.

Peciña, S., Smith, K. S., & Berridge, K. C. (2006). Hedonic hot spots in the brain. *The Neuroscientist: A Review Journal Bringing Neurobiology Neurology and Psychiatry, 12*(6), 500–511.

Peters, J. R., Eisenlohr-Moul, T. A., Upton, B. T., Talavera, N. A., Folsom, J. J., & Baer, R. A. (2017). Characteristics of repetitive thought associated with borderline personality features: A multimodal investigation of ruminative content and style. *Journal of Psychopathology and Behavioral Assessment, 39*(3), 456 - 466.

Petersen, B., Toft, J., Christensen, N. B., Foldager, L., Munk-Jørgensen, P., Windfeld, M., et al. (2010). A 2-year follow-up of mentalization-oriented group therapy following day hospital treatment for patients with personality disorders. *Personality and Mental Health, 4*(4), 294 - 301.

Pettersson-Yeo, W., Allen, P., Benetti, S., McGuire, P., & Mechelli, A. (2011). Dysconnectivity in schizophrenia: Where are we now? *Neuroscience and Biobehavioral Reviews, 35*(5), 1110 - 1124.

Pfohl, B., Blum, N., & Zimmerman, M. (1997). *Structured interview for DSM - IV personality*. Washington, DC: American Psychiatric Press.

Pianka, E. R. (1972). r and K selection or b and d selection? *The American Naturalist, 106*(951), 581 - 588.

Piedmont, R. L., Sherman, M. F., Sherman, N. C., Dy-Liacco, G. S., & Williams, J. E. (2009). Using the five-factor model to identify a new personality disorder domain: The case for experiential permeability. *Journal of Personality and Social Psychology, 96*(6), 1245 - 1258.

Piedmont, R. L., Sherman, M. F., Sherman, N. C., Dy-Liacco, G. S., & Williams, J. E. (2009). Using the five-factor model to identify a new personality disorder domain: The case for experiential permeability. *Journal of Personality and Social Psychology, 96*(6), 1245 - 1258.

Pincus, A. L. (2005). A contemporary integrative interpersonal theory of personality disorders. In M. F. Lenzenweger & J. F. Clarkin (Eds.), *Major theories of personality disorder* (2nd ed., pp. 282 - 331). New York, NY: Guilford Press.

Pluess, M., Velders, F. P., Belsky, J., Van IJzendoorn, M. H., Bakermans-Kranenburg, M. J., Jaddoe, V. W., et al. (2011). Serotonin transporter polymorphism moderates effects of prenatal maternal anxiety on infant negative emotionality. *Biological Psychiatry, 69*(6), 520 - 525.

Ponce, G., Jimenez-Arriero, M. A., Rubio, G., Hoenicka, J., Ampuero, I., Ramos, J. A., et al. (2003). The a1 allele of the DRD2 gene (Taqi A polymorphisms) is associated with antisocial personality in a sample of alcohol-dependent patients. *European Psychiatry, 18*(7), 356 - 360.

Pos, A. E. (2014). Emotion focused therapy for avoidant personality disorder: Pragmatic considerations for working with experientially avoidant clients. *Journal of Contemporary Psychotherapy, 44*(2), 127 - 139.

Pos, A. E., & Greenberg, L. S. (2012). Organizing awareness and increasing emotion regulation: Revising chair work in emotion focused therapy for borderline personality disorder. *Journal of Personality Disorders, 26*, 84 - 107.

Powers, A. D., Gleason, M. E. J., & Oltmanns, T. F. (2013). Symptoms of borderline personality disorder predict interpersonal (but not independent) stressful life events in a community sample of older adults. *Journal of Abnormal Psychology, 122*(2), 469 - 474.

Pretzer, J. L., & Beck, A. T. (2005). A cognitive theory of personality disorders. In M. F. Lenzenweger & J. F. Clarkin (Eds.), *Major theories of personality disorder*(2nd, pp. 43 - 113). New York: Guilford Press.

Putnam, K. M., & Silk, K. R. (2005). Emotion dysregulation and the development of borderline personality disorder. *Development and Psychopathology, 17*(4), 899 - 925.

Quirk, S. E., Berk, M., Pasco, J. A., Brennan-Olsen, S. L., & Williams, L. J. (2016). The prevalence, age distribution and comorbidity of personality disorders in australian women. *Australian and New Zealand Journal of Psychiatry, 51*(2), 141 - 150.

Raine, A., Lencz, T., Bihrle, S., Lacasse, L., & Colletti, P. (2000). Reduced prefrontal gray matter volume and reduced autonomic activity in antisocial personality disorder. *Archives of General Psychiatry, 57*(2), 119 - 129.

Raine, A., Ishikawa, S. S., Arce, E., Lencz, T., Knuth, K. H., Bihrle, S., et al. (2004). Hippocampal structural asymmetry in unsuccessful psychopaths. *Biological Psychiatry, 55*(2), 185 - 191.

Raine, A., Yang, Y., Narr, K. L., & Toga, A. W. (2011). Sex differences in orbitofrontal gray as a partial explanation for sex differences in antisocial personality. *Molecular Psychiatry, 16*(2), 227 - 236.

Ramel, W., Goldin, P. R., Carmona, P. E., & Mcquaid, J. R. (2004). The effects of mindfulness meditation on cognitive processes and affect in patients with past depression. *Cognitive Therapy and Research, 28*(4), 433 - 455.

Rathvon, N., & Holmstrom, R. W. (1996). An MMPI - 2 portrait of narcissism. *Journal of Personality Assessment, 66*(1), 1 - 19.

Rauthmann, J. F. (2011). The dark triad and interpersonal perception: Similarities and differences in the social consequences of narcissism, Machiavellianism, and psychopathy. *Social Psychological and Personality Science, 3*(4), 487 - 496.

Ready, R. E., & Clark, L. A. (2002). Correspondence of psychiatric patient and informant ratings of personality traits, temperament, and interpersonal problems. *Psychological Assessment, 14*, 39 - 49.

Ready, R. E., Clark, L. A., Watson, D. B., & Westerhouse, K. (2000). Self- and peer- reported personality: Agreement, trait ratability and the "self-based heuristic". *Journal of Research in Personality, 34*, 208 - 224.

Reed, G. M. (2010). Toward ICD - 11: Improving the clinical utility of WHO's international classification of mental disorders. *Professional Psychology: Research and Practice, 41*(6), 457 - 464.

Reich, D. B., & Zanarini, M. C. (2001). Developmental aspects of borderline personality disorder. *Harvard Review Psychiatry, 9*(6), 294 - 301.

Reichborn-Kjennerud, T., Czajkowski, N., Neale, M. C., Orstavik, R. E., Torgersen, S., Tambs, K., et al. (2007). Genetic and environmental influences on dimensional representations of dsm - iv cluster c personality disorders: A population-based multivariate twin study. *Psychological Medicine, 37*(5), 645 - 653.

Retzlaff, P. D., & Dunn, T. (2003). The Millon Clinical Multiaxial Inventory - III. In L. E. Beutler & G. Groth-Marnat (Eds.), *Integrative assessment of adult personality*(2nd, pp. 192 - 226), New York: Guilford Press.

Retzlaff, P. D., & Dunn, T. (2005). The Millon Clinical Multiaxial Inventory - III. In L. E. Beutler & G. Groth-Marnat (Eds.), *Assessment of adult personality*(2nd, pp. 192 - 226). New York: Guilford Press.

Rhadigan, C., & Huprich, S. K. (2012). The utility of the cognitive-affective processing system in the diagnosis of personality disorders: Some preliminary evidence. *Journal of Personality Disorders, 26*(2), 162 - 178.

Richman, S. B., Dewall, C. N., & Wolff, M. N. (2015). Avoiding affection, avoiding altruism: Why is avoidant attachment related to less helping? *Personality and Individual Differences, 76*, 193 - 197.

Ro, E., Stringer, D., & Clark, L. A. (2012). The Schedule for Nonadaptive and Adaptive Personality: A useful tool for diagnosis and classification of personality disorder. In T. A. Widiger (Ed.), *The Oxford handbook of personality disorder*(pp. 58 - 81). New York: Oxford University Press.

Roberts, B. W., & DelVecchio, W. F. (2000). The rank-order consistency of personality traits from childhood to old age: A quantitative review of longitudinal studies. *Psychological Bulletin, 126*, 3 - 25.

Roberts, B. W., Walton, K. E., & Viechtbauer, W. (2006). Personality traits change in adulthood. *Psychological Bulletin, 132*, 29 - 32.

Roberts, B. W., Wood, D., & Caspi, A. (2008). The development of personality traits in adulthood. In O. P. John, R. W. Robins & L. A. Pervin (Eds.), *Handbook of personality: Theory and research* (pp. 375 - 398). New York: Guilford Press.

Rojas, S. L., & Widiger, T. A. (2017). Coverage of the DSM - IV - TR/DSM - 5 section II personality disorders with the DSM - 5 dimensional trait model. *Journal of Personality Disorders, 31*(4), 462 - 482.

Romano, V., Fitzpatrick, M., & Janzen, J. (2008). The secure-base hypothesis: Global attachment, attachment to counselor, and session exploration in psychotherapy. *Journal of Counseling Psychology, 55*(4), 495 - 504.

Romney, D. M., & Bynner, J. M. (1989). Evaluation of a circumplex model of DSM - III personality disorders. *Journal of Research in Personality, 23*(4), 525 - 538.

Rosenhan, D. L. (1973). On being sane in insane places. *Science, 179*, 250 - 258.

Rossouw, T. I., & Fonagy, P. (2012). Mentalization-based treatment for self-harm in adolescents: A randomized controlled trial. *Journal of the American Academy of Child and Adolescent Psychiatry, 51*(12), 1304 - 1313.

Rothschild, L., Cleland, C., Haslam, N., & Zimmerman, M. (2003). A taxometric study of borderline personality disorder. *Journal of Abnormal Psychology, 112*(4), 657 - 666.

Rottman, B. M., Ahn, W. K., Sanislow, C. A., & Kim, N. S. (2009). Can clinicians recognize DSM - IV personality disorders from five-factor model descriptions of patient cases? *American Journal of Psychiatry, 166*(4), 427 - 433.

Rouse, S. V. (2007). Using reliability generalization methods to explore measurement error: An illustration using the MMPI - 2 PSY - 5 scales. *Journal of Personality Assessment, 88*, 264 - 275.

Roy, A., Jong, J. D., & Linnoila, M. (1989). Extraversion in pathological gamblers: Correlates with indexes of noradrenergic function. *Archives of General Psychiatry, 46*(8), 679 - 681.

Røysamb, E., Kendler, K. S., Tambs, K., Ørstavik, R. E., Neale, M. C., ..., Reichborn-Kjennerud, T. (2011). The joint structure of DSM - IV axis I and axis II disorders. *Journal of Abnormal Psychology, 120*(1), 198 - 209.

Ruocco, A. C., & Carcone, D. (2016). A neurobiological model of borderline personality disorder: Systematic and integrative review. *Harv Rev Psychiatry, 24*(5), 311 - 329.

Ruocco, A. C., Amirthavasagam, S., & Zakzanis, K. K. (2012). Amygdala and hippocampal volume reductions as candidate endophenotypes for borderline personality disorder: A meta-analysis of magnetic resonance imaging studies. *Psychiatry Research Neuroimaging, 201*(3), 245 - 252.

Russ, E., Shedler, J., Bradley, R., & Westen, D. (2008). Refining the construct of narcissistic personality disorder: Diagnostic criteria and subtypes. *American Journal of Psychiatry, 165*(11), 1473 - 1481.

Ryder, A. G., & Bagby, R. M. (1999). Diagnostic viability of depressive personality disorder: Theoretical and conceptual issues. *Journal of Personality Disorders, 13*(2), 99 - 117.

Sachdev, P., Andrews, G., Hobbs, M. J., Sunderland, M., & Anderson, T. M. (2009). Neurocognitive disorders: Cluster 1 of the proposed meta-structure for DSM - V and ICD - 11. *Psychological Medicine, 39* (12), 2001 - 2012.

Sadavoy, J. (1987). Character pathology in the elderly. *Journal of Geriatric Psychiatry, 20*(2), 165 - 178.

Safran, J. D., & Muran, J. C. (2000). Resolving therapeutic alliance ruptures: Diversity and integration. *Journal of Clinical Psychology, 56* (2), 233 - 243.

Sambrook, T. D., & Goslin, J. (2015). A neural reward prediction error revealed by a meta-analysis of erps using great grand averages. *Psychological Bulletin, 141*(1), 213 - 235.

Sampaio, A., Soares, J. M., Coutinho, J., et al. (2014). The Big Five default brain: Functional evidence. *Brain Structure and Function, 219*, 1913 - 1922.

Samuel, D. B., & Widiger, T. A. (2004). Clinicians' personality descriptions of prototypic personality disorders. *Journal of Personality Disorder, 18*, 286 - 308.

Samuel, D. B., & Widiger, T. A. (2009). Clinicians' judgments of clinical utility: A comparison of the DSM - IV and five-factor models. *Journal of Personality Disorders, 23*(3), 211 - 229.

Samuel, D. B., & Widiger, T. A. (2010). A comparison of obsessive-compulsive personality disorder scales. *Journal of Personality Assessment, 92*, 231 - 240.

Samuel, D. B., & Widiger, T. A. (2011). Conscientiousness and obsessive-compulsive personality disorder. *Personality Disorders: Theory, Research, and Treatment, 2*, 161 - 174.

Samuels, J., Eaton, W. W., Bienvenu, O. J., Brown, C. H., Costa, P. T., & Nestadt, G. (2002). Prevalence and correlates of personality disorders in a community sample. *The British Journal of Psychiatry, 180*, 536 - 542.

Sanislow, C. A., Grilo, C. M., Morey, L. C., Bender, D. S., Skodol, A. E., Gunderson, J. G., et al. (2002). Confirmatory factor analysis of DSM - IV criteria for borderline personality disorder: Findings from the collaborative longitudinal personality disorders study. *American Journal of Psychiatry, 159*(2), 284 - 290.

Sarkar, S., Daly, E., Feng, Y., Ecker, C., Craig, M. C., Harding, D., et al. (2015). Reduced cortical surface area in adolescents with conduct disorder. *European Child and Adolescent Psychiatry, 24*(8), 909 - 917.

Sartorius, N. (1988). International perspectives of psychiatric classification. *British Journal of Psychiatry, 152*, 9 - 14.

Satpute, A. B., & Lieberman, M. D. (2006). Integrating automatic and controlled processes into neurocognitive models of social cognition. *Brain Research, 1079*(1), 86 - 97.

Saudino, K. J., & Wang, M. (2012). Quantitative and molecular genetic studies of temperament. In M. Zentner & R. L. Shiner (Eds.), *Handbook of temperament*(pp. 315 - 346). New York: Guilford Press.

Saudou, F., Amara, D. A., Dierich, A., Lemeur, M., Ramboz, S., Segu, L., et al. (1994). Enhanced aggressive behavior in mice lacking 5 - HT1B receptor. *Science, 265*(5180), 1875 - 1878.

Sauer, E. M., Lopez, F. G., & Gormley, B. (2003). Respective contributions of therapist and client adult attachment orientations to the development of the early working alliance: A preliminary growth modeling study. *Psychotherapy Research Journal of the Society for Psychotherapy Research, 13*(3), 371 - 382.

Saylor, K. I., & Widiger, T. A. (2008). A self-report comparison of five semi-structured interviews. In I. V. Halvorsen & S. N. Olsen (Eds.), *New research on personality disorders*(pp. 103 - 119). Hauppauge, NY: Nova Science Publishers.

Saypol, E., & Farber, B. A. (2010). Attachment style and patient disclosure in psychotherapy. *Psychotherapy Research, 20*(4), 462 - 471.

Schachner, D. A., Shaver, P. R., & Mikulincer, M. (2005). Patterns of nonverbal behavior and sensivity in the context of attachment relations. *Journal of Nonverbal Behavior, 29*(3), 141 - 169.

Schiffer, B., Pawliczek, C., Mu, L. B., Forsting, M., Gizewski, E., Leygraf, N., et al. (2014). Neural mechanisms underlying cognitive control of men with lifelong antisocial behavior. *Psychiatry Research Neuroimaging, 222*(1-2), 43-51.

Schmahl, C., Berne, K., Krause, A., Kleindienst, N., Valerius, G., Vermetten, E., et al. (2009). Hippocampus and amygdala volumes in patients with borderline personality disorder with or without posttraumatic stress disorder. *Journal of Psychiatry and Neuroscience, 34*(4), 289-295.

Schneider, K. (1950). *Psychopathic personalities*(9th Ed.). London: Cassell.

Schultz, W. (2007). Multiple dopamine functions at different time courses. *Annual Review of Neuroscience, 30*, 259-288.

Schulze, L., Domes, G., Krüger, A., Berger, C., Fleischer, M., Prehn, K., et al. (2011). Neuronal correlates of cognitive reappraisal in borderline patients with affective instability. *Biological Psychiatry, 69*(6), 564-573.

Schuster, J. P., Hoertel, N., Le Strat, Y., Manetti, A., & Limosin, F. (2013). Personality disorders in older adults: Findings from the national epidemiologic survey on alcohol and related conditions. *The American Journal of Geriatric Psychiatry, 21*(8), 757-768.

Segal, D. L., Coolidge, F. L., & Rosowsky, E. (2006). *Personality disorders and older adults*. New Jersey, NJ: John Wiley & Sons.

Segal, D. L., Zweig, R., & Molinari, V. (2012). Personality disorders in later life. In S. K. Whitbourne & M. J. Sliwinski (Eds.), *The Wiley-Blackwell handbook of adulthood and aging*. UK: Blackwell.

Selby, E. A., & Joiner, T. E. (2009). Cascades of emotion: The emergence of borderline personality disorder from emotional and behavioral dysregulation. *Review of General Psychology, 13*(3), 219-238.

Servaas, M. N., Van der Velde, J., Costafreda, S. G., Horton, P., Ormel, J., Riese, H., & Aleman, A. (2013). Neuroticism and the brain: A quantitative meta-analysis of neuroimaging studies investigating emotion processing. *Neuroscience and Biobehavioral Reviews, 37*(8), 1518-1529.

Shapiro, S. L., Carlson, L. E., Astin, J. A., & Freedman, B. (2010). Mechanisms of mindfulness. *Journal of Clinical Psychology, 62*(3), 373-386.

Sharp, C. (2014). The social-cognitive basis of BPD: A theory of hypermentalizing. In C. Sharp & J. L. Tackett (Eds.), *Handbook of borderline personality disorder in children and adolescents*(pp. 211-228). New York: Springer.

Shaver, P. R., Mikulincer, M., Gross, J., Stern, J. A., & Cassidy, J. (2016). A lifespan perspective on attachment and care for others: Empathy, altruism, and prosocial behavior. In J. Cassidy & P. R. Shaver (Eds.), *Handbook of attachment: Theory, research, and clinical applications* (pp. 878 - 916). New York: Guilford Press.

Shaver, P. R., Mikulincer, M., Sahdra, B., & Gross, J. (2016). Attachment security as a foundation for kindness toward self and others. In K. W. Brown & M. R. Leary (Eds.), *The Oxford handbook of hypo-egoic phenomena*. New York, NY: Oxford University Press.

Shea, M. T., Stout, R., Gunderson, J., Morey, L. C., Grilo, C. M., Mcglashan, T., et al. (2002). Short-term diagnostic stability of schizotypal, borderline, avoidant, and obsessive-compulsive personality disorders. *American Journal of Psychiatry, 159*(12), 2036 - 2041.

Sheard, M. H., Marini, J. L., Bridges, C. I., & Wagner, E. (1976). The effect of lithium on impulsive aggressive behavior in man. *American Journal of Psychiatry, 133*(12), 1409 - 1413.

Shedler, J. (2015). Integrating clinical and empirical perspectives on personality: The Shedler-Westen Assessment Procedure (SWAP). In Steven K. Huprich (Ed.), *Personality disorders: Toward theoretical and empirical integration in diagnosis and assessment* (pp. 225 - 252). Washington, DC: American Psychological Association.

Shedler, J., & Westen, D. (2004). Refining personality disorder diagnosis: Integrating science and practice. *American Journal of Psychiatry, 161*(8), 1350 - 1365.

Shedler, J., & Westen, D. (2007). The Shedler-Westen Assessment Procedure (SWAP): Making personality diagnosis clinically meaningful. *Journal of Personality Assessment, 89*(1), 41 - 55.

Shedler, J., Beck, A., Fonagy, P., et al. (2010). Personality disorders in DSM - 5. *American Journal of Psychiatry, 167*(9), 1026 - 1028.

Shiner, R. L. (2009). The development of personality disorders: Perspectives from normal personality development in childhood and adolescence. *Development and Psychopathology, 21*, 715 - 734.

Shiner, R. L. (2010). Mapping the landscape of personality in childhood and adolescence. *Social and Personality Psychology Compass, 4*, 1084 - 1097.

Shiner, R. L., & Allen, T. A. (2013). Assessing personality disorders in adolescents: Seven guiding principles. *Clinical Psychology Science and Practice, 20*(4), 361 - 377.

Shiner, R. L., & Masten, A. S. (2012). Childhood personality as a harbinger of competence and resilience in adulthood. *Development Psychopathology, 24*(2), 507 - 528.

Shiner, R. L., & Tackett, J. L. (2014). Personality disorders in children and adolescents. In E. J. Mash & R. A. Barkley (Eds.), *Child psychopathology*(3rd, pp. 848 - 896). New York: Guilford Press.

Shipman, K. L., & Zeman, J. (2001). Socialization of children's emotion regulation in mother - child dyads: A developmental psychopathology perspective. *Development and Psychopathology, 13*, 317 - 336.

Siever, L. J., & Davis, K. L. (1991). A psychobiological perspective on the personality disorders. *American Journal of Psychiatry, 148*(148), 1647 - 1658.

Siever, L. J., & Davis, K. L. (2004). The pathophysiology of schizophrenia disorders: Perspectives from the spectrum. *American Journal of Psychiatry, 161*(3), 398 - 413.

Simms, L. J., & Calabrese, W. R. (2015). Incremental validity of the DSM - 5 section III personality disorder. *Journal of Personality Disorder, 30*(1), 95 - 111.

Skinner, E. A., & Zimmer-Gembeck, M. J. (2007). The development of coping. *Annual Review of Psychology, 58*, 119 - 144.

Skodol, A. E. (1997). Classification, assessment, and differential diagnosis of personality disorders. *Journal of Psychiatric Practice, 3*(5), 261 - 274.

Skodol, A. E. (2012). Diagnosis and DSM - 5: Work in progress. In T. A. Widiger (Ed.), *The Oxford handbook of personality disorders*(pp. 35 - 57). New York: Oxford University Press.

Skodol, A. E. (2014). Manifestations, assessment, and differential diagnosis. In J. M. Oldham, A. E. Skodol & D. S. Bender (Eds.), *The American psychiatric publishing textbook of personality disorders*(2nd, pp. 131 - 164). Washington, DC: American Psychiatric Publishing.

Skodol, A. E., Grilo, C. M., Pagano, M. E., Bender, D. S., Gunderson, J. G., Shea, M. T., et al. (2005). Effects of personality disorders on functioning and well-being in major depressive disorder. *Journal of Psychiatric Practice, 11*(6), 363 - 368.

Skodol, A. E., Bender, D. S., & Oldham, J. M. (2014). An alternative model for personality disorders: DSM - 5 section III and beyond. In J. M. Oldham, A. E. Skodol & D. S. Bender (Eds.), *The American psychiatric publishing textbook of personality disorders*(2nd, ed., pp. 511 - 544). Washington, DC: American Psychiatric Publishing.

Skodol, A. E., Gunderson, J. G., Shea, M. T., Mcglashan, T. H.,

Morey, L. C., Sanislow, C. A., ..., & Stout, R. L. (2005). The collaborative longitudinal personality disorders study (CLPS): Overview and implications. *Journal of Personality Disorders, 19*(5), 487 - 504.

Skodol, A. E., Oldham, J. M., Rosnick, L., Kellman, H. D., & Hyler, S. E. (1991). Diagnosis of DSM - III - R personality disorders: A comparison of two structured interviews. *International Journal of Methods in Psychiatric Research, 1*, 13 - 26.

Slagter, H. A., Lutz, A., Greischar, L. L., Francis, A. D., Nieuwenhuis, S., Davis, J. M., et al. (2007). Mental training affects distribution of limited brain resources. *Plos Biology, 5*(6), 1228 - 1235.

Slatcher, R. B., & Trentacosta, C. J. (2011). A naturalistic observation study of the links between parental depressive symptoms and preschoolers' behaviors in everyday life. *Journal of Family Psychology, 25*, 444 - 448.

Smillie, L. D., Cooper, A. J., Wilt, J., & Revelle, W. (2012). Do extraverts get more bang for the buck? Refining the affective-reactivity hypothesis of extraversion. *Journal of Personality and Social Psychology, 103*(2), 306 - 326.

Smith, M. L., & Glass, G. V. (1977). Meta-analysis of psychotherapy outcome studies. *American Psychologist, 32*(9), 752 - 760.

Spitzer, R. L., & Fleiss, J. L. (1974). A re-analysis of the reliability of psychiatric diagnosis. *British Journal of Psychiatry the Journal of Mental Science, 125*, 341 - 347.

Spitzer, R. L., & Williams, J. B. W. (1985). Classification of mental disorders. In H. Kaplan & B. Sadock (Eds.), *Comprehensive textbook of psychiatry*(4th Ed.). Baltimore: Williams & Wilkins.

Spitzer, R. L., Williams, J. B. W., & Skodol, A. E. (1980). DSM - III: The major achievements and an overview. *American Journal of Psychiatry, 137*, 151 - 164.

Stalker, C. A., & Davies, F. (1995). Attachment organization and adaptation in sexually-abused women. *Canadian Journal of Psychiatry, 40*, 234 - 240.

Stein, M., Hilsenroth, M., Slavin-Mulford, J., & Pinsker, J. (2011). *Social Cognition and Object Relations Scale: Global Rating Method (SCORS-G*; 4th Ed.). Unpublished manuscript, Massachusetts General Hospital and Harvard Medical School, Boston, MA.

Stengel, E. (1959). Classification of mental disorders. *Bulletin of the World Health Organization, 21*, 601 - 663.

Strauss, B. M., Mestel, R., & Kirchmann, H. A. (2011). Changes of attachment status among women with personality disorders undergoing inpatient treatment. *Counselling and Psychotherapy Research, 11* (4), 275 - 283.

Strauss, J. L., Hayes, A. M., Johnson, S. L., Newman, C. F., Brown, G. K., Barber, J. P., et al. (2006). Early alliance, alliance ruptures, and symptom change in a nonrandomized trial of cognitive therapy for avoidant and obsessive-compulsive personality disorders. *Journal of Consulting and Clinical Psychology, 74*(2), 337 - 345.

Stricker, G. (2010). *Psychotherapy integration*. Washington, DC: American Psychological Association.

Strickland, C. M., Drislane, L. E., Lucy, M., Krueger, R. F., & Patrick, C. J. (2013). Characterizing psychopathy using DSM - 5 personality traits. *Assessment, 20*(3), 327 - 338.

Suzuki, T., Samuel, D. B., Pahlen, S., & Krueger, R. F. (2015). DSM - 5 alternative personality disorder model traits as maladaptive extreme variants of the five-factor model: An item-response theory analysis. *Journal of Abnormal Psychology, 124*(2), 343 - 354.

Svartberg, M., Stiles, T. C., & Seltzer, M. H. (2004). Randomized, controlled trial of the effectiveness of short-term dynamic psychotherapy and cognitive therapy for cluster C personality disorders. *American Journal of Psychiatry, 161*, 810 - 817.

Svrakic, D. M., & Cloninger, C. R. (2013). Psychobiological model of personality: Guidelines for pharmacotherapy of personality disorder. *Current Psychopharmacology, 2*, 1 - 14.

Svrakic, D., Whitehead, C., Przybeck, T. R., & Cloninger, C. R. (1993). Differential diagnosis of personality disorders by the seven-factor model of temperament and character. *Archives of General Psychiatry, 50*, 991 - 999.

Tackett, J. L., Balsis, S., Oltmanns, T. F., & Krueger, R. F. (2009). A unifying perspective on personality pathology across the life span: Developmental considerations for the fifth edition of the diagnostic and statistical manual of mental disorders. *Development and Psychopathology, 21*(3), 687 - 713.

Tackett, J. L., Krueger, R. F., Iacono, W. G., & Mcgue, M. (2008). Personality in middle childhood: A hierarchical structure and longitudinal connections with personality in late adolescence. *Journal of Research in Personality, 42*(6), 1456 - 1462.

Tadić, A., Elsässer, A., Storm, N., Baade, U., Wagner, S., Basşkaya, Ö., et al. (2010). Association analysis between gene variants of the tyrosine hydroxylase and the serotonin transporter in borderline personality disorder. *The World Journal of Biological Psychiatry, 11*(1), 45–58.

Tadić, A., Elsässer, A., Victor, A., Von, C. R., Başkaya, O., Wagner, S., et al. (2009). Association analysis of serotonin receptor 1b (HTR1B) and brain-derived neurotrophic factor gene polymorphisms in borderline personality disorder. *Journal of Neural Transmission, 116* (9), 1185–1188.

Takahashi, T., Suzuki, M., Zhou, S. Y., Tanino, R., Nakamura, K., Kawasaki, Y., et al. (2010). A follow-up MRI study of the superior temporal subregions in schizotypal disorder and first-episode schizophrenia. *Schizophrenia Research, 119*(1), 65–74.

Takahashi, T., Suzuki, M., Zhou, S. Y., Tanino, R., Hagino, H., Kawasaki, Y., Matsui, M., Seto, H., & Kurachi, M. (2006). Morphologic alterations of the parcellated superior temporal gyrus in schizophrenia spectrum. *Schizophrenia Research, 83*, 131–143.

Taylor, G. J., & Bagby, R. M. (2012). The alexithymia personality dimension. In T. A. Widiger (Ed.), *The Oxford handbook of personality disorders*(pp. 648–673). Oxford: Oxford University Press.

Tebartz, V. E. L., Hesslinger, B., Thiel, T., Geiger, E., Haegele, K., Lemieux, L., et al. (2003). Frontolimbic brain abnormalities in patients with borderline personality disorder: A volumetric magnetic resonance imaging study. *Biological Psychiatry, 54*(2), 163–171.

Tellegen, A., & Waller, N. G. (1987). *Exploring personality through test construction: Development of the Multidimensional Personality Questionnaire*. Unpublished manuscript, Minneapolis, Minnesota.

Tett, R. P., & Burnett, D. D. (2003). A personality trait-based interactionist model of job performance. *Journal of Applied Psychology, 88* (3), 500–517.

Thompson, R. A. (2015). Doing it with feeling: The emotion in early socioemotional development. *Emotion Review, 7*(2), 121–125.

Tiihonen, J., Rossi, R., Laakso, M. P., Hodgins, S., Testa, C., Perez, J., et al. (2008). Brain anatomy of persistent violent offenders: More rather than less. *Psychiatry Research, 163*(3), 201–212.

Torgersen, S., Czajkowski, N., Jacobson, K., Reichborn-Kjennerud, T., Røysamb, E., Neale, M., & Kendler, K. S. (2008). Dimensional representations of DSM – IV cluster b personality disorders in a population-based sample of Norwegian twins: A multivariate study.

Psychological Medicine, 38(11), 1617 – 1625.

Torgersen, S., Kringlen, E., & Cramer, V. (2001). The prevalence of personality disorders in a community sample. *Archives of General Psychiatry, 58*(6), 590 – 596.

Torgersen, S., Lygren, S., Øien, P. A., Skre, I., Onstad, S., Edvardsen, J., et al. (2000). A twin study of personality disorders. *Comprehensive Psychiatry, 41*(6), 416 – 425.

Torgersen, S., Myers, J., Reichbornkjennerud, T., Røysamb, E., Kubarych, T. S., & Kendler, K. S. (2012). The heritability of cluster b personality disorders assessed both by personal interview and questionnaire. *Journal of Personality Disorders, 26*(6), 848 – 866.

Trentacosta, C. J., & Fine, S. E. (2010). Emotion knowledge, social competence, and behavior problems in childhood and adolescence: A meta-analytic review. *Social Development, 19*(1), 1 – 29.

Trentacosta, C. J., & Schultz, D. (2015). Hold tight: Carroll Izard's contributions to translational research on emotion competence. *Emotion Review,* 7(2), 136 – 142.

Trull, T. J. (2012). The five-factor model of personality disorder and DSM – 5. *Journal of Personality, 80*(6), 1697 – 1720.

Trull, T. J., & Durrett, C. A. (2005). Categorical and dimensional models of personality disorder. *Annual Review of Clinical Psychology, 1*(1), 355 – 380.

Tsilika, E., Parpa, E., Zygogianni, A., Kouloulias, V., & Mystakidou, K. (2015). Caregivers' attachment patterns and their interactions with cancer patients' patterns. *Supportive Care in Cancer, 23*(1), 87 – 94.

Turner, R. M. (2001). Naturalistic evaluation of dialectical behavior therapy-oriented treatment for borderline personality disorder. *Cognitive and Behavioral Practice,* 7(4), 413 – 419.

Tyrer, P., Crawford, M., Mulder, R., Blashfield, R., Farnam, A., Fossati, A., et al. (2011). The rationale for the reclassification of personality disorder in the 11th revision of the international classification of disease (ICD – 11). *Personality and Mental Health, 5*(4), 246 – 259.

Van Alphen, S. P., Engelen, G. J., Kuin, Y., Hoijtink, H. J., & Derksen, J. J. (2010). A preliminary study of the diagnostic accuracy of the gerontological personality disorders scale (GPS). *International Journal of Geriatric Psychiatry, 21*(9), 862 – 868.

Van Alphen, S. P., Derksen, J. J., Sadavoy, J. J., & Rosowsky, E. E. (2012). Features and challenges of personality disorders in late life. *Aging and Mental Health, 16*(7), 805 - 810.

Van Asselt, A. D. I., Dirksen, C. D., Arntz, A., Giesen-Bloo, J. H., Van Dyck, R., Spinhoven, P., et al. (2008). Out-patient psychotherapy for borderline personality disorder: Cost-effectiveness of schema-focused therapy vs. transference-focused psychotherapy. *The British Journal of Psychiatry, 192*(6), 450 - 457.

Van IJzendoorn, M. H., & Bakermans-Kranenburg, M. J. (1996). Attachment representations in mothers, fathers, adolescents, and clinical groups: A meta-analytic search for normative data. *Journal of Consulting and Clinical Psychology, 64*(1), 8 - 21.

Van Leeuwen, K. G., Mervielde, I., Braet, C., & Bosmans, G. (2004). Child personality and parental behavior as moderators of problem behavior: Variable- and person-centered approaches. *Developmental Psychology, 40*(6), 1028 - 1046.

Verheul, R., Van den Bosch, L. M. C., Koeter, M. W., De Ridder, M. A., Stijnen, T., & Van den Brink, W. (2003). Dialectical behaviour therapy for women with borderline personality disorder: 12-month, randomised clinical trial in the Netherlands. *British Journal of Psychiatry the Journal of Mental Science, 182*(2), 135 - 140.

Veselka, L., Schermer, J. A., & Vernon, P. A. (2011). Beyond the big five: The dark triad and the supernumerary personality inventory. *Twin Research and Human Genetics, 14*(2), 158 - 168.

Vilchinsky, N., Findler, L., & Werner, S. (2010). Attitudes toward people with disabilities: The perspective of attachment theory. *Rehabilitation Psychology, 55*(3), 298 - 306.

Wai, M., & Tiliopoulos, N. (2012). The affective and cognitive empathic nature of the dark triad of personality. *Personality and Individual Differences, 52*(7), 794 - 799.

Walls, T. A., & Kollat, S. H. (2006). Agency to agentic personalities: The early to middle childhood gap. In D. K. Mroczek & T. D. Little (Eds.), *Handbook of personality development* (pp. 231 - 244). Mahwah, NJ: Erlbaum.

Weinstein, Y., Gleason, M. E. J., & Oltmanns, T. F. (2012). Borderline but not antisocial personality disorder symptoms are related to self-reported partner aggression in late middle-age. *Journal of Abnormal Psychology, 121*(3), 692 - 698.

Weisz, J. R., Chorpita, B. F., Palinkas, L. A., Schoenwald, S. K., Miranda, J., Bearman, S. K., ..., & Gibbons, R. D. (2012). Testing standard and modular designs for psychotherapy treating depression, anxiety, and conduct problems in youth: A randomized effectiveness trial. *Archives of General Psychiatry, 69*, 274 - 282.

West, M., Keller, A., Links, P., & Patrick, J. (1993). Borderline disorder and attachment pathology. *Canadian Journal of Psychiatry, 38* (1), 16 - 22.

Westen, D. (1997). Divergences between clinical and research methods for assessing personality disorders: Implications for research and evolution of Axis II. *American Journal of Psychiatry, 154*, 895 - 903.

Westen, D., & Muderrisoglu, S. (2003). Assessing personality disorders using a systematic clinical interview: Evaluation of an alternative to structured interviews. *Journal of Personality Disorders, 17*(4), 351 - 369.

Westen, D., & Shedler, J. (2007). Personality diagnosis with the Shedler-Westen Assessment Procedure (SWAP): Integrating clinical and statistical measurement and prediction. *Journal of Abnormal Psychology, 116*(4), 810 - 822.

Westen, D., DeFife, J. A., Bradley, B., & Hilsenroth, M. J. (2010). Prototype personality diagnosis in clinical practice: A viable alternative for DSM - V and ICD - 11. *Professional Psychology: Research and Practice, 41*(6), 482 - 487.

Westen, D., Nakash, O., Thomas, C., & Bradley, R. (2006). Clinical assessment of attachment patterns and personality disorder in adolescents and adults. *Journal of Consulting and Clinical Psychology, 74*(6), 1065 - 1085.

Westen, D., Shedler, J., & Bradley, R. (2006). A prototype approach to personality disorder diagnosis. *American Journal of Psychiatry, 163*(5), 846 - 856.

Westen, D., Shedler, J., Bradley, B., & DeFife, J. A. (2012). An empirically derived taxonomy for personality diagnosis: Bridging science and practice in conceptualizing personality. *American Journal of Psychiatry, 169*(3), 273 - 284.

Westen, D., Waller, N. G., Shedler, J., & Blagov, P. S. (2014). Dimensions of personality and personality pathology: Factor structure. *Journal of Personality Disorders, 28*(2), 281 - 318.

Wetzler, S., & Morey, L. C. (1999). Passive-aggressive personality disorder: The demise of a syndrome. *Psychiatry, 62*(1), 49 - 59.

Widiger, T. A. (2001). Official classification systems. In W. J. Livesley (Ed.), *Handbook of personality disorders* (pp. 60 - 83). New York:

Guilford Press.

Widiger, T. A. (2007). An empirically based classification of personality pathology: Where we are now and where do we go. *Clinical Psychology: Science and Practice*, *14*(2), 94 - 98.

Widiger, T. A. (2011). A shaky future for personality disorders. *Personality Disorders: Theory, Research and Treatment*, *2*(2), 54 - 67.

Widiger, T. A. (2012). Historical developments and current issues. In T. A. Widiger (Ed.), *The Oxford handbook of personality disorders* (pp. 13 - 34). New York: Oxford University Press.

Widiger, T. A. (2018). Official classification system. In W. J. Livesley & R. Larstone (Eds.), *Handbook of personality disorders: Theory, research, and treatment* (2nd, pp. 47 - 71). New York: Guilford Press.

Widiger, T. A., & Boyd, S. (2009). Personality disorder assessment instruments. In J. N. Butcher (Ed.), *Oxford handbook of personality assessment* (3rd, pp. 336 - 363). New York: Oxford University Press.

Widiger, T. A., & Mullins-sweatt, S. N. (2009). Five-factor model of personality disorder: A proposal for DSM - V. *Annual Review of Clinical Psychology*, *5*(1), 197 - 220.

Widiger, T. A., & Samuel, D. B. (2005). Evidence based assessment of personality disorders. *Psychological Assessment*, *17*, 278 - 287.

Widiger, T. A., & Simonsen, E. (2005). Alternative dimensional models of personality disorder: Finding a common ground. *Journal of Personality Disorders*, *19*(2), 110 - 130.

Widiger, T. A., & Trull, T. J. (2007). Plate tectonics in the classification of personality disorder: Shifting to a dimensional model. *American Psychologists*, *62*(2), 71 - 83.

Widiger, T. A., Costa, P. T., & Samuel, D. (2006). Assessment of maladaptive personality traits. In S. Strack & M. Lorr (Eds.), *Differentiating normal and abnormal personality* (2nd Ed., pp. 311 - 355). New York: Springer.

Widiger, T. A., Mangine, S., Corbitt, E. M., Ellis, C. G., & Thomas, G. V. (1995). *Personality Disorder Interview-IV. A semi-structured interview for the assessment of personality disorders. Professional manual*. Odessa, FL: Psychological Assessment Resources.

Widiger, T. A., & Mullins-Sweatt, S. N. (2009). Five-factor model of personality disorder: A proposal for DSM - V. *Annual Review of Clinical Psychology*, *5*, 197 - 220.

Widiger, T. A., Simonsen, E., Krueger, R., Livesley, W. J., & Verheul,

R. (2005). Personality disorder research agenda for the DSM - V. *Journal of Personality Disorders, 19*(3), 315 - 338.

Williams, J. B., & Spitzer, R. L. (1982). Research diagnostic criteria and DSM - III: An annotated comparison. *Archives of General Psychiatry, 39*(11), 1283 - 1289.

Wilson, E., MacLeod, C., & Campbell, L. (2007). The information-processing approach to emotion research. In J. A. Coan & J. J. B. Allen (Eds.), *Handbook of emotion elicitation and assessment*(pp. 184 - 202). New York: Oxford University Press.

Wink, P., & Donahue, K. (1997). The relation between two types of narcissism and boredom. *Journal of Research in Personality, 31*(1), 136 - 140.

Wolf, R. C., Sambataro, F., Vasic, N., Schmid, M., Thomann, P. A., Bienentreu, S. D., et al. (2011). Aberrant connectivity of resting-state networks in borderline personality disorder. *Journal of Psychiatry and Neuroscience, 36*(6), 402 - 411.

Wolf, R. C., Thomann, P. A., Sambataro, F., Vasic, N., Schmid, M., & Wolf, N. D. (2012). Orbitofrontal cortex and impulsivity in borderline personality disorder: An MRI study of baseline brain perfusion. *European Archives of Psychiatry and Clinical Neuroscience, 262*(8), 677 - 685.

World Health Organization. (1992). *The ICD - 10 classification of mental and behavioral disorders: Clinical descriptions and diagnostic guidelines*. Geneva, Switzerland: Author.

World Health Organization. (1993). *The ICD - 10 classification of mental and behavioral disorders: Diagnostic criteria for research*. Geneva, Switzerland: Author.

World Health Organization. (1994). *The ICD - 10 classification of mental and behavioral disorders: Conversion tables between ICD - 8, ICD - 9 and ICD - 10*. Geneva, Switzerland: Author.

World Health Organization. (1996). *Diagnostic and management guidelines for mental disorders in primary care: ICD - 10 chapter V primary care version*. Göttingen, Germany: Holgrefe.

Wright, A. G., Calabrese, W. R., Rudick, M. M., Yam, W. H., Zelazny, K., Williams, T. F., et al. (2015). Stability of the DSM - 5 section iii pathological personality traits and their longitudinal associations with psychosocial functioning in personality disordered individuals. *Journal of Abnormal Psychology, 124*(1), 199 - 207.

Wright, A. G., Pincus, A. L., Hopwood, C. J., Thomas, K. M., Markon,

K. E., & Krueger, R. F. (2012). An interpersonal analysis of pathological personality traits in DSM-5. *Assessment, 19*(3), 263-275.

Wright, A. G., Thomas, K. M., Hopwood, C. J., Markon, K. E., Pincus, A. L., & Krueger, R. F. (2012). The hierarchical structure of DSM-5 pathological personality traits. *Journal of Abnormal Psychology, 121*(4), 951-957.

Yang, Y., & Raine, A. (2009). Prefrontal structural and functional brain imaging findings in antisocial, violent, and psychopathic individuals: A meta-analysis. *Psychiatry Research, 174*(2), 81-88.

Yang, Y., Raine, A., Lencz, T., Bihrle, S., Lacasse, L., & Colletti, P. (2005). Volume reduction in prefrontal gray matter in unsuccessful criminal psychopaths. *Biological Psychiatry, 57*(10), 1103-1108.

Young, J. E., Klosko, J. S., & Weishaar, M. E. (2003). Schema therapy: Conceptual model. In J. E. Young, J. S. Klosko & M. E. Weishaar (Eds.), *Schema therapy: A practitioner's guide* (pp. 1-62). New York: Guilford Press.

Youngstrom, E. A. (2015). Discrete emotions and developmental psychopathology: The alchemical legacy of Carroll Izard. *Emotion Review,* 7(2), 131-135.

Yudofsky, S., Williams, D., & Gorman, J. (1981). Propranolol in the treatment of rage and violent behavior in patients with chronic brain syndromes. *The American Journal of Psychiatry, 138*(2), 218-220.

Zaboli, G., Gizatullin, R., Åsa Nilsonne, Wilczek, A., Jönsson, E. G., Ahnemark, E., et al. (2006). Tryptophan hydroxylase-1 gene variants associate with a group of suicidal borderline women. *Neuropsychopharmacology, 31*(9), 1982-1990.

Zanarini, M. C., Frankenburg, F. R., Chauncey, D. L., & Gunderson, J. G. (1987). The diagnostic interview for personality disorders: Interrater and test-retest reliability. *Comprehensive Psychiatry, 28*(6), 467-480.

Zanarini, M. C., Frankenburg, F. R., Hennen, J., Reich, D. B., & Silk, K. R. (2005). The McLean study of adult development (MSAD): Overview and implications of the first six years of prospective follow-up. *Journal of Personality Disorders, 19*(5), 505-523.

Zanarini, M. C., Frankenburg, F. R., Reich, D. B., & Fitzmaurice, G. (2010). Time-to-attainment of recovery from borderline personality disorder and its stability: A 10-year prospective follow-up study. *American Journal of Psychiatry, 167*(6), 663-667.

Zanarini, M. C., Frankenburg, F. R., Reich, D. B., & Fitzmaurice, G.

(2010). The 10 - year course of psychosocial functioning among patients with borderline personality disorder and axis ii comparison subjects. *Acta Psychiatrica Scandinavica, 122*(2), 103 - 109.

Zanarini, M. C., Frankenburg, F. R., Sickel, A. E., & Yong, L. (1996). *The Diagnostic Interview for DSM - IV Personality Disorders (DIPD - IV)*. Belmont, MA: McLean Hospital.

Zhang, W., Zou, H., Wang, M., & Finy, M. S. (2015). The role of the dark triad traits and two constructs of emotional intelligence on loneliness in adolescents. *Personality and Individual Differences, 75*, 74 - 79.

Zimmerman, M. (1994). Diagnosing personality disorders: A review of issues and research methods. *Archives of General Psychiatry, 51* (3), 225 - 245.

Zimmerman, M. (2011). A critique of the proposed prototype rating system for personality disorders in DSM - 5. *Journal of Personality Disorders, 25* (2), 206 - 221.

Zimmerman, M., Rothschild, L., & Chelminski, I. (2005). The prevalence of DSM - IV personality disorders in psychiatric outpatients. *American Journal of Psychiatry, 162*(10), 1911 - 1918.

Zimmerman, M., & Coryell, W. (1989). DSM - III personality disorder diagnoses in a nonpatient sample: Demographic correlates and comorbidity. *Archives of General Psychiatry, 46*(8), 682 - 689.

Zimmerman, M., & Mattia, J. (1999). Is posttraumatic stress disorder underdiagnosed in routine clinical settings? *Journal of Nervous and Mental Disease, 187*(7), 420 - 428.

Zimmerman, M., Benecke, C., Bender, D. S., Skodol, A. E., Schauenburg, H., Cierpka, M., et al. (2014). Assessing DSM - 5 level of personality functioning from videotaped clinical interviews: A pilot study with untrained and clinically inexperienced students. *Journal of Personality Assessment, 96*(4), 397 - 409.

Zimmerman, M., Rothschild, L., & Chelminski, I. (2005). The prevalence of DSM - IV personality disorders in psychiatric outpatients. *American Journal of Psychiatry, 162*(10), 1911 - 1918.

Zimmermann, P., & Beckerstoll, F. (2002). Stability of attachment representations during adolescence: The influence of ego-identity status. *Journal of Adolescence, 25*(1), 107 - 124.

Zobel, A., Barkow, K., Schulze-Rauschenbach, S., Von Widdern, O., Metten, M., Pfeiffer, U., ..., & Maier, W. (2004). High neuroticism and depressive temperament are associated with dysfunctional regulation of the hypothalamic-pituitary-adrenocortical system in healthy volunteers. *Acta Psychiatrica Scandinavica*, *109*(5), 392–399.

Zweig, R. A. (2008). Personality disorder in older adults: Assessment challenges and strategies. *Professional Psychology: Research and Practice*, *39*(3), 298–305.

图书在版编目（CIP）数据

人格障碍 / 张文娟著. — 上海:上海教育出版社, 2020.11
（人格心理研究丛书 / 郭永玉主编）
ISBN 978-7-5720-0323-3

Ⅰ.①人… Ⅱ.①张… Ⅲ.①人格心理学 Ⅳ.①B848.9

中国版本图书馆CIP数据核字(2020)第212587号

责任编辑　徐凤娇
书籍设计　陆　弦

人格心理研究丛书
郭永玉　主编
Renge Zhang'ai
人格障碍
张文娟　著

出版发行　上海教育出版社有限公司
官　　网　www.seph.com.cn
地　　址　上海市永福路123号
邮　　编　200031
印　　刷　上海展强印刷有限公司
开　　本　640 × 965　1/16　印张 20
字　　数　278 千字
版　　次　2020年11月第1版
印　　次　2020年11月第1次印刷
书　　号　ISBN 978-7-5720-0323-3/B·0012
定　　价　59.00 元

如发现质量问题，读者可向本社调换　电话：021-64377165